THE RESEARCH ON THE EVOLUTION OF
THE AIRPORT CITY COMPOSITE SYSTEM

空港城市
复合系统演化研究

刘洪波 闫 芳 董润润 著

“航空技术与经济丛书”编委会

序　一

2013年3月7日，国务院正式批复了《郑州航空港经济综合实验区发展规划（2013－2025年）》，这是我国首个作为国家战略的航空港经济发展先行区。郑州航空港经济综合实验区（简称“航空港实验区”）批复后呈现快速发展态势。纵向来看，2010～2015年航空港实验区地区生产总值年均增长43.3%，规模以上工业增加值年均增长61.4%，固定资产投资年均增长69.9%，一般公共预算收入年均增长79.1%，进出口总额年均增长411.1%。横向来看，2016年航空港实验区规模以上企业工业增加值完成360.4亿元，地区生产总值完成626.2亿元；郑州新郑综合保税区2016年完成进出口总值3161.1亿元，首次跃居全国综保区第一位。2016年，郑州新郑国际机场客货运生产再创历史新高，其中旅客吞吐量同比增长20%，国内机场排名跃升至第15位；郑州新郑国际机场2016年货邮吞吐量跃居全国各大机场第七位，总量相当于中部六省其他五省省会机场货邮吞吐量的总和。实践证明，航空港实验区作为龙头，不断引领和支撑地方经济社会发展，带动河南通过“空中丝路、陆上丝路、网上丝路、立体丝路”，打造河南创新开放的高地，加快跨境电商示范区和中国（河南）自贸区建设，为郑州建设国家中心城市奠定了良好基础。

作为全国首个国家战略级别的航空港经济发展先行区，航空港实验区的战略定位是国际航空物流中心、以航空经济为引领的现代产业基地、内陆地区对外开放重要门户、现代航空都市、中原经济区核心增长极。其中，紧扣航空经济发展这一重要主题，突出先行先试、改革创新的时代特征和功能。近几年来的发展实践表明，无论是发展速度，还是发展规模和质量，航空港实验区在许多方面已经赶上或超越了国际上许多典型航空都市的发展，对地方经济社会发展乃至“一带一路”战略实施产生了积极影响。作为一种新型的经济形态，航空经济的健康发展既需要实践过程的创新和经验总结，也需要创新、建构航空经济理论体系作为行动指导。

郑州航空工业管理学院是一所长期面向航空工业发展培养人才的普通高等院校。在近70年的办学历程中，学校形成了“航空为本、管工结合”的人才培养特色，确立了在航空工业管理和技术应用研究领域的较强优势。自河南省提出以郑州航空港经济综合实验区建设为中原经济发展的战略突破口以后，郑州航空工业管理学院利用自身的学科基础、研究特色与人才优势，全面融入郑州航空港实验区的发展。2012年6月，郑州航空工业管理学院培育设立“航空经济发展协同创新中心”和“航空材料技术协同创新中心”。2012年12月，河南省依托郑州航空工业管理学院设立“河南航空经济研究中心”。2013年6月26日，河南省在实施“2011”计划过程中，依托郑州航空工业管理学院建立了“航空经济发展河南省协同创新中心”（以下简称“创新中心”）。学校先后与河南省发展和改革委员会、郑州市人民政府、河南省工业和信息化委员会、河南省民航发展建设委员会办公室、河南省机场集团有限公司、河南省民航发展投资有限公司、中国城市临空经济研究中心（北京）、郑州轻工业学院、洛阳理工学院等多家单位联合组建协同创新联盟，协同全国航空经济领域的有识之士，直接参与航空港实验区的立题申请论证、发展规划起草对接等系列工作。

自2012年6月由郑州航空工业管理学院启动实施以来，在河南省教育厅、河南省发改委、河南省民航办等单位给予的大力支持下，创新中心的建设进入快车道。2015年7月1日，中共河南省委办公厅、河南省人民政府办公厅在《关于加强中原智库建设的实施意见》中，将创新中心列入中原高端智库建设规划。2015年12月，河南省教育厅、河南省财政厅下发文件，确定郑州航空工业管理学院“航空技术与经济”学科群入选河南省优势特色学科建设一期工程。2017年3月30日，创新中心理事会又新增了郑州航空港经济综合实验区管委会、中国民用航空河南安全监督管理局、中国民用航空河南空中交通管理分局、中国南方航空河南航空有限公司、中航工业郑州飞机装备有限责任公司、河南省社会科学院和河南财经政法大学7家理事单位，航空特色更为鲜明。

创新中心自成立以来，秉承“真问题、真协同、真研究、真成果”的“四真”发展理念，先后聘请了美国北卡罗纳大学John. D. Kasarda、北京航空航天大学张宁教授、河南大学经济学院名誉院长耿明斋、英国盖特维克机场董事会高级顾问Alexander Kirby、清华大学蔡临宁主任等国内外知名学者担任首席专家，以“大枢纽、大物流、大产业、大都市”为创新主题，以“中心、平台、团队”为创新支撑，以“政产学研用”为创新模式，建立了4个创新平台，组建了20多个创新团队，完成了“郑州航空港经济综合实验区国民经济和社会发展的第十三个五年规划”等一批国家重点社会科学基金、航空港实验区招标项目、自贸区建设等方面课题的研究工作，形成一批理论探索、决策建议、调研报告等。为梳理这些成果的理论和应用价值，并将其以更加科学、系统和规范的方式呈现给广大读者，围绕航空经济理论、航空港实验区发展、中国（河南）自由贸易试验区建设等主题，创新中心推出“航空技术与经济丛书”，从“研究系列”、“智库报告”、“译著系列”三个方面，系统梳理航空领域国内外最新研究成果，以飨读者。

尽管编写组人员投入了大量的精力和时间，力求完美，但因时间有限，难免存在一些不足之处。我们期待在汇聚国内外航空技术与经济研究精英、打造航空经济国际创新联盟的过程中不断突破。也希望关心航空经济发展的领导专家及广大读者不吝赐教，以便丛书不断完善，更加完美！

梁晓夏　李　勇

2017年3月

序　二

中国经济的改革和开放已走过近40个春秋，这是一段让中国人物质生活和精神意识产生剧烈变动的岁月，也是中国经济学探索和研究最为活跃、作用最为显著的时期。

区域经济是发展经济学研究的一个重要课题。谈及区域经济、区域发展，人们经常聚焦社会经济历史的发展趋势、发展道路、发展模式、发展动因和特点等问题，诸如，发达地区经济如何长期稳定发展，并保持优势地位；落后地区经济如何跨越式发展，实现赶超；如何打造区域经济的新增长极；等等。

经济社会发展至今，提高产业自主创新能力，走新型工业化道路，推动经济发展方式转变，成为关系我国经济发展全局的战略抉择。因此，我们急需具有附加值高、成长性好、关联性强、带动性大等特点的经济形态即高端产业来引领、带动、提升。郑州航空港经济综合实验区作为中原经济区的核心层，完全具备这些特点及能力。在全球经济一体化和速度经济时代，航空经济日益成为在全球范围内配置高端生产要素的“第五冲击波”，成为提升国家和区域竞争、促进经济又好又快发展的“新引擎”。

2013年3月7日，国务院正式批准《郑州航空港经济综合实验区发展规划（2013－2025年）》（以下简称《规划》），这标志着中原经济区插上了腾飞的“翅膀”，全国首个航空港经济发展先行区正式起航了。

《规划》的获批既是河南发展难得的战略机遇，也是河南航空经济研究中心与航空经济发展河南省协同创新中心的依托单位——郑州航空工业管理学院千载难逢的发展良机。

目前，在我国航空经济发展研究中，以介绍、评述和翻译国外研究成果的居多，航空技术与经济发展的理论基础研究尚未引起足够的重视。航空经济发展河南省协同创新中心组织国内外研究力量编著的“航空技术与经济丛书”，正是针对这一重要课题而进行的学术上的有益探索。

中国的改革仍在继续进行，中国的发展已进入一个新的阶段。既面临诸多挑战，又面临不少新的机遇。本丛书并不想创造有关航空经济的新概念，而是试图为研究航空经济的学者提供一个研究的理论基础，生命是灰色的，但理论之树常青。同时，本丛书还试图从对航空技术与经济实态的观察中抽象出理论，哪怕只能对指导实践产生微薄的作用，我们也将倍感欣慰。

郑州航空港经济综合实验区的建设是一个巨大的、先行先试的创新工程，国内临空经济示范区你追我赶，本丛书也是一个理论和实践相结合的创新。丛书的出版对认识发展航空经济的意义，对了解国内外航空经济发展的实践，对厘清航空经济的发展思路具有重要的现实意义。希望本丛书能服务于郑州航空港经济综合实验区的建设，引领国内航空技术与经济研究的热潮！

特向读者推荐！

张　宁

2017 年 3 月

摘　要

本书从复合系统的角度对空港城市演化进行了研究，包括演化的主体、演化的客体和演化的动力。

空港城市演化经过了空港、空港经济区、空港城市三个阶段。空港城市工程具有工程属性，属于地方政府主导型巨工程。从工程哲学角度看，空港城市演化是空港城市空间与空港城市共同体之间相互作用的结果。空港城市空间是空港城市演化的客体，空港城市共同体是空港城市演化的主体。本书从机场发展概况、政府政策支持和企业产业支撑、城市空间结构及交通网络和资本运作四个方面对荷兰阿姆斯特丹、韩国仁川、美国孟菲斯航空城、西安空港新城和北京临空经济区核心区进行了分析。

工程责任的核心是“以人为本”，最终目标是实现人与自然的和谐共存，使工程达到和谐状态。空港城市工程的责任主体包括政府、企业、社团。政府的工程责任是宏观政策引导、基础设施构建，构建智慧之城、生态城市、宜居城市；企业的工程责任是空港产业支撑、龙头企业带动，构建产业之城；社团的工程责任是智力文化创新、社会公众参与，构建文化之城。

空港城市空间布局的基本模式呈现圈层式的布局，从内到外一般分为空港核心区、空港紧密区和空港带动区。空港城市的发展模式主要有圆形、偏侧、线形、指状、双中心五种。空港城市的交通网络包括空港综合交通枢纽和空港综合集疏运网络。空港综合交通枢纽是点，空港综合集疏运网络是面，二者构成空地一体的空港城市交通系统。

本书以 PPP 项目的社会资本参与动力为研究对象，分析并提出了政策支持、信任水平、资本增值、外部环境和约束阻力等吸引社会资本参与的动力因素。随着 PPP 融资模式的兴起，政府担保的重要作用也越来越受到重视。利用政府保证的支付或收益曲线，建立政府保证期权模型，研究了政府保证下空港城市 PPP 基础设施项目投资价值。

从工程责任、空间拓展和社会资本三方面分析了郑州航空港经济综合实验区，包括实验区的宏观政策引导和基础设施构建；实验区的航空物流业、高端制造业以及现代服务业三大核心产业规划，以富士康科技集团为代表的龙头企业带动；以郑州航空港引智试验区、航空经济发展河南省协同创新中心和郑州航空产业技术研究院为例阐述了社团智力创新；阐述了实验区征地拆迁、合村并城中的“五个一”和谐安置。进而提出了“公交导向、轴向聚势，产城互融、功能复合，组团发展、多核驱动，生态低碳、廊道串联”的整体布局理念，阐述了“一核三区多组团，轴带联动多节点，蓝绿互融多网络”的扇形空间发展格局。并从投资规模、投资构成角度分析了实验区“十二五”期间的固定资产投资。

目录

第一章

空港城市演化

第一节　空港城市演化概述

一　城市及城市演化

（一）城市本质

城市是指具有一定规模的非农业人口聚居的地域。美国城市社会学家罗伯特·帕克（Robert Ezra Park）说过："城市作为人类属性的产物，其根本的内涵是城市要符合人性生存与发展，具有人文特色和人文精神。"[①] "城市的本质是人类为满足自身生存和发展需要而创造的人工环境。"[②] 它"是整个城市社会与城市空间的对立统一"[③]。"城市研究就其本质而言就是空间研究。"[④] 城市是人类为了满足自己需要而创造的客体。城市的本质是满足人的需要的环境，是人群生活、生产和从事社会活动的载体。城市的本质是人与环境的统一、人文与物质的统一、主观与客观的统一、人类社会与城市空间的统一。城市既可以指城市的社会，也可以指这个人类营造的城市空间，更多的是指人类与城市空间融合的共同体。综上所述，本书认为城市的本质就是人类城市共同体与城市空间的融合，是人类城市共同体与

---

① 鲍宗豪：《城市的素质、风骨与灵魂》，上海人民出版社，2007。

② 纪晓岚：《论城市本质》，硕士学位论文，中国社会科学院研究生院，2011。

③ 吕勇：《城市史研究述评：意义与方法》，《四川大学学报》（哲学社会科学版）2004 年第 S1 期。

④ 陈蕴茜：《空间维度下的中国城市史研究》，《学术月刊》2009 年第 10 期。

城市空间相互作用的结果。

（二）演化含义

从工程哲学的角度看，演化的含义可以从下面两个方面进行阐述[①]。

1. 演化的概念和定义

演化论认为自然界“不是既成事物的集合体，而是过程的集合体”[②]。演化是不能脱离过程的。实际上，演化就意味着过程。演化过程不仅涉及物质、能量、生命以及相应的信息，而且关联到时间、空间等因素；进一步讲，演化过程是有边界条件的。在边界条件（外界环境）发生变化并到达一定临界状态后，演化过程将加速、减慢或停止。因此，演化必然与环境有关。一般而言，在边界条件（外部环境条件）相对稳定时，演化过程的形式大多是渐进式的，而在边界条件（外部环境条件）发生变化而且达到某一临界值时，演化过程的形式有可能是突变或跨越式的。

对演化概念的理解是基于运动、要素、过程、系统、边界条件、功能、效果以及理念等关键词的。演化的定义可以被理解为从一种存在形态向另一种存在形态转化的过程。演化是一种活动过程，演化基于万物都有运动的本性，运动必然是过程，运动必然联系到一些要素（或基本参数），特别是时间、空间参数。在一定环境条件的促进/制约下，事物（系统）运动的过程将各种相关要素以新的方式集成（集合）起来，构成另一种有序、有效的系统（事物），而新的有序、有效的系统具有特定的结构、性质并发挥特定的功能，产生特定的效果。由于功能、效果不同，这些系统（事物）必然要面对人工选择或自然选择，从而决定其生产、发展或被淘汰、灭绝。

在研究演化的过程中，人们对演化的认识也随之发生演化。对演化概念、内涵、定义等的认识在逐渐深化、丰富并得以集成、归纳，进而被拓展为不同领域的演化研究。演化论必然联系到认识论，让·皮亚杰（Jean Piaget）创立了发生认识论，他认为：“研究各种认识的起源，从最低形式的认识开始，并追踪这种认识向以后各个水平的发展情况，一直追踪到科学思维并包括科学思维。”他强调：“这种认识论首先是把认识看成是一种

---

① 殷瑞钰、李伯聪、汪应洛：《工程演化论》，高等教育出版社，2011。

② 〔德〕恩格斯·路德维希：《费尔巴哈和德国古典哲学的终结》，张仲实译，人民出版社，1997。

连续不断的建构。”[①] 这其中当然也蕴含着演化及其过程。

2. 演化过程及其特征

应该从历史和逻辑统一的角度去认识演化过程及其特征。

从历史的、宏观的角度看，事物的演化过程具有连续性和不可穷尽性。各类事物的演化过程始终在不断进行着，并且将不断地延展出去，具有总体的宏观连续性。这也可以被认为是发展原则。正如恩格斯在谈到历史的发展时指出的，“我宁愿把历史比作信手画成的螺线，它的弯曲绝不是很精确的。历史从看不见的一点徐徐开始自己的行程，环绕着这一点缓慢地盘旋移动”[②]。他还指出：“自然界不是循着一个永远一样的不断重复的圆圈运动，而是经历着实在的历史。”[③] 他在这里指出，“它的弯曲不是很精确的”，而且“不是循着一个永远一样的不断重复的圆圈的运动”。这些观点确切地描述了这个宏观连续性的特点——既有连续性又有转折性，即有时由于外界环境条件的变化而使渐进的、连续的演化过程中出现某种类型的拐点。其实也意味着在历史的宏观发展（演化）过程中，存在着连续与非连续的统一。

从具体的、逻辑的角度看，演化过程具有连续性和非连续性在特定环境下统一的特征，即事物的演化过程既有连续性，如表现为遗传性、继承性和渐进性；又有非连续性，如表现为变异性、突变性和跃迁性。这是由于事物发展演化的动力是事物内部的矛盾运动和事物与外部环境条件相互对立的矛盾的不断作用。

（三）城市演化

城市演化就是城市的发展变化。根据不同的标准，可以将城市发展划分为若干阶段。

1. 根据城市在发展过程中表现的形态、功能及其在社会发展过程中的作用[④]

（1）古代城市。古代城市是指 18 世纪工业革命前的城市。在那个时

---

① 〔瑞士〕皮亚杰：《发生认识论原理》，王宪钿译，商务印书馆，1981。

② 〔东德〕马·克莱恩：《马克思主义哲学史》，熊子云译，中国人民大学出版社，1983。

③ 中共中央马克思恩格斯列宁斯大林著作编译局编《马克思恩格斯选集》，人民出版社，1995。

④ 马云林等：《浅析城市发展的历程》，《中国市场》2012 年第 1 期。

候，国民经济的主体是农业和手工业，商品经济极不发达，自给自足的自然经济在社会生活中占着主导地位，城市人口增长缓慢，城市在社会经济生活中的功能和作用很小。至18世纪初，城市人口占世界总人口的比重仅在3%左右。这一时期城市的功能主要是充当军事据点、政治和宗教中心，同时它也是手工业和商业中心，其经济功能几乎可以被忽略不计，对周围环境影响不大，不具备地区经济中心的作用。古代城市的结构较简单，普通城市一般无明显的功能分区，政治或宗教建筑通常占据中心位置。古代城市在形态上的最明显特征就是有坚固的城墙或有城壕环绕，受这些防御设施的限制，古代城市的规模一般都不大，主要分布在灌溉条件良好的河流两岸或交通便利的沿海地区。

（2）近代城市。18世纪中期欧洲工业革命的兴起，极大地促进了社会生产力的发展，也促使城市发展进入崭新的阶段。工业革命终结了手工业生产方式，以工业化生产方式取而代之，从而推动产业化和地区分工，加速了商品经济的发展。由此可见，工业化是城市发展的原动力，商品经济的发展带动了金融业、信托业的兴起；同时，工商业集中的城市，需要相应的支撑系统，文化、教育、交通、通信、医疗等基础设施以及各种服务行业都得到相应的发展。这一过程吸引了大量农村人口向城市集聚，城市规模不断扩大，城市数量增加。城市成为经济中心，对国家和地区经济产生巨大影响。城市结构日趋复杂化，出现明显的功能分区，同时，作为城市必要物质条件的基础设施明显改善，居民生活水平日益提高。但由于工业化进程存在差异，城市分布的地区差异十分明显。

（3）现代城市。第二次世界大战结束后，大部分发达国家进入工业化后期，许多发展中国家也陆续进入工业化发展阶段，城市进入了现代化的发展阶段。这一时期，世界范围内的政治、经济和技术发生了深刻的变化。一些殖民地和半殖民地国家纷纷摆脱殖民统治，相继独立，发展中国家的政治地位得以不断提升，经济蓬勃发展。许多发达国家掀起了整修和重建城市的浪潮，城市发展向深度和广度进一步延伸。科学技术发生革命性进步，新技术革命促进了全球范围的经济结构、产业结构和就业结构的巨大变化。社会经济的发展达到了新的高度，社会产品空前丰富。城市的发展进入了一个全新的历史时期。

2. 根据交通方式的变化——第五波理论

第一个冲击波是由海运引起的，主要表现为一些海港周围出现世界级大型商业中心城市；第二个冲击波是由天然运河引起的，水运成为欧洲、美国工业革命的推动力量；第三个冲击波是由铁路引起的，一些内陆城市（如美国亚特兰大）成为内地商品生产、交易、配送中心；第四个冲击波是由公路引起的，发达国家的大型购物商城、商业中心、工业园区、企业总部远离城市中心；第五个冲击波是由空运引起的，主要是在经济全球化背景下，航空运输适应了国际贸易距离长、空间范围广、时效要求高等要求，因而成为经济发展的驱动力，成为现代化国际经济中心城市迅速崛起的重要依托。

二　空港城市演化

（一）民用机场

民用机场是民用航空机场和有关服务设施构成的整体，是保证飞机安全起降的基地和空运旅客、货物的集散地。

1. 民用机场在民航业中的地位

根据1995年10月30日第八届全国人民代表大会常务委员会第十六次会议通过的《中华人民共和国民用航空法》（以下简称《民航法》）的规定，民用航空主要由以下几部分组成：政府部门、民航企业、民用机场。

（1）政府部门。几乎每个国家都设立了独立的政府机构来管理民航事务，我国民用航空业由中国民用航空局负责管理。政府部门的职责如下：制定民用航空的各项法规和条例，并监督这些法规、条例的执行；对航空企业进行规划、审批和管理；对航路进行规划和管理，保障空中飞行的安全、有效、迅速；制定民用航空器及相关技术装备的制造、使用技术标准，调查、处理民用飞机的飞行事故；代表国家与国际民航组织进行交往、谈判，参加国际民航组织内的活动，维护国家利益；对民用机场进行统一的规划和业务管理；制定民航各类专业人员的工作标准；颁发执照，考核、培训民航工作人员。

（2）民航企业。《民航法》第八章第九十一条规定：“公共航空运输企业，是指以营利为目的，使用民用航空器运送旅客、行李、邮件或者货物的企业法人。”实际上，目前我国民航业内所指的企业，还包括从事与民航业有关的各类企业，如机场运营商，航空油料、航材供应商，机票销售企业，飞机维修企业，快件中心运营商等。

（3）民用机场。机场行业属于资金密集型基础交通行业，机场和航空运输公司是航空运输业的两大组成部分。机场作为航空运输的重要基础设施和节点，直接服务于航空公司，为航空公司和旅客提供起降服务、候机服务、地面服务等，同时按照国家统一制定的有关标准向航空公司、旅客收取起降费、靠桥费、基建费等费用。①

2. 民用机场组成

从地域角度出发，机场范围内存在非常多的运作单位，见图 1－1。

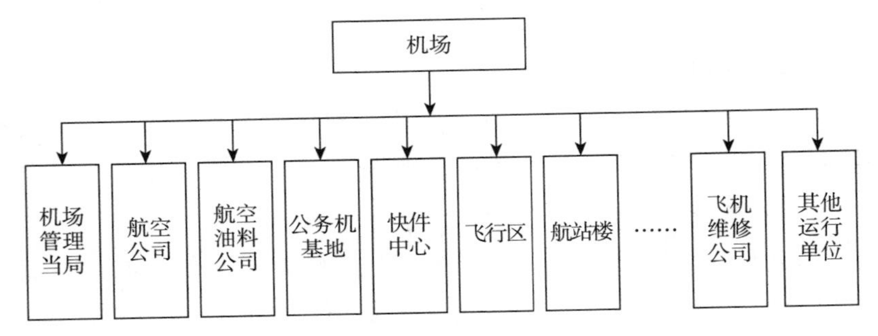

图 1－1 机场地域内的运作单位

从功能角度出发，机场系统可以分为两大部分：一部分是空域，通过它与航路系统相通；另一部分是机场地面系统，又可以分为空侧和陆侧两个部分。空侧包括供飞机起飞、着陆的跑道，供飞机停放的停机坪，沟通跑道和机坪的滑行道、联络道系统。陆侧包括候机楼、货运站和供地面车辆流通的道路和停车场（库），与进出机场的城市地面交通系统相连接，见图 1－2。② 在我国，2003 年起国家对机场体制进行了改革，除北京和西藏外，机场全部以省为单位下放，并组建机场集团公司，使机场按照企业化的模式进行运营。所以，在实际操作层面上，人们开始强调机场应该是企

① 于志民：《义务民航机场发展战略研究》，硕士学位论文，浙江工业大学，2007。

② 宋远方等：《关于欧洲和香港地区机场建设与管理体制考察的几点体会》，《民航经济与技术》2000 年第 3 期。

业。因此，从企业角度来看，机场的构成见图 1－3。

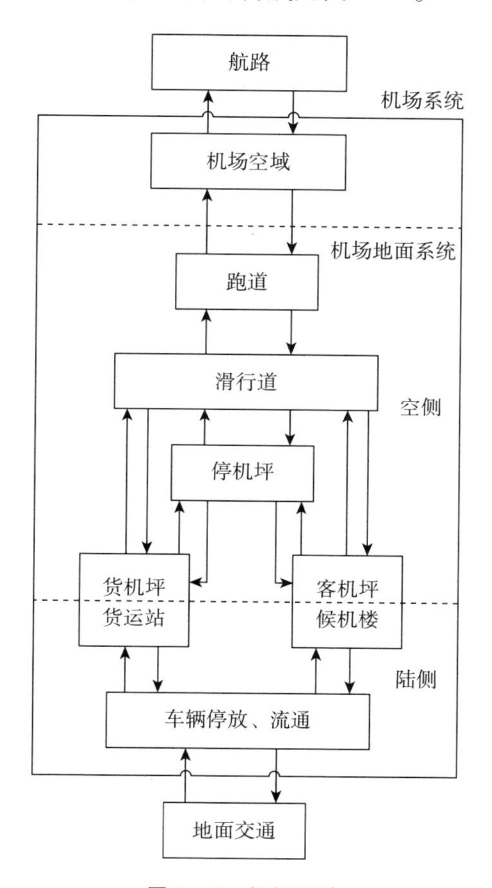

图 1－2　机场系统

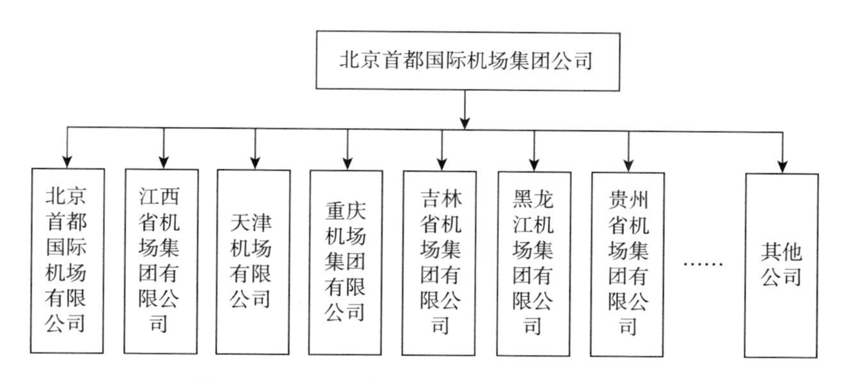

图 1－3　北京首都国际机场集团公司的构成

3. 民用机场设施功能和构成

机场的功能和设施可以分为三个层次，见表1－1。[①] 其中，机场基础设施是保证机场正常运行所必营的设施和最低限度的服务设施，这些设施不仅为旅客和航空公司提供优良服务，而且会为机场带来直接经济效益。机场基础设施具体又包括以下各种设施，见表1－2。[②]

表1－1 机场功能及其设施构成

机场功能层次	功能类型	功能设施构成
第一层次	机场基础功能	机场基础设施
第二层次	机场相关功能	交流功能设施
		商务功能设施
		信息功能设施
		物流功能设施
第三层次	机场强化功能	学术研究设施
		文化艺术设施
		疗养、娱乐、健身等设施
		产业技术设施

表1－2 机场基础设施构成

功能类型	包含设施
航运站功能	信息中心、电信设施、商务服务中心等
	银行、商店、咖啡茶座、餐厅等
	航空公司服务柜台、行李寄存处、行李运送处、旅馆等
	候机厅、会议室等
旅行服务功能	旅行公司服务窗口、出租车、出借车、机场直达公共汽车服务窗口等
交通服务功能	停车场（楼、库）、出租车站场、公共汽车站场、海（河）运码头等
	高速道路系统、城市高速有轨交通系统、高速水运系统、机场内部捷运系统
住宿服务功能	各种旅馆、宾馆、短期休息设施

① 刘武君：《21世纪航空城——浦东国际机场地区综合开发研究》，上海科学技术出版社，1999。

② 顾承东：《大型国际机场多元化融资模式研究》，博士学位论文，同济大学，2006。

续表

功能类型	包含设施
机场职员生活保障功能	机场职员住宅、公寓、单身宿舍等
	各种生活相关设施等
机场运营相关功能	急救医疗设施、消防设施、警备保安设施、环境卫生设施等
航空货运功能	航空货运设施、相关商务设施等
飞机相关产业功能	飞机维修机库及停机库等
航空服务功能	航空食品加工基地、飞机内外清扫服务部门等
	航空公司基地、运输公司基地、旅行公司大楼等
	计算机中心等

若从工程角度来看，机场则由场道、航站和货运、航空公司基地、供油工程等设施构成，具体包括场道设施、航站设施、货运设施、机务维修、油库等，见表 1－3。①

表 1－3 机场设施系统构成

类别	项目
场道设施	场道设施、附属设施、站坪机位、助航灯光
航站设施	旅客候机楼、特种设备、停车场、道路、站坪调度中心、地铁设施、其他设施
货运设施	货运站、货运业务楼、其他设施
航空公司基地	机务维修、行政办公、仓储设施、其他设施
供油工程	油库、站坪加油系统、航空加油站、其他设施
航管设施	航管楼、塔台、雷达工程、雷达终端系统、其他设施
航空配餐	航空配餐设施
旅馆设施	宾馆设施
机务维修	机务维修设施
其他配套设施	信息通信系统、供电系统、绿化工程、供冷供热系统、供气系统、邮电通信系统、消防站、急救中心、污水处理系统、排水系统、供水系统、场务设施、道路桥梁、行政生活设施、废物处理设施、其他设施

① 吴祥明编《浦东国际机场建设航站区》，上海科学技术出版社，1999。

从以上分类可以看出，机场服务按服务性质则分为：核心服务、相关性服务和非相关性服务三大类。机场的核心服务即航空性服务，包括为飞机安全、正常运行提供的空中交通管制、通信、气象、保安、消防服务以及为旅客、货物提供的运输服务等。与核心服务密切相关的附加服务项目，通常是相关性服务项目。例如，在机场范围内经营的免税店、宾馆、餐饮、航空配餐、停车场库、公共交通、广告等项目均由航空业务延伸而来。

4. 机场分类

（1）按机场在航空运输网络中的地位划分。枢纽机场是国际、国内航线密集机场，旅客在此可以很方便地中转到其他机场，根据业务量的大小，可分为大、中、小枢纽机场。美国大型枢纽机场的中转旅客百分比很大，芝加哥奥黑尔机场和亚特兰大哈茨菲尔机场的中转旅客百分比超过50%；目前国内一般认为北京首都国际机场、上海浦东国际机场和广州新白云国际机场为枢纽机场，但其中转旅客百分比还不够大。干线机场是以国内航线为主，航线连接枢纽机场和重要城市（在我国指直辖市、各省会城市或自治区首府城市以及计划单列市和重要旅游城市），空运量较为集中，年旅客吞吐量达到某适当水平的机场；我国现有干线机场30多个。支线机场是经济比较发达的中小城市和一般的旅游城市，或经济欠发达但地面交通不便、空运量较少的城市所拥有的地方机场，这些机场的航线多为本省区航线或邻近省区支线。

（2）按进出机场的航线业务范围划分。国际机场是有国际航线出入，设有海关、边防检查（护照检查）、卫生检疫、动植物检疫和商品检验等联检机构的机场；又分为国际定期航班机场、国际定期航班备降机场和国际不定期航班机场。国内航线机场是专供国内航线使用的机场。地区航线机场在我国是指内地城市与香港、澳门、台湾等地区之间定期或不定期航班飞行使用，并设有相应联检机构（类似国际机场的）的机场。我国的地区航线机场应属国内航线机场；在国外，地区航线机场通常是指为适应个别地区空管需求而设的，可提供短程国际航线起降的机场。

（3）按跑道导航设施等级划分。跑道配置的导航设备的标准反映了机场所具有的飞行安全和航班正常率保障设施的完善程度，是机场运行的重要指标。该标准根据机场性质、地形和环境、当地气象、起降飞机类型及年飞行量等因素进行综合研究来加以确定。跑道导航设施等级按配置的导航设施可提供飞机以何种进近程序而划分。非仪表跑道，飞机用目视进近程序飞行的跑道，代字为V。仪表跑道，供飞机用仪表进近程序飞行的跑道，可分为：非精密进近跑道，装备有相应仪表着陆系统和非目视助航设备的仪表跑道，能足以为直接进近提供方向性引导，代字为NP；I类精密进近跑道，装备有I类仪表着陆系统和目视助航设备的仪表跑道，代字为CATII；II类精密进近跑道，装备有II类仪表着陆系统和目视助航设备的仪表跑道，代字为CATI；III类精密进近跑道，装备有III类仪表着陆系统和目视助航设备的仪表跑道，该系统可引导飞机直至跑道，并沿道面着陆及滑跑，它又根据对目视助航设备的需要程度分为A、B、C三类，分别以CATIIIA、CATIIIB、CATIIIC为代字。

（4）《关于印发民用机场收费改革实施方案的通知》依据民用机场业务量将全国机场划分为三类：一类机场，是指单个机场换算旅客吞吐量占全国机场换算旅客吞吐量4%（含）以上的机场；二类机场，是指单个机场换算旅客吞吐量占全国机场换算旅客吞吐量1%（含）到4%的机场；三类机场即小型机场，是指单个机场换算旅客吞吐量占全国机场换算旅客吞吐量1%以下的机场。

5. 机场发展特点

（1）机场区域发展不平衡。因为投资巨大，一个机场的规划与建设往往为一个特定区域服务[①]，并呈现局部垄断的特征。同时航空运输市场的发展受区域经济发达程度的制约非常明显，大多数机场分布在经济发达地区。在我国，这些地区主要是中心城市和沿海地区、旅游资源丰富的地区。2015年，排名前十位的机场绝大多数在经济发达、沿海和旅游城市。其中，北京、上海和广州三大城市的机场所属的旅客吞吐量占全部机场旅客吞吐量的27.3%，而其货邮吞吐量占全部机场货邮吞吐量的50.9%。[②]

（2）规模普遍偏小。截至2015年底，我国共有颁证运输机场210个。其中，中西部地区运输机场的数量占65.3%，但在2015年，其客、货吞吐量所占比例分别为39.2%和21.1%，中西部大多数机场属于支线机场，客、

① 高金华：《当代民航机场的管理与建设》，《交通运输工程学报》2002年第6期。

② 民航局：《2015年民航行业发展统计公报》，中国民用航空局官网，http://www.caac.gov.cn/XXGK/XXGK/TJSJ/201605/t20160530_37643.html。

货吞吐量普遍偏小，见表1-4。[①]

表1-4　2014年各地区运输机场数量

地区	运输机场数量（个）	占全国比例（%）
全国	210	100.0
东北地区	23	11.0
东部地区	50	23.8
西部地区	106	50.5
中部地区	31	14.8

（3）机场的适度超前性。机场扩建一般都是大规模的发展项目，建设一般需要经历一定的施工周期，具有阶段性（非持续性）特征，这就导致一定时期内机场利用率低或拥挤，如图1-4所示。因此要使机场满足民众需求或推动整个国民经济发展，往往要考虑其建设的适度超前性。例如，1995年，在上海提出建造第二个国际机场即浦东国际机场时，出现了较多的反对意见。时至今日，浦东国际机场2015年的旅客吞吐量达到6009.8万人次，货邮吞吐量为327.5万吨[②]，名列全球第三位，可见当初超前决策的正确性。

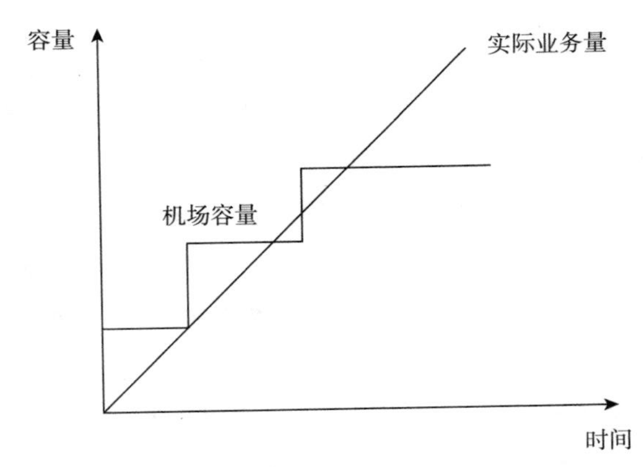

图1-4　机场容量和实际业务量的关系示意

① 民航局：《2015年民航行业发展统计公报》，中国民用航空局官网，http://www.caac.gov.cn/XXGK/XXGK/TJSJ/201605/t20160530_37643.html。

② 民航局：《2015年民航行业发展统计公报》，中国民用航空局官网，http://www.caac.gov.cn/XXGK/XXGK/TJSJ/201605/t20160530_37643.html。

6. 机场在国家战略的地位

随着社会的进步和国民经济的发展，航空运输业在国民生活中扮演着越来越重要的角色，一些专家和学者逐渐意识到机场项目对国民经济的重要性，并陆续对机场项目的国民经济贡献问题进行了探索和研究。过去民航业仅被看作一个交通运输部门，民航业内部的对外宣传，也往往停留在新开航线、增加航班等层面上。但是像阿里机场、玉树机场、和田机场这样的机场，并不能简单地从经济效益角度来考虑其建设投资、运营亏损等问题，这些机场在应急救援和国防安全等方面发挥着独特的作用，发展中西部民航业特别是老少边穷地区的民航业，在促进区域经济发展、缩小区域间社会经济发展的差距、增进民族团结等方面的战略作用巨大。2014 年，获得民航发展基金补贴的中小机场的数量为 135 个，资金规模为 10.79 亿元。而这些机场覆盖了全国 70% 以上的县域，对地区生产总值的贡献以万亿计。机场的正外部性体现在它具有提供航空普遍服务的功能，所谓航空普遍服务是指国家建立某些机场（其中很多是非营利性的），并非出于追求投资回报，而是义务支持整个国家交通体系，保证机场网络的健全和连通性。“十二五”期间，民航局修建的 82 座新机场绝大多数处于中西部地区。从拉动经济增长、促进城市发展的角度看，机场不仅仅是城市的重要基础设施，更是不断聚集优势资源的平台。从世界民航强国的发展趋势看，大型国际枢纽机场已突破单一运输功能，也不再仅仅是城市的重要基础设施。一方面，通过与多种产业有机结合，形成具有较强带动力和辐射力的临空经济区；另一方面，通过聚集经济社会发展中的人流、物流、资金流、信息流等优势资源，对区域经济社会发展产生辐射效应，最终形成以机场为基础的航空大都市。[①] 总之，航空运输的准军事和公益性特征要求该产业要发挥一定的公共服务功能，不能仅以赢利作为航空运输业的最终目标，尤其是在战事、突发事件、自然灾害发生时期，机场的国家战略功能更为明显。卢芬对 2007 年我国航空运输业的投入产出数据进行分析，发现航空运输业对促进就业做出了巨大贡献，航空运输业的影响力系数为 1.245，说明航空运输业与国民经济其他部门的后向关联效应较强，对国民经济的推动

① 蒋厚玉：《以科学发展观引领安徽民航事业又好又快发展》，《江淮》2008 年第 1 期。

作用显著。[①] 除此之外，民航业对就业的拉动作用也非常明显，仅以旅游业为例，每5个岗位就有1个岗位是民航业间接提供的，此外还有某些民航业直接提供的岗位。民航业还是其他产业发展的“引路人”，对于现代服务业的发展具有巨大的促进作用。[②]

7. 机场自然垄断属性的特征

区别于行政垄断，自然垄断来自产业自身的性质，在自然垄断的产业中，单一企业生产所有产品的成本小于多个企业分别生产这些产品的成本之和。因此，最有利的状态是单个企业提供产品和服务。克拉克森和米勒（Clarkson & Miller）认为，自然垄断的基本特征是生产函数呈规模报酬递增状态，即平均成本随着产量的增加而递减。这样，由一家企业来生产产品就会比多家企业生产产品的效率更高、成本更低。1977年，威廉·杰克·鲍莫尔（William Jack Baumol）在《美国经济评论》杂志上发表了《论对多产品产业自然垄断的适当成本检验》一文；1981年，威廉·杰克·鲍莫尔、潘扎尔（Panzer）和威利格（Willing）三人在《美国经济评论》上发表了《范围经济》一文；1982年，他们又共同出版了专著《可竞争市场和产业结构理论》；1982年，夏基发表了《自然垄断理论》，论证了机场的自然垄断属性集中表现在机场的规模经济性上，机场的规模经济效应表现为平均成本和边际成本总是随着客货吞吐量的增长而降低。

在只有一座候机楼和一条跑道的短期平均成本曲线中，当客流量上升时，单位成本会有所下降，并逐渐达到最低点 Q_1，当客流量的增加超过这一点时，原有拥挤的候机楼因超负荷运转而导致单位成本上升（见图1-5）。在这种情况下，机场当局可利用兴建卫星厅的办法解决。候机楼、跑道加卫星厅的短期平均成本可以用曲线 SRC_2 表示。假如此时机场有候机楼和卫星厅同时运营，客流量为 Q_2，单位成本便会从 C_1 点上升到 C_2 点，但它会随着客流量的增加沿着曲线 SRC_2 下降，直至达到比只有一座候机楼更低的水平。[③]

---

① 卢芬：《机场项目对国民经济的贡献研究》，硕士学位论文，华南理工大学，2011。

② 冯其予等：《临空产业发展前景广阔》，《经济日报》2009年11月19日，第6版。

③ 文沛：《机场规划与运价管理》，兵器工业出版社，2003。

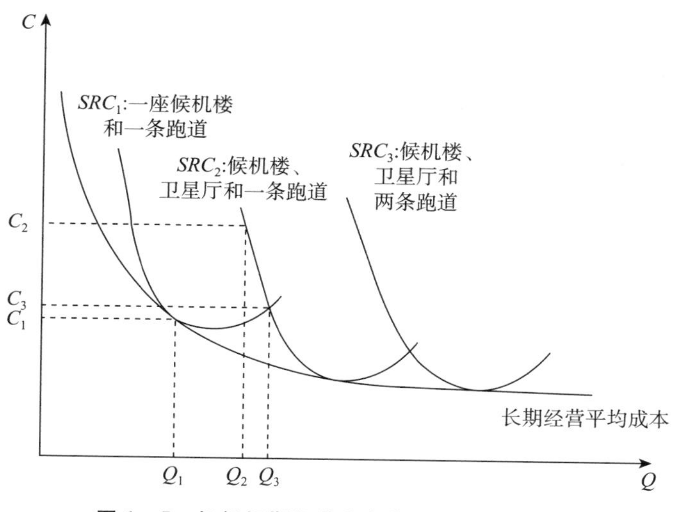

图 1－5　机场短期经营和长期经营成本的关系

8. 机场自然垄断属性的有效竞争

和其他行业有显著区别的是，机场行业在一定空间范围内的自然垄断属性和行业内的有效竞争同时存在。例如，韩国仁川机场从建立开始，就定位于亚洲枢纽，韩国政府给予了仁川机场大量政策支持，促进了其建设。目前，每年从中国前往北美的旅客有 30% 左右通过仁川、成田两大机场中转，其便利的中转服务对旅客极具吸引力。与此同时，日航、大韩等航空公司已构建起庞大的北美与亚洲、欧洲之间的航线网络，也直接分流了从中国前往北美和欧洲的客流。

在拥有“全球最密集机场群”称号的“大珠三角”地区（见图 1－6），各机场无论是客运还是货运都竞争激烈，各机场的改建、扩建从来没有停止过。直到《珠三角地区改革发展规划纲要（2008～2020 年）》（以下简称《纲要》）发布，它要求加强珠江三角洲民航机场与港澳机场的合作，构筑优势互补、共同发展的机场体系，由此五大机场才各自开始明确定位，包括维护香港赤鱲角国际机场的国际航运中心地位；努力将广州新白云国际机场打造成中国门户复合型枢纽，巩固其中心辐射地位并提高其国际竞争力；将深圳宝安国际机场发展成为大型骨干机场；把澳门国际机场建构成为多功能中小型国际机场的范例；继续发展珠海机场，打造华南地区航空产业基地等。

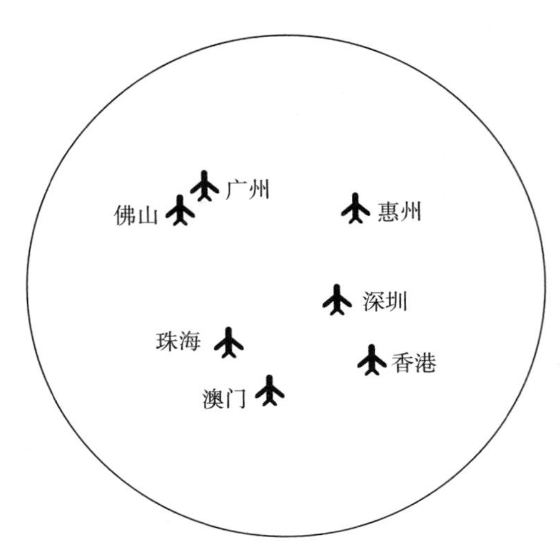

图 1－6 珠三角民用机场分布

随着机场数量的增加和保障条件的提升，在珠三角、长三角、京津冀、环渤海圈、黄三角等经济快速发展的地区，逐渐形成或开始形成布局较为紧密、相互间关联性强并具备一定协同关系的机场群。机场群内开始产生同质化竞争问题，机场群所处的大区域内出现空间资源、时刻资源、市场资源、运力资源等方面的矛盾。①

此外，民营机场还具有资本沉淀性的特征，民用机场的经济特征之一是它在提供服务时都依赖统一的、完备的基础服务网络系统。这样的网络供应系统一般具有投资的不可分割性和整体供给特点（见图 1－7），需要巨额的初始固定资本投入。不仅如此，机场的网络供应系统一般具有专用性，机场的不可倒闭性使得投资的固定资本具有很强的长期使用性质，大部分项目资产具有耐用性、专用性和非流动性，所以投资一旦实施，就会形成大量的沉淀资本，在短期内无法被迅速回收。② 大型机场高额的初始固定成本，就将大量的中小资本排除在机场领域之外，从而形成了产业的垄断性质。

（二）空港经济区

21 世纪是全球化时代，国际分工日益加强，洲际流动空前频繁，航空

① 丛江：《我国民用航空运输机场管理体制改革研究》，硕士学位论文，山东大学，2010。

② 邓淑莲：《中国基础设施的公共政策》，上海财经大学出版社，2003。

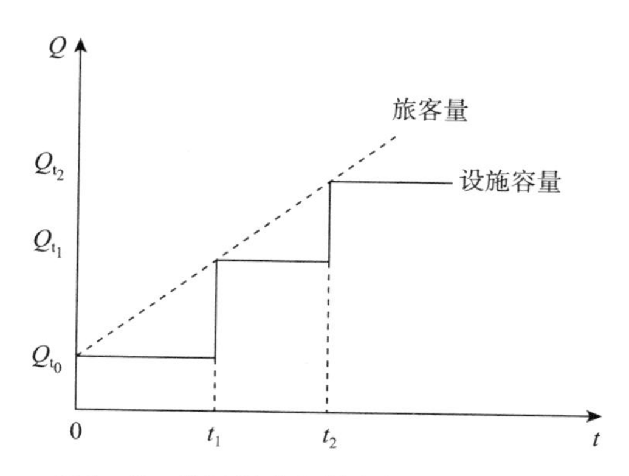

图 1－7　机场设施容量和旅客增长量示意

运输作为当下最为迅捷、安全、高效的运输方式，在全球化过程中发挥着越来越重要的作用。航空运输业的迅猛发展，带动了航空客运流、货运流、信息流、资金流等要素流的急剧增长，机场功能也逐渐由单一向多元化方向发展。大型国际枢纽港周边地区不仅吸引了航空制造业、航空物流业等航空产业，而且聚集了商务、休闲、旅游、运输、工业等各类相关产业。依托机场设施以及相关资源，资本、信息、技术、人员等要素趋于向机场以及其周边地区集中，机场周边地区正在演化成为一个现代经济活动高度集中的区域，并推动自身与航空运输相互结合，形成空港经济这一新型经济形态。

美国北卡罗来纳州大学工商学院教授约翰·卡萨达（John Kasarda）认为全球经济快速发展受到了五个冲击波的驱动，并提出了著名的“五波理论”；指出机场在吸引航空制造业和航空物流业等航空产业的同时，也对大量的公司总部、区域办事处以及咨询机构等需要长距离出差的单位产生了强烈的吸引，由此会带动空港经济的飞速发展。① 机场城市区域将经历机场服务、航空公司与飞机维护服务、临空经济活动急剧增加、产业集聚与创新极形成，最后成为国际化区域经济枢纽。② 随着知识经济的发展，人员流动性极大提高，区位选择的关键性因素变成全球可达性，由于航空公司能

① J. D. Kasarda, “Rise of the Aerotropolist,” *Fast Company* 10 (2006): 76－85.

② M. Schaafsma, “Planning, Sustainability and Airport Led Urban Development,” *International Planning Studies* 14 (2009): 161－176.

够对许多新兴产品实现直接运输，因此机场在知识经济发展中起着越来越重要的作用，空港经济也会随之兴起。[①] 孙波等认为中心机场的业务规模、机场周边城市的经济发展状况，以及空港周围有一大批能够提供税收和就业机会的企业是空港经济形成与发展的基础要素，对发展空港经济至关重要，临空经济的形成机制为双向互动的自组织机制，其产生和演进是在机场、空港区和腹地经济三者的互动的自组织机制中实现的。[②] 祝平衡等从充分和必要两个方向分析了空港经济的形成与发展条件，提出大型枢纽机场、综合交通运输体系是空港经济发展的充分条件，而临空产业群、繁荣的城市经济以及宽广的经济腹地则是必要条件。[③] 曹允春等从空港经济演进视角出发，提出空港经济一般经历形成、成长和成熟三个阶段，并归纳出基础、内生、外源三类推进空港经济演进的动力，其中机场驱动力始终贯穿其中，而分工互补、降低交易费用、知识共享、外部经济、规模经济等构成的内生动力，以及政府行为、竞争环境构成的外源动力也在不同时段与机场驱动力相结合，推动着空港经济发展。[④] 曹允春提出了临空经济“基于时间成本的区位选择机制”，指出在空港经济形成演化的不同阶段，起主导作用的动力机制不同：在形成时期，基础性动力起主导作用，形成的是机场极化空间；在成长时期，内生性动力起主导作用，形成的是临空产业综合体空间；在成熟时期，内生性动力持续增强，外源性动力减弱，形成的是知识创新空间。[⑤] 沈露莹以国际著名航空港为例，从空港经济产业选择的角度将其发展模式分成四种：航空物流强势发展模式——孟菲斯模式；物流商务并重发展模式——法兰克福模式；以休闲产业为主的发展模式——仁川模式；多元化综合性发展模式——史基浦模式。[⑥] 杨友孝等对国际著名空港都市区进行了分析，引入了城市化相关理论，提出空港经济发展会经历准备、成长等五阶段，归纳总结出了临空经济的四种发展模

---

① K. O. Connor, “Airport Development in Southeast Asia,” *Journal of Transport Geography* 3 (1995): 507 - 515.

② 孙波等：《临空经济产生的机理研究——以首都国际机场为例》，《理论探讨》2006 年第 6 期。

③ 祝平衡等：《发展临空经济的充要条件分析》，《湖北社会科学》2007 年第 11 期。

④ 曹允春等：《新经济地理学视角下的临空经济形成分析》，《经济问题探索》2009 年第 2 期。

⑤ 曹允春：《临空经济演进的动力机制分析》，《经济问题探索》2009 年第 5 期。

⑥ 沈露莹：《世界空港经济发展模式研究》，《世界地理研究》2008 年第 17 期。

式：渐进式（以爱尔兰香浓国际机场为例）；跳跃式（以美国丹佛国际机场为例）；更新式（以香港国际机场为例）；大型航空城模式（以荷兰史基浦国际机场为例）。[①] 周少华等从主导产业角度切入，认为存在多元型、现代服务业主导型、航空产业主导型和高轻产品制造型四类临空经济模式。[②] 刘雪妮根据临空产业集群的发展水平及空港经济对区域经济的影响方式，将空港经济发展分为运输经济、产业集聚和城市经济三阶段；通过建立临空经济形成机制的动力模型，认为它是由机场内部机制和外部城市条件共同作用形成的。[③] 朱前鸿认为不是所有的机场都能够形成空港经济，其形成与发展需要一定的条件与基础，他通过总结国际成功的案例归纳出空港经济形成至少需要具备六个要素：机场自身条件、区域经济条件、地面交通状况、政府政策支持、口岸通关条件、生态与附属设施。[④] 王姣娥等认为航空业的发展取决于市场，而空港经济的市场是由市场主体（航空公司）、客体（乘客和货物）、载体（飞机与网络）和管理组织组成的市场体系。[⑤]

学术界普遍认为空港经济的空间布局应该是以机场为中心，由里向外的圈层发展模式。剑桥系统研究所基于对欧洲、日本和北美空港的深入研究，认为空港市场定位、区域经济、交通运输可达性和城市土地开发模式等影响了空港近邻地区土地开发时序、规模和特征；提出空港地区在整体规划上呈现立体、多层、辐射的同心圆结构，将航空港划分为空港区、邻空港区、空港交通走廊沿线高度可达地区以及都会区内其他区位等四类空间；这种以机场为中心、距离为半径的圈层划分法，充分考虑了航空运输产品的强时效性，从而成为指导空港地区空间布局的经典理论。[⑥] 曹允春等

① 杨友孝等：《临空经济发展阶段划分与政府职能探讨——以国际成功空港为例》，《国际经贸探索》2008 年第 10 期。

② 周少华等：《临空经济的主要发展模式》，《中国国情国力》2009 年第 11 期。

③ 刘雪妮：《我国临空经济的发展机理及其经济影响研究》，博士学位论文，南京航空航天大学，2008。

④ 朱前鸿：《国际空港经济的演进历程及对我国的启示》，《学术研究》2008 年第 10 期。

⑤ 王姣娥等：《航空运输地理学研究进展与展望》，《地理科学进展》2011 年第 30 期。

⑥ G. E. Weisbrod, J. S. Reed, R. M. Neuwirth, "Airport Area Economic Development Model," Paper Presented at the PTRC International Transport Conference, Cambridge University, Manchester England, 1993.

提出了临空经济区的概念，认为机场对周边地区产生的直接或间接的经济影响，促使生产、技术、资本、贸易、人口在机场周围聚集，形成了具备多功能的经济区域；根据航空运输对区域经济影响的辐射能力将临空经济的空间布局分为：空港运营区；紧邻空港区；空港相邻区；外围辐射区[①]。包世泰等提出了“空港经济区”的概念，认为空港经济区是随着机场的集聚效应、扩散效应的加强，机场周边地区的产业结构随之改变，机场逐渐同周边区域融合，从而逐渐演化成具有自我组织能力的高度集中的经济区域；他们认为空港经济的圈层发展模式只是一种发展阶段不明确的理想模式，提出了与空港经济产业实际发展相吻合的增长极、点轴和网络三种空间布局模式。[②] “广州空港产业选择与空港经济发展”课题组以广州白云机场为例，提出按照临空指向性强度的产业布局模式，将空港经济区分为：机场所在空港区（机场周边1km），布局临空指向性最强的产业；紧邻机场周边的机场区（机场周边1～5km），布局临空指向性较强的产业；空港交通走廊沿线区域（机场周边5～10km），布局临空指向性一般的产业；外围辐射区（机场周边10km外），布局临空指向性较弱的产业。[③] “临空经济发展战略研究”课题组将临空经济区划分成：空港区（机场周边<1km）；空港紧邻区（机场周边1～5km）；空港相邻区（机场周边5～10km，或在空港走廊沿线15分钟车程）；外围辐射区（机场周边10～15km）。[④]

（三）空港城市

20世纪60年代，美国著名航空专家麦金利·康维（Mckinley Conway）发表了 *The Fly in Concept* 一文，提出了“空港综合体”的概念，认为空港综合体即以机场为核心，集航空运输、物流、购物、休闲及工业开发等多项功能为一体的大型机场综合体，并提出未来空港经济的发展将对产业区

---

① 曹允春等：《机场周边经济腾飞与“临空经济”概念》，《经济日报》2004年5月2日，第8版。

② 包世泰等：《空港经济产业布局模式及规划引导研究——以广州白云国际机场为例》，《人文地理》2008年第5期。

③ “广州空港产业选择与空港经济发展”课题组：《广州空港产业选择与空港经济发展的探讨》，《国际经贸探索》2008年第6期。

④ “临空经济发展战略研究”课题组编《临空经济理论与实践探索》，中国经济出版社，2006。

设计以及城市和大都市区的规划产生深远影响。[①] 奥马尔（E. L. Omar）进一步细化了要素研究，提出航空城的形成发展主要依赖以下五类要素，分别是机场核心区及其未来承载量、机场及周围环境的相互关系（包括城市控制力、产业进入难度）、陆路交通运输网的特点及多模式节点、机场地位、区域富裕程度和经济福利水平。[②] 除交通可达性外，土地成本、地方政府对房地产投机行为的反应也是航空都市区形成发展的重要影响要素。[③] 有学者认为空港经济在地域空间和经济空间上的扩展，逐渐会形成以航空运输为中心，旅游休闲、金融及高新技术产业为一体的具有城市规模和性质的区域，即空港城。[④] 约翰·卡萨达认为新的大都市崛起的一个重要因素是依托大型枢纽空港，与航空业相关联的商务活动将延伸至机场周围20km 外，形成航空都市区——以机场为核心，由航空产业吸附相关的商务、休闲、娱乐、物流、制造等多种业态协同发展，从而聚集人气形成的城市新形态；并绘出了著名的航空大都市模型。[⑤] 然而，一些学者对航空都市区发展前景存疑，认为能源供给、重大基础设施建设、出口通道等会影响航空都市区的长期可持续发展，进而使航空都市区的未来发展存在更多不确定因素，国外机场发展历史表明，新机场建设及扩建引发了较为强烈的公众反对呼声，对机场引发的城市化发展一直是争论焦点。[⑥]

刘武君从机场地区综合开发的角度定义了“航空城”，指出机场地区作为人、财、物、信息之集散节点，在城市社会、经济生活中的地位变得非常重要，该地区对城市的发展有强烈的辐射作用，有可能成为城市发展新

① 曹允春：《临空经济——速度经济时代的增长空间》，经济科学出版社，2009。

② E. L. Omar, “Challenges Facing the Interrelation of 21st Century International Airports and Urban Dynamics in Metropolitan Agglomerations, Case Study: Cairo International Airport,” Paper presented at the 39th ISOCARP Congress, 2003.

③ W. G. Morrison, “Real Estate, Factory Putlets and Bricks: A Note on Non-aeronautical Activities at Commercial Airports,” *Journal of Air Transport Management* 15 (2009): 112 – 115; R. K. Green, “Airports and Economic Development,” *Real Estate Economics* 35 (2007): 91 – 112.

④ J. R. Huddleston, P. P. Pangotra, “Regional and Local Economic Impacts of Transportation Investments,” *Transportation Quarterly* 44 (1990): 579 – 594.

⑤ J. D. Kasarad, “From Airport City to Aerotropolist,” *Airport World* 6 (2001): 42 – 45.

⑥ B. Michael, “Airport Futures: Towards a Critique of the Aerotropolist Model,” *Futures* 39 (2007): 1009 – 1028; N. Williams, “Is Aviation and Airport Development Good for Economy?” *Aviation and the Environment* 27 (2000): 23 – 26.

的增长点。该地区的综合开发还是调整城市社会、经济结构和城市结构的绝好机会。[①] 欧阳杰提出了“航空城”的概念，认为航空客流和物流是航空城产业结构布局的中心，临空型产业大致分：直接为航空运输业服务的产业，利用机场的交通和口岸优势的高时效性、高附加值的相关产业，利用机场区位优势的商贸旅游博览等产业等。航空城的空间结构布局模式由机场陆侧地区、机场空侧地区、机场邻近地区和机场外围地区构成。[②] 吕斌、彭立维提出“空港都市区”的概念，总结出空港经济的形成机制为技术进步，它推动了航空业的迅猛发展，使得跨国企业的区位选择出现了明显的临空指向，大都市区的多中心化发展趋势使得人口与经济活动进一步分散化，经济要素在空港周边的集聚促使了空港都市区的形成；认为空港都市区是由以机场为基础的机场城和空港相关产业集聚的周边区域共同组成的区域。[③] 李康等认为空港都市区形成的动力机制为机场的聚集效应、机场周边临空产业集群的出现、城市郊区化及大城市的多中心化发展需求。[④] 管驰明则认为空港都市区的形成机制应为三大效应，分别是机场拥有要素聚集功能而带来的聚集效应、城市郊区化而带来的扩散效应、临空产业之间的共生效应。[⑤] 王旭认为现代新机场的建设对周边地区开发进行了通盘规划，由此而形成的空港经济区域起点高、整体性强，这是交通运输促进经济发展的第五次浪潮过程中出现的新的城市化模式。[⑥]

第二节　基于工程哲学的空港城市演化分析

空港城市是一个复合系统，从城市演化发展的基本矛盾看，空港城市演化是空港城市空间与空港城市共同体之间相互作用的结果。从宏观上看，

① 刘武君：《国外机场地区综合开发研究》，《国外城市规划》1998 年第 1 期。
② 欧阳杰：《关于我国航空城建设的若干思考》，《民航经济与技术》1999 年第 1 期。
③ 吕斌等：《我国空港都市区的形成条件与趋势研究》，《地域研究与开发》2007 年第 2 期。
④ 李康等：《城市化进程中政府推动空港都市区发展研究》，《消费导刊》2008 年第 8 期。
⑤ 管驰明：《从“城市的机场”到“机场的城市”——一种新城市空间的形成》，《城市问题》2008 年第 4 期。
⑥ 王旭：《空港都市区：美国城市化的新模式》，《浙江学刊》2005 年第 5 期。

空港城市空间是空港城市演化的客体，空港城市共同体是空港城市演化的主体，这两者构成了空港城市演化的主客体。

一　空港城市的工程属性

巨工程是指那些规模庞大、特别复杂和社会影响巨大的工程。巨工程是社会发展的战略导向，巨工程为社会跨越式发展提供了平台，提高了经济增长速度、经济增长质量、经济发展潜力；能够实现关键技术的群体突破和国家战略目标。根据巨工程的组织形式，可以把巨工程分成以下四类。[①]

（一）国家主导型巨工程

国家主导型巨工程主要是指由国家政府发起、主导并推动的巨工程。国家主导型巨工程具有鲜明的国家背景，也体现国家的意志和利益。大型国防工程、航天工程、大型能源开发工程、大型交通工程等，都是体现国家意志的以国家为主导的巨工程。在已知的巨工程中，大多数都是国家主导型的。

（二）地方政府主导型巨工程

地方政府主导型的巨工程是指以地方政府作为巨工程的主要发起人，并获得国家的批准和支持，以地方政府作为巨工程的主要牵头人和主要推动者的巨工程。深圳特区建设工程、上海浦东新区建设工程、天津滨海新区建设工程和2013年7月由国务院批准的郑州航空港经济综合实验区建设工程，都是由中央政府批准，地方政府牵头并主导和推动的巨工程。

以天津滨海新区建设工程为例，该工程的组织主体为天津市委、市政府，它是典型的地方政府主导的巨工程组织。在2006年5月国务院下发《国务院关于推进天津滨海新区开发开放有关问题的意见》后，天津市在国家有关部门指导下，编制了《天津滨海新区综合配套改革试验总体方案》，着力实施条件较为成熟的配套改革举措。天津市成立了加快滨海新区开发开放领导小组，市委书记和市长分任组长、第一副组长。按照国务院要求，滨海新区开展了农村集体建设用地流转及土地收益分配的改革试验，创新

① 任宏：《巨项目管理》，科学出版社，2012。

了土地利用规划管理模式，以增强政府对土地供应的调控能力。推进管理创新，组建了滨海新区土地整理储备中心、财务管理中心和基础设施建设投资公司，成立了滨海新区规划、土地、环保三个分局。

郑州航空港经济综合实验区按照“市管为主、省级扶助”原则实行“两级三层”的管理体制，即省级负责宏观指导规划、决策管理、协调服务及与国家部委联络沟通；市级负责组织领导、具体实施、督促落实。成立了河南省航空港区建设领导小组、郑州市航空港区建设领导小组和郑州市航空港区管委会，按照确定的职责开展工作，建立联席会议制度，形成省市联动机制，共同推动实验区建设。

综上所述，无论是天津滨海新区巨工程，还是郑州航空港经济综合实验区巨工程，各项建设工作都在地方政府的主导下统筹实施，这使得巨工程的建设管理工作成效显著。

（三）区域间战略互惠性巨工程

区域间战略互惠性巨工程是指以国家或区域间的战略互惠合作为组织基础，由国家或区域共同开发的以经济社会发展为目标的巨工程。区域间战略互惠型巨工程组织往往以政府间的合作框架协议为约束，以民间企业间的跨地域经济技术合作为主要合作形式。2013 年 9 月和 10 月，由国家主席习近平分别提出的建设“新丝绸之路经济带”和“21 世纪海上丝绸之路”的战略构想就是典型的区域间战略互惠性巨工程。“一带一路”是合作发展的理念和倡议，依靠中国与有关国家既有的双多边机制，借助既有的、行之有效的区域合作平台，旨在借用古代“丝绸之路”的历史符号，高举和平发展的旗帜，主动地发展与沿线国家的经济合作伙伴关系，共同打造政治互信、经济融合、文化包容的利益共同体、命运共同体和责任共同体。2015 年 3 月，为推进实施“一带一路”战略，让古丝绸之路焕发新的生机活力，以新的形式使亚欧非各国联系更加紧密、互利合作迈向新的历史高度，中国政府特别制定并发布了《推动共建丝绸之路经济带和 21 世纪海上丝绸之路的愿景与行动》；与部分国家签署了共建“一带一路”合作备忘录，与一些毗邻国家签署了地区合作和边境合作的备忘录以及经贸合作中长期发展规划，并研究编制了与一些毗邻国家的地区合作规划纲要。

区域间战略互惠型巨工程组织强调区域间政府机构的合作共赢、注重区域间资源共享与优势互补的有机融合，亦是未来跨区域巨工程建设管理的重要组织形式。

（四）政府与非政府机构协同主导型的巨工程

在一个国家范围内或者全球范围内，有着许多政府与非政府机构联合主导的巨工程。每四年举办一次的国际足联世界杯，就是典型的政府与非政府机构协同主导型的巨工程，世界杯的举办在很大程度上需要由承办国城市政府与国际足球联合会协同主导。单纯地依靠承办国城市政府，或者单纯依靠国际足球联合会，都难以保障巨工程的有效实施。

国际足球联合会（Fédération Internationale de Football Association，简称“FIFA”），简称国际足联，它的组织机构包括国际足联代表大会、执行委员会、世界杯组织委员会和主席。目前，国际足联确定世界杯举办城市采用的程序是：想要申办且有资格申办的协会要在口头上表达申办意向；国际足联根据这些意向，审查后向这些协会发送正式的申办书，并要求提供翔实的申办资料；一个月后，提出申办的国家要提交完整的申办书；在收到申办书之后，国际足联会下发申办协议书和主办国协议书，接着是申办国提交签署好的申办协议书和主办国协议书；之后是在将近一年的时间内，申办国要提交完整的申办报告、签署申请主办国合同以及其他的主办合同，之后就开始投票环节；世界杯举办国产生的方案，将由国际足联执委们投票决定；24 名国际足联执委均参加执委会，在瑞士苏黎世国际足联总部召开特别会议，投票决定世界杯的举办国。在举办城市确定后，该城市即与国际足联签订正式的协议，保证组委会将遵照《国际足联章程》和国际足联的指示，不折不扣地履行协议中的各项条款。世界杯主办国足协主持成立的、专门负责世界杯组织工作的临时机构简称世界杯组委会。世界杯组委会负责运动会的接待、财政、竞赛、安全、医务、外事、电视广播、艺术表演、建筑工程、活动计划、器材和保险等事务。世界杯组委会的工作非常繁杂，包括资金筹集、场馆建设、日程安排、安全保卫、运动员和官员的食宿行等。世界杯组委会的成员主要由世界杯举办国各有关方面人员组成。世界杯组委会从成立起，就直接和国际足联联系，并接受它的指示。同时还负责就世界杯的各项事宜与各国家足协指派的联络员保持联系。世界杯组委会具有法人身份，可以独立享有法律权利和承担法律义务。从成立到结束，组委会进行的一切活动都应符合《国际足联章程》，遵循国际足联和主办城市签订的协议及国际足联执委会的指示。

国际足联与举办国城市政府共同构成了世界杯巨工程组织的重要组成主体，世界杯的组织形式是典型的政府与非政府机构协同主导型的巨工程组织。只有通过政府与非政府机构的协同主导，才有可能推进这类巨工程的顺利实施。

二 工程哲学概述

工程哲学是研究人改变物质世界的活动的哲学，它是研究关于人的造物和用物、生产和生活的哲学问题的哲学分支。20 世纪 90 年代以来，随着人类造物活动对社会、自然产生的影响越来越大，大力开展工程哲学的研究已成为迫切的时代要求。

（一）国外工程哲学的研究

1898 年，俄国工程师彼得·克里门契耶维奇·恩格迈尔（Peter K. Engelmeier）在《论技术的一般问题》一文中指出："当代受过良好教育的技术专家不只是在工厂里才能找到，高速公路和水路运输、市区经济管理等已经处于工程师的指导之下，要求把工程学对待世界的态度从哲学上加以详细阐述。"[①] "工程就是伟大的创造性科学。当科学、经验集中于一个人身上时，我们或许就可以说，我们已经看到了从技艺到职业的工程演化过程。"[②] 法雷·奥斯古德（Farley Osgood）在《工程师与文明》（*The Engineer and Civilization*）一文中强调了工程对社会进步的意义，并指出工程是价值中立的工具。[③] 罗杰斯（G. F. C. Rogers）出版了《工程的本性——一种技术哲学》[④]，伟大的法国思想家奥古斯特·孔德（Auguste Comte）提出了

---

① 〔美〕卡尔·米切姆：《技术哲学概论》，殷登祥等译，天津科学技术出版社，1999。

② Thomas C. Clarke, "Science and Engineering," *Transactions of the American Society of Civil Engineers* 7 (1896): 508.

③ Farley Osgood, "The Engineer and Civilization," *Journal of American Institute of Electrical Engineers* 7 (1925): 705.

④ G. F. C. Rogers, *The Nature of Engineering*: *A Philosophy of Technology* (London: The Macmillan Press Ltd., 1983).

“社会工程”的概念，把社会学分为“社会静力学和动力学”，这被认为是社会工程思想的前期萌芽①。“工程的本质就是在观念中设计装置、程序、系统，有效地解决问题和满足需要。”②

20世纪90年代，斯迪夫·戈德曼（Steven Goldman）和斯蒂文·卡特克里夫（Stephen H. Cuteliffe）出版了《非学术科学和工程的批判观察》，他们指出，这本书中的文章共同确定了一个实际上还不存在的学科即工程哲学的一些参数，并有望促使工程哲学成为正在发展中的技术论研究的一个部分，因此它可被看作代表20世纪90年代欧美学者研究工程哲学的视野、观点和水平的著作。③

北美著名技术哲学家卡尔·米切姆（Carl Mitcham）把工程哲学作为自己的研究核心，是工程哲学研究的代表人物。他指出：“工程师是后现代世界的未被承认的哲学家，哲学一直没有足够地重视工程，但工程不应该以此为借口轻视哲学。哲学对工程的重要性：因为有许多人从哲学上批判工程，工程师出于自我防御的目的应该了解哲学以对付那些人的批判；哲学，特别是伦理学可以帮助处理职业伦理问题；由于工程有内在的哲学特性，哲学可以作为意义更加重大的工程自我理解的工具而发挥作用。为什么说哲学对工程是重要的？最终和最深刻的原因在于：工程就是哲学，通过哲学工程将更加成为工程自身。全世界的工程师，用哲学武装起来，除了你们的沉默不语，你们什么也不会失去。”④他在多篇论著中，从本体论、认识论、价值论和方法论几个角度出发系统阐明了自己的工程哲学思想。“把工程界定为一种特殊的人类行为——制造，并以此为前提分析了科学、技术、工程之间的异同，进而探讨了工程知识、工程设计、工程伦理等问题。”⑤

约瑟夫·C.皮特（J. C. Pitt）在《技术思考》《工程师知道什么》《设计中的失误：哈勃太空望远镜案例》《工程与建筑中的成功设计：一种对于

① 〔法〕奥古斯特·孔德：《论实证精神》，黄建华译，商务印书馆，1996。

② Ralph J. Smith, *Engineering as a Career* (New York: McGraw-Hill, 1983), p. 160.

③ 余道游：《工程哲学的兴起及当前发展》，《哲学动态》2005年第9期。

④ Carl Mitcham, “The Importance of Philosophy to Engineering,” *Tecnos* 17 (1998).

⑤ Carl Mitcham, “Engineering as Productive Activity: Philosophical Remarks,” *Research in Technology Studies* 10 (1991).

标准的呼求》等多篇论著中从技术行动论出发阐述了自己实用主义和经验主义的工程哲学思想。他指出："应把工程理解为通过组织设计、操作人造物、按照人的需要去改变自然界和社会，工程是有目的的一项实践活动。而工程知识是以关注人类环境为目的的人造物的设计、构建、操作的全过程。"皮特对于工程设计的分析是以面向实证经验的案例分析为基础的，"建构了以技术模型 MT 为基础的设计过程模型"。①

沃尔特·文森蒂（W. G. Vincenti）在《工程师知道什么以及他们怎么知道的》一文中指出，"设计过程可以在上下和水平层次上交互作用，工程是一个设计的过程"②。布西阿勒里（Louis Bucciarelli）在《设计工程师》一书中指出："把设计看作工程的核心，并且认为工程设计不是一个机械或计算的过程，而是强调设计过程中社会和历史的背景，并认为工程设计是一个社会建构的动态过程，即工程是一个动态的设计过程。"③ 凯恩（B. V. Koen）在《工程方法的定义》一书中指出："工程师在工程设计中所运用的基本方法是启发法。"④

斯迪夫·戈德曼在《工程的社会俘获》和《哲学、工程与西方文化》中指出："工程合理性不同于科学合理性，科学无论在编年史上还是在逻辑上都并不早于工程，工程有自己的知识基础。工程和工程哲学表现出了一系列与科学和科学哲学迥然不同的本性和特点，工程提出了深刻的不同于科学哲学的认识论和本体论问题，工程哲学应该是科学哲学的范式而不是相反。"⑤

美国著名的社会学家罗斯科·庞德（Roscoe Pound）提出"社会工程学研究社会秩序，是一种社会工程活动"⑥，庞德的社会工程和社会控制论主张法的目的是尽可能地建筑社会结构，以有效地实现以最小的阻力和浪费

---

① C. Pitt, "Design Mistakes," *Research in Philosophy and Technology* 20 (2001).

② Walter G. Vincenti, *What Engineers Know and How They Know It* (Baltimore: The Johns Hopkins Press, 1990), pp. 16 – 50.

③ Louis Bucciarelli, *Designing Engineers* (Cambridge: MA-MIT Press, 1994), pp. 18 – 21.

④ B. V. Koen, *Definition of the Engineering Method* (Washington: American Society for Engineering Education, 1985).

⑤ P. T. Durbin, *Broad and Narrow Interpretations of Philosophy of Technology* (Dordrecht: Kluwer Academic Publishers, 1990), pp. 125 – 152.

⑥ Pound, *In My Philosophy of Law* (New York: American western publishing company, 1946).

最大限度地满足社会中人类的利益。

2003年，布西阿勒里在欧洲出版了《工程哲学》[①]一书，提出了研究工程哲学的新范式——社会建构论。2004年，美国工程院工程教育委员会把“工程哲学”列为当年的六个研究项目之一，认为工程哲学是一门新的学科，还专门成立了工程哲学指导委员会，举办学术讨论会，以建立工程哲学的思想基础和扩大并培育围绕工程哲学这个新学科的学者共同体。重点研究四个方面的问题：形而上学、认识论、伦理学和工程教育。这项研究希望能够推动对工程的统一的职业主题的阐明，帮助培养出把所有工程学科连接起来的职业自我认同。当代西方工程哲学所关注的主要问题涉及工程本体论、工程知识、工程伦理、工程设计、工程教育等范畴。

（二）国内工程哲学的研究

在中国，工程范畴出现很早，早在《新唐书·魏知古传》中就有“会造金仙，玉真观，虽盛夏，工程严促”的记载；《元史·韩性传》中记有“所著有《读书工程》，国子监以颁示郡邑校官，为学者式”。《红楼梦》中有“园内工程，俱以告竣”等。“工程”在中国传统生产发展史上主要指土木设计、建筑、施工等。也出现了显示中国古老文明的大型工程，如万里长城、京杭大运河、紫禁城、都江堰等，这些工程体现了我国古代建设者朴素的系统哲学观和天人合一的工程理念。

新中国成立后，我国进行了大规模的工程建设，既有经验，又有教训，引起了一些学者对工程问题的思考。钱学森指出：“哲学作为科学技术的最高概括，它是扎根于科学技术中的，是以人的社会实践为基础的；哲学不能反对、也不能否定科学技术的发展；只能因科学技术的发展而发展。”[②]李伯聪在《人工论提纲》中阐述了人工论和认识论的相互关系，并按人工过程的三个阶段分别论述了人工论的一些主要概念：实践理性计划、决策等。[③]他在《我造物故我在——简论工程实在论》一文中说：“工程实在论力求开拓一个新的研究领域——工程哲学。”[④]西安交通大学王宏波教授认

---

① L. Louis, *Buccirell Engineering Philosophy* (Delft: Delft University Press, 2003).

② 钱学森：《科学学、科学技术体系学、马克思主义哲学》，《哲学研究》1979年第1期。

③ 李伯聪：《人工论提纲》，陕西科技出版社，1988。

④ 李伯聪：《我造物故我在——简论工程实在论》，《自然辩证法研究》1993年第12期。

为："应认真研究由李伯聪首先提出，但还很少有人研究的工程哲学。"① 陈昌曙在《技术哲学引论》一书中以单独的一节讨论了技术和工程的一些问题。李伯聪在《"我思故我在"与"我造物故我在"——认识论与工程哲学刍议》一文中，从对象、过程、研究的范畴等方面对比了认识论和工程哲学的不同，指出"大力开展工程哲学研究是当前迫切的时代要求"。② 陈昌曙发表了《重视工程、工程技术和"工程家"》一文，论述了工程与技术的差异，简要地阐明了工程活动的10个特点，首次明确地提出了"工程家"这个新概念。他还指出："我们不仅需要有科学哲学和技术哲学，而且需要有工程哲学。"③

2002年，李伯聪的《工程哲学引论——我造物故我在》④ 正式出版，书中以过程分析和范畴分析相结合的方法对工程哲学的一系列重要问题进行了系统的分析和阐述，给出了50多个应该研究的范畴，从科学-技术-工程三元论角度界定了工程：科学活动是以发现为核心的活动，技术活动是以发明为核心的活动，工程活动是以建造为核心的活动。给出了两个研究视野：理论视野——从科学技术与工程的关系中把握工程；实践视野——从工程与生产的关系中把握工程。陈昌曙发表书评认为此书"是充满原创性并自成体系的奠基之作，它的出版为哲学研究开创了新的边疆"⑤。徐长福撰写了《理论思维与工程思维》，我国著名哲学家高清海在序言中说，该书所提出的问题"具有普遍性，甚至可以说是有世界性、历史性意义的"⑥。殷瑞钰院士探讨了第三个视野，即理论与实践相结合视野："从科学—技术—工程—产业—生产—社会的知识链和价值链的网络中来认识工程的本质和把握工程的定位。工程是将相关知识集成起来转化为直接生产

---

① 李伯聪：《努力向工程哲学和经济哲学领域开拓——兼论21世纪的哲学转向》，《自然辩证法研究》1995年第2期。

② 李伯聪：《"我思故我在"与"我造物故我在"——认识论与工程哲学刍议》，《哲学研究》2001年第1期。

③ 陈昌曙：《重视工程、工程技术和工程家》，载《工程·技术·哲学——2001年技术哲学研究年鉴》，大连理工大学出版社，2002。

④ 李伯聪：《工程哲学引论——我造物故我在》，大象出版社，2002。

⑤ 陈昌曙等：《开创哲学研究的新边疆——评〈工程哲学引论〉》，《哲学研究》2002年第10期。

⑥ 徐长福：《理论思维与工程思维》，上海人民出版社，2002。

力的枢纽和集成体，科学技术是第一生产力，工程科技是第一生产力中的一个最重要的因素。”[①] 殷瑞钰等在《工程哲学》一书中基于“自然－工程－社会”的复杂关系研究了工程和工程哲学，从工程的历史发展、工程的本质和特征、工程方法论、工程观和工程人才方面构建了工程哲学研究的框架体系。[②]

关于工程的本质。王洪波教授认为：“工程的本质是人、环境和技术这三大要素的系统集成过程及其产物。在这个过程中体现着三类规律，即人的活动规律、科学技术规律和自然生态规律。这表明，工程不仅是技术的集成，而且也渗透着美学、伦理等文化因素；在工程活动中，需要科学地处理三大规律之间的辩证关系。”中国自然辩证法研究会丘亮辉先生认为：“工程活动是从虚拟实在转变为工程实在的过程，据此可以理解古代造物和现代造物的根本区别。”广州行政学院李三虎教授则提出：“工程的本质是一种人的集体性物质存在方式；科学－技术－工程之间的关系，要倒过来思考，从工程的视角看技术、看科学，同时需要引入社会建构论视角，展开关于工程的社会学研究。”殷瑞钰院士概括了五点：“工程是有原理的；工程是有特定目标、注重过程、注重效益的；工程是通过建造实现的；工程是要与环境协调一致的；工程是在一定边界条件下的集成和优化。”徐立等认为，从唯物辩证法的观点看，工程的本体就是联系着的工程的物质和意识构成的有机体，就是发展变化着的工程中的人和事组成的复杂系统。由于科学技术的发展，工程本体以信息的形式表达和体现，因此，工程本体从静态方面体现为互动的工程物质流、意识流、信息流构成的复杂系统，从动态的方面表现为以人为主体的工程实践活动。张秀华在现象学的视野下，主张可以从不同进路来理解和阐释工程，在生存论解释原则下，面向实事——工程现象本身，自觉进入工程的生成与人之生成的解释学循环，并将工程视为以栖居为指归的筑居，如此才能洞悉工程的本性与存在论意义。[③]

关于工程哲学的研究领域。杜祥琬院士认为工程哲学研究涉及工程实

---

① 殷瑞钰：《关于工程与工程创新的认识》，《科学中国人》2006年第5期。

② 殷瑞钰、汪应洛、李伯聪：《工程哲学》，高等教育出版社，2007，第24～25页。

③ 转引自刘洪波等《工程哲学发展现状、问题与前景》，《科技进步与对策》2007年第11期。

践活动的全过程，包括工程的调研、论证，工程所用技术、工艺，工程决策、质量评价等。傅志寰院士认为工程哲学应着重研究工程与环境、工程与人、工程与文化、工程的进度与质量及成本等。汪应洛院士提出了开展工程观研究的五个方面：具有可持续发展内涵和可持续发展利益的工程观研究、工程辩证观研究、工程系统观研究、工程生态观研究、工程价值观的研究。殷瑞钰院士概括了工程哲学研究的六个方面：工程的定义、范畴、层次、尺度问题，工程活动在社会活动中的位置和工程发展规律的问题，关于工程理念、决策和实施问题的理论分析和哲学研究，工程伦理、工程美学问题的研究，重大工程案例分析和工程史研究，工程教育和公众理解方面的问题。张寿荣院士认为工程哲学就是面向工程实践的哲学。王洪波教授认为，可以将工程分成物质工程、社会工程和生命工程三类。丘亮辉先生将工程决策模式分为四类：经验决策模式、因果决策模式、概率决策模式、模糊决策模式。王大洲教授提出要研究工程活动中科学决策、民主决策、权威决策之间的辩证关系，工程和社会并不是彼此独立的两个事物，工程实施的过程也就是社会重建的过程，需要从关系的视角一并对其加以分析。中国科学院杜澄教授认为，需要研究工程评价以及社会大工程中的政策矛盾和政策违法问题。北京师范大学博士生张秀华从生存论的视角考虑了工程的罪与罚，指出我们需要优化工程观，并在现实中合理规范工程行动，自觉建构无为、善为的工程，寻求人与自然的和解。[①] 宋刚等指出，工程哲学分支学科按照属性特征、生成区位可以被粗略地划分为基础分支学科、分域分支学科、部门分支学科、环节分支学科和边缘分支学科等五个群组。[②]

关于工程共同体。李伯聪等在一系列文章中，研究了工程共同体中的企业、工程师、工人以及工程共同体的形成、动态变化和解体。[③] 张秀华研究了工程共同体的社会功能、本性、结构和维系机制。[④] 肖显静认为工程共

① 转引自刘洪波等《工程哲学发展现状、问题与前景》，《科技进步与对策》2007 年第 11 期。
② 宋刚等：《工程方法论：学科定位和研究思路》，《科学技术哲学研究》2014 年第 6 期。
③ 李伯聪：《工程社会学的开拓与兴起》，《山东科技大学学报》（社会科学版）2012 年第 1 期。
④ 张秀华：《工程共同体的社会功能》，《科学技术与辩证法》2009 年第 2 期。

同体的各个组成部分应该承担环境伦理责任。[①] 王进指出从工程共同体的群体视角“全景式”地建构宏观工程伦理学势在必行。这一宏观转向涵盖四个方面的内容：工程整体与社会的关系，工程师在更广阔社会语境下的职业责任，工程决策在社会政治层面的影响以及工程在为子孙后代提供优质永续环境方面所做的努力。[②]

关于工程演化。李伯聪、王晓松把工程演化过程理解为一种“双重双螺旋”过程，即由“技术链”和“非技术链”（经济－社会链）共同构成的“双螺旋”。[③] 李永胜讨论了工程演化论研究的缘起、对象与内容，提出了工程演化论的基本范畴和研究方法。[④] 蔡乾和结合对工程的本质追问，也从演化论的观点考察了工程。[⑤] 殷瑞钰、李伯聪、汪应洛等的《工程演化论》坚持“史论结合”的原则，阐述了“工程演化论”的基本概念，揭示了工程演化的规律和特点、工程演化的动力系统，讨论了工程要素演化与系统演化，分析了工程演化机制以及工程演化与文化变迁、人类文明进步等问题，并通过一些典型案例提供了理论支持与说明。[⑥]

关于工程方法论。李伯聪指出，应该从四个基本关系中阐释和说明工程方法的基本性质、功能和意义：方法和主体的关系、方法和目的的关系、方法和结果的关系、方法和理论的关系。而工程方法又具有以下三个特征：工程方法的整体结构中包括硬件、软件和斡件；工程方法以创造和提高功效（效力、效率、效益）为基本目的和基本标准；现代工程技术方法的高度专业化特征使得其行动主体常常需要有专业资质。[⑦] 殷瑞钰分析了方法、方法论、工程方法、工程方法论等概念的相互关系，指出工程方法论研究应该研究体系结构、协同化、非线性相互作用和动态耦合、程

---

① 肖显静：《论工程共同体的环境伦理责任》，《伦理学研究》2009 年第 6 期。

② 王进：《工程共同体视角下的工程伦理学研究》，《中国工程科学》2013 年第 15 期。

③ 李伯聪、王晓松：《略论工程“双重双螺旋”及其演化机制》，《自然辩证法研究》2011 年第 4 期。

④ 李永胜：《论工程演化的系统观》，《辽东学院学报》（社会科学版）2014 年第 6 期。

⑤ 蔡乾和：《什么是工程：一种演化论的观点》，《长沙理工大学学报》（社会科学版）2011 年第 1 期。

⑥ 殷瑞钰、李伯聪、汪应洛：《工程演化论》，高等教育出版社，2011。

⑦ 李伯聪：《关于方法、工程方法和工程方法论研究的几个问题》，《自然辩证法研究》2014 年第 10 期。

序化、和谐化等问题。[①] 陈凡等认为工程方法与技术方法既存在差异性，又存在统一性。[②]

三 空港城市演化的工程哲学分析

对空港城市演化的哲学分析是以工程哲学为指导，吸取和概括与空港城市建设有关的当代自然科学、技术科学、管理科学和决策科学的成果，从总体上研究空港城市工程活动的普遍联系和一般规律，及其与自然界和社会本质关系的一个过程。空港城市演化是城市演化的一个分支，城市演化历来是党和政府关注的重点，特别是在中国进入快速城市化时期。中共中央政治局于2015年12月14日召开会议，会议强调："城镇化是现代化的必由之路，既是经济发展的结果，又是经济发展的动力。要坚持把'三农'工作作为全党工作重中之重，同时要更加重视做好城市工作……要推进农民工市民化，加快提高户籍人口城镇化率。"[③]

（一）空港城市演化的决策规划阶段：系统论、生态论和社会论

决策规划是空港城市演化的第一个环节，也是非常重要的环节。

1. 系统论

20世纪60年代末和70年代初，一批关于系统从无序到有序进化机制的系统自组织理论（如耗散结构理论、协同论、超循环理论）相继诞生，为研究工程系统提供了新的理论依据。空港城市演化系统是一个具有多个子系统、多层次、多目标的技术系统，这种技术系统体现着工程的专业目标（功能、质量和生产能力），空港城市演化系统同自然界本质是一致的，是客观的、合乎规律的自组织发展过程，追求技术系统的和谐。

2. 生态论

以空港城市为主体构成的空港城市生态系统，体现着生态与城市的关系。空港城市生态系统是一个复杂系统，这个系统具有自己的要素、结构和功能。空港城市与生态系统之间进行着物质和能量的互换，其演化机制

---

① 殷瑞钰：《关于工程方法论研究的初步构想》，《自然辩证法研究》2014年第10期。
② 陈凡等：《工程方法与技术方法的比较》，《自然辩证法通讯》2015年第6期。
③ 王佳宁：《中共中央政治局召开会议分析研究2016年经济工作 研究部署城市工作》，新华网，http://news.xinhuanet.com/politics/2015-12/14/c_1117456577.htm，2015年12月14日。

包括非线性调节机制、反馈调节机制、协同调节机制、循环再生机制。在这种交换和演化过程中，空港城市演化系统从不平衡到平衡再到不平衡，在运动中追求着城市与生态的和谐。2013 年 12 月，中央城镇化工作会议要求建设自然积存、自然渗透、自然净化的海绵城市。

3. 社会论

空港城市演化的社会性体现为目标的社会性、活动的社会性、评价的社会性，空港城市演化的社会功能具有正负二重性，正的功能就是空港城市演化的经济效益和社会效益，如对产业结构的改善、GDP 的贡献、就业的促进等，负的功能就是空港城市演化的社会成本和经济成本，如工程投资的消耗、城市的拆迁、房地产空置等。

空港城市演化不仅是技术或技术集成的过程和结果，而且是对工程进行社会选择或建构的过程和结果。工程项目决策的环境和基础是多维度和多变的，因此工程决策思考的因素也应当是多维度的，工程决策方案的制定和选择也应当是有多种可能的。它不仅涉及自然科学和工程技术的问题，而且涉及社会科学、环境科学、人文价值甚至艺术美学等方面，是一种非线性的社会系统决策。在空港城市演化活动中，提倡公众参与是现代工程发展的必然趋势，空港城市演化活动不但是企业、政府的实践活动，而且是相关公众的活动，公众对工程应该有知情权、参与权、监督权，工程的正常实施离不开公众的支持和理解，这是科学发展观的核心——以人为本的必然要求。通过工程的公众参与实现空港城市演化与社会、经济的和谐。

（二）空港城市演化的建设实施阶段：控制论、文化论和创新论

1. 控制论

工程的建设和完成过程是各种任务和工作的综合，是个行为系统。行为系统需要有目标的控制，对空港城市演化的实施过程就是：对空港城市演化目标实现的行为过程进行控制，分析工程控制理论、控制技术在工程项目管理中的具体应用，研究工程项目控制的模式和系统，研究工程项目控制的理论、技术与方法。计划系统规划未来，控制系统保障未来。工程项目实施是一个动态的随机的复杂的过程，为实现项目建设的目标，参与项目建设的有关各方，必须在系统控制理论指导下，围绕工程建设的工期、成本和质量，对建设项目的实施状态进行周密的、全面的监控，从而实现

工程与技术的和谐。

2. 文化论

城市文化对空港城市演化具有重要功能：文化内涵让空港城市演化具有永恒发展的持续动力，提高了空港城市设计、施工中的审美观念，使空港城市成为人类物质家园和精神家园的统一体；工程文化在工程活动的各个阶段起到关键作用。空港城市文化的基本内容包括工程活动的物质文化、精神文化和制度文化，如工程实体本身、城市思想、工程管理制度、建造标准、施工程序、操作守则等。这是一种追求工程与人文的和谐的工程文化。

3. 创新论

空港城市演化本身就是创新，是追求人与自然和谐的工程创新。人与自然之间存在着不和谐，人们通过空港城市的建设来改善这种不和谐，努力实现人和自然的和谐。在这个追求和谐的过程中，和谐与不和谐交替出现，是人与自然矛盾的两个方面。正是通过工程创新，人们找到可实现人与自然和谐的有效工具和途径。空港城市演化创新包含工程主体创新、工程过程创新、工程要素创新三个方面，只有通过工程共同体的努力，才能实现空港城市演化创新，从而实现创新型空港城市演化，实现空港城市演化的和谐。

（三）空港城市演化的运营维护阶段：价值论

项目追求的目标是成功，由于评价主体的异质性、工程客体的特殊性、研究方法的多样性以及对工程评价的阶段性等因素，工程成功没有一个明确的判断标准，于是产生了工程管理活动的混乱，甚至导致项目最后的失败。空港城市演化具有很强的外部性和内部性，在对空港城市演化进行评估的过程中，应提倡整体性、和谐性、系统价值思维和生态价值观，应该将其建立在多元主体的价值观协调的基础上。必须认识到空港城市演化，特别是大型空港城市演化的实施往往不可避免地涉及众多的利益相关者，对空港城市演化的评价，应该从利益相关者的视角出发形成以公平、效率为基本目标的空港城市演化核心价值体系。在运营阶段，空港城市演化通过功能的发挥，实现着自身的发展和演化，与社会、与经济、与生态和谐共生。

空港城市价值的实现是通过城市管理工作的开展实现的。习近平总书记指出，要改革城市管理体制，理顺各部门职责分工，提高城市管理水平，落实责任主体。要提高城市管理水平，落实城市管理主体责任，改革城市管理体制，理顺各部门职责分工。要主动适应新型城镇化发展要求和人民群众生产生活需要，以城市管理现代化为指向，坚持以人为本、源头治理、权责一致、协调创新的原则，理顺管理体制，提高执法水平，完善城市管理，构建权责明晰、服务为先、管理优化、执法规范、安全有序的城市管理体制，让城市成为人民追求更加美好生活的有力依托。要加快推进执法重心和执法力量向市县下移，推进城市管理领域大部门制改革，实现机构综合设置，统筹解决好机构性质、执法人员身份编制等问题。要牢固树立为人民服务的思想，健全法律法规体系和执法制度，特别是要建设一支过硬的执法队伍，真正做到依法、规范、文明执法。要坚持试点先行，分类分层推进。①

（四）空港城市演化和谐

空港城市演化和谐是工程可持续发展理论的目标，是空港城市可持续发展、区域可持续发展的基础和重要组成部分。空港城市责任是实现空港城市演化和谐的重要手段。正是由于存在着不和谐，所以需要履行空港城市责任，在这一过程中实现空港城市演化各种价值追求的和谐。

第三节 空港城市演化案例

一 荷兰阿姆斯特丹

（一）机场发展概况

荷兰史基浦机场是北欧重要的空中门户和航空网络中心，从 20 世纪 80 年代起到今天，一直被认为是荷兰经济增长的主要推动力。经过 30 多年的发展，以航空业为基础，史基浦机场完成了从一个机场到航空城的跨越，已发展成为“机场城市”，成为阿姆斯特丹市的重要增长极，成为世界上航空城建设的典范。荷兰史基浦机场位于首都阿姆斯特丹西南方 15km，距离

① 《习近平谈城市工作的 10 个最新观点》，凤凰网，http://news.ifeng.com/a/20151221/46766871_0.shtml，2015 年 12 月 21 日。

鹿特丹港60km。该机场占地2800公顷，拥有6条跑道和8个货站。该机场为荷兰皇家航空和四大快递巨头的基地，是欧洲第三大机场。2014年，荷兰史基浦机场运送旅客5500万人次，货物吞吐量为160万吨，进出港航班达43.8万架次，实现营业收入14.2亿欧元，运营毛利润6.35亿欧元，净利润2.72亿欧元。①

（二）政府政策支持和企业产业支撑

史基浦机场的发展一直受到荷兰的重视。20世纪80年代，荷兰政府在《国家规划与发展报告》中将史基浦机场定位于国家发展的中心地位，并将史基浦机场地区的发展提升为从“机场城市”到“航空大都会”的国家战略，针对机场地区的特殊性编制了独立而完整的规划，并将其纳入荷兰环境房产与规划部负责的全国空间规划，在机场周围预留了充足用地，为其可持续发展提供了更多的空间。

史基浦机场地区的产业类型体现了明显的临空指向性，主要产业类型有航空物流产业、航空制造与维修产业、生物医药产业、电子信息产业、时装产业以及金融咨询产业，并且形成了产业聚集，吸引了超过1500家国际公司入驻（具体行业及企业信息见表1－5）。

表1－5　史基浦机场地区主要产业类型与重点企业名录

主要产业类型	重点企业名录
航空物流产业	日本通运（Nippon Express）、DHL、TNT、联合包裹（UPS）、联邦快递（Fedex）、嘉里物流（Kerry Logistics）、VCK、VAT Logistics、尼桑（Nissan）、Menzies World Cargo、BAX Global、泛亚班拿（Panalpina）
宇航产业	荷兰皇家航空（KLM）、AAR、Aviall Services、波音（Boeing）、贝尔直升机（Bell Helicopter）Textron、CAE、EADS、Epcor、霍尼韦尔航空航天（Honeywell Aerospace）、寰科（Wencor）、Dixie Aerospace、Stork Fokker Services、Schreiner Aviation Group、罗克韦尔·柯林斯（Rockwell Collins）、Thales International
电子信息产业	IBM、美国电报电话公司（AT&T）、BMC Software、思科（Cisco Systems）、惠普（Hewlett Packard）、瞻博网络（Juniper Networks）、微软比荷卢（Microsoft Benelux）、日本电器（NEC）、LG、尼康（Nikon）、理光（Ricoh）、欧姆龙（Omron）
生物医药产业	雅培（Abbott）、博士伦（Bausch & Lomb）、默克沙东（Merck Sharp & Dohme）、爱德士生物科技（Idexx）

① 《2014年荷兰史基浦机场运量稳步增长但跌至欧洲第五》，大河网，http://news.dahe.cn/2015/02－25/104386480.html，2015年2月25日。

续表

主要产业类型	重点企业名录
时装产业	Hugo Boss、Mexx、Tommy Hilfiger、G-star、Gsus、Gucci Group、The Sting、Björn Borg、Blue Blood、Paul Warmer、Next in Line、No Excess、M&S Mode、Barts
金融咨询产业	ABN Amro（荷兰最大银行）、贝克麦肯思国际律师事务所（Baker & McKenzie）、东京银行（Bank of Tokyo）、三菱UFJ金融集团（Mitsubishi UFJ）、花旗银行（Citigroup）、德勤（Deloitte & Touche）、毕马威（KPMG）、美林证券（Merrill Lynch）、普华永道（Price WaterhouseCoopers）、Yapi Kredi Bank

资料来源：中国民航大学临空经济研究所《大庆临空经济发展规划专题七：机场周边地区发展经验借鉴》，http://www.docin.com/p-287610443.html，2009年12月。

（三）城市空间结构及交通网络

史基浦空港都市区主要分为居住区、工商业园区、休闲娱乐区、商务区和南部物流走廊五大片区。[①] 其中，居住区位于机场东西两侧，避开航空噪声带；工商业园区位于空港西南侧的交通便利地带；休闲娱乐区包含高档酒店、高尔夫球场、小型赌场、会议中心，位于空港西北与东北两侧，为旅客和城市居民提供便捷的休闲场所；商务区占据着与空港和阿姆斯特丹城市中心连接程度最高、交通最为便利的空港北部区位，区内驻扎着500余家跨国公司总部、国际营销公司、全球创新研发中心，如荷兰航空、优利系统、日本三菱、摩托罗拉、BMC软件等高附加值经济机构；南部物流走廊由史基浦物流园、空港货物装卸业务专区等实体空间构成，靠近空港货运中心，与航空相关度最高，设置在A4和N201高速公路两侧，实现与全球重要港口鹿特丹港的快速交通走廊连接。

除了以上五大片区，位于史基浦机场东南侧5km处、占地71.5万m^2的阿斯米尔花卉市场作为全球最大的鲜花拍卖交易与服务市场，以及全球最大的贸易交易空间组群，既是史基浦空港都市区也是荷兰整个国家的地标性空间构成要素。

阿姆斯特丹国立博物馆史基浦机场分馆是世界上唯一一家开设在机场内的博物馆（2002年开馆）。在这里展出的作品为阿姆斯特丹国立博物馆本馆的收藏，如部分伦勃朗的作品。它分为上下两层，展览区位于上层，在下层则可以购买相关的旅游纪念品。

① 吕小勇等：《空港都市区空间成长过程及其动力机制研究》，《世界建筑》2014年第12期。

（四）资本运作

史基浦机场外围的综合开发建设是不同层级部门共同协作、联合开发的典范。1994 年，该地区成立了阿姆斯特丹机场地区委员会，分别由国家政府、地方政府、主导机构、其他专业开发机构和协作机构等 11 家不同层级部门组成。国家政府即为荷兰中央政府，地方政府包括北荷兰省政府、阿姆斯特丹市政府、哈雷蒙梅市政府和阿尔梅勒市政府。在此基础上，史基浦机场集团专门成立了史基浦房地产公司（SRE）和史基浦区域发展公司（SADC），机场区域内和区域外建设分别由这两家开发公司负责具体运作。其中，负责机场区域内部建设的史基浦房地产公司（SRE）由史基浦机场集团全资控股。而负责机场区域外围开发的史基浦区域发展公司（SADC）则是在史基浦机场集团部分参股的基础上，联合周边地方政府共同入股而成立的。由此形成股权资产明确、责任范围清晰的开发模式。

二 韩国仁川

（一）机场发展概况

仁川国际机场坐落在韩国著名的海滨度假城市——仁川广域市西部的永宗岛上；距离首尔市 52 公里，离仁川海岸 15 公里；周围又无噪声源，自然条件优越，绿化率在 30% 以上，环境优美，加上其整体设计、规划和工程都本着环保的宗旨，亦被誉为“绿色机场”。仁川国际机场是韩国国际客运及货运的航空枢纽，同时也是韩国最大的两家航空公司大韩航空及韩亚航空的主要枢纽。目前，该机场有 4 条跑道、16 个停机坪、5 个货运站。仁川机场是目前亚洲设计容量最大的机场，2020 年机场建设将全部竣工，届时它将成为能处理全年 53 万飞机架次、旅客 1 亿人次以及 700 万吨货物的世界超级规模机场。2013 年，该机场旅客吞吐量达 4100 万人次，货邮吞吐总量为 246 万吨，总收入为 16000 亿韩元（大约为 14 亿美元）。①

（二）政府政策支持和企业产业支撑

韩国政府根据《仁川国际空港法》制定了建设首都新机场的基本计划：第一期建设计划（1992 年），第二期建设计划（2001 年），仁川自由经济区

---

① 赵巍：《仁川机场的国际化发展道路》，民航资源网，http://news.carnoc.com/list/333/333950.html，2016 年 1 月 15 日。

指定计划（2003 年）。其中，第一阶段建设支撑设施、工业（主要是物流业）设施以及为空港工作人员及其家庭服务的商业服务设施；第二阶段建设一个国际商务城市，包括建设自由贸易区、国际商务中心（办公区、购物中心、会展设施和五星级酒店）、物流和制造园区等；第三阶段建设包括旅游和休闲功能在内全面发展、贸易自由的空港城市。根据《经济自由区域的制定及运营法律》制定了一系列优惠政策。

仁川空港都市区分为松岛（商务）、青罗（金融、休闲）、永宗（物流、旅游）3 个组团，各组团明确各自功能、产业类型与发展目标。永宗将利用机场及港口开发成为东北亚的物流中心；以松岛新城市为中心建设新技术产业基地，使松岛成为信息、生物工程、研发中心、国际商务交流中心；在青罗建立国际商务中心，使之成为东北亚商务中心，并使青罗成为娱乐、研发和国际金融城市。

2006 年，仁川机场与法国时装协会签订了一份谅解备忘录，拟将 Fashion Island 打造成亚洲引领服装潮流的基地。2006 年，仁川机场与国民体育振兴委员会签订协议，开发水上运动项目。2008 年 1 月，仁川机场和韩进集团共同参与打造永宗医疗中心。该中心建筑面积为 6416m^2，地下 2 层，地上 9 层，主要发展医疗旅游业，从事医学美容、健康体检等韩国优势医疗项目。2008 年 4 月，仁川机场与好莱坞巨头米高梅公司签订协议，建立 MGM 电影主题公园，该公园是米高梅公司在亚洲建立的第一家电影主题公园，将融合米高梅精彩的电影和韩国先进的 IT 技术。

（三）城市空间结构及交通网络

仁川空港都市区由在空间上构成三角关系的永宗地区、青罗自由贸易区和松岛自由贸易区三大组团构成，2003 年 8 月确立，面积为 209km^2，包括永宗、松岛、青罗三个地区。①

永宗地区是仁川经济自由区的重要组成部分，占地 138.3km^2。其中机场、自由贸易区 56.2km^2，永宗物流综合园区 3.7km^2，龙游舞衣文化旅游休闲综合都市 21.65km^2，云北综合休闲园区 2.73km^2等。国际商务中心（IBC）位于机场航站楼南面，目前发展比较完善，现已聚集大量的公司总部、五星级酒

① 吕小勇：《空港都市区空间成长机制与调控策略构建研究》，博士学位论文，哈尔滨工业大学，2015。

店、公寓、购物中心和休闲娱乐场所。永宗地区规划成为东北亚领先的物流、旅游和商务枢纽，共分为六部分。机场周边地区将根据空港城的建设要求发展7个大型项目，包括1个自由贸易区，2个国际商务中心，3个休闲康乐公园以及1个大型医疗保健中心。作为空港综合功能延伸区域的舞衣岛将结合岛屿优美的自然风景建设国际化的综合旅游设施，包括高级疗养院、海上世界、滨海游乐园等。由此，永宗地区将显现组团式偏心的空间布局模式。

仁川国际机场高速公路以及仁川国际机场高速铁路均需路经青罗自由贸易区，而青罗自由贸易区与仁川国际机场亦由永宗大桥连接起来，加上邻近仁川港北港，如此有利区位将促使该区发展为国际商务中心及海外资本家定居区域。青罗自由贸易区于2003年开始建设，占地17.7km^2，可容纳9万居住人口。青罗自由贸易区中西部为国际商务中心，而中东部以高级住宅为主。为吸引外国投资者定居，该区提供了大量康乐休闲用地，如花卉区、高尔夫球场等。

与青罗自由贸易区一样，松岛自由贸易区以仁川大桥连接机场而又邻近仁川港，加上接近38.3km^2的填海土地及多元化的用地布局，促使其与仁川国际机场、青萝自由贸易区成为东北亚商务物流业的金三角地带。松岛自由贸易区按照最高等级生态城市建设标准进行开发，可为25万市民提供住宅。在第一阶段开发中，松岛自由贸易区商务用地、工业用地、高科技开发用地及休闲娱乐用地等合计25.5km^2，同时自由贸易区南端亦会建造占地2.7km^2的仁川新港。

仁川机场是通往各大城市的重要枢纽。通过增设专用磁悬浮列车、货运码头、客货运专线等，打造了多方位客货接驳的交通体系。

（四）资本运作

韩国政府还对原有的“建设－经营－转让”（Build-Operate-Transfer，简称BOT）开发模式进行了创新，利用BOT的方式开发、管理机场周边物流园区及工业园区。

三　美国孟菲斯航空城

（一）机场发展概况

孟菲斯国际机场位于美国田纳西州，距离孟菲斯城中心14km。目前有

4条跑道和3个航站区及多个货物中心。该机场是美国西北航空的第三大转运中心，也是联邦快递（FedEx）总部所在地。2014年的货运量为420万吨，位居全球第二。①

（二）政府宏观政策与企业产业支撑

除了出众的地理区位优势，孟菲斯的机场设施和政策环境为航空业起飞提供了软件和硬件的“双保险”。为吸引联邦快递落户，孟菲斯市政府出面担保，提供20~50年的低息贷款，同时减免税收，提前储备发展机场所需的大量土地。机场配备了充足的货运机位，跑道北侧有70万m^2的货机坪和160多个货机位；有专门设计的供大型运输机起降的跑道；联邦快递在此修建了30万m^2的仓储和中转设施。

孟菲斯航空城依托国际机场的枢纽功能，吸引了大批知名的企业入驻，形成了以物流、生物医药、IT制造、汽车及其配件制造以及知名网络零售商为主导的航空产业集群，见表1-6。1973年，联邦快递把总部和转运中心设在孟菲斯，使得孟菲斯国际机场成为世界最大的货运机场。联邦快递超级中心的货运量从1995年的86.17万吨增长为2004年的181.41万吨，贡献了孟菲斯国际机场93.6%的吞吐量。同一期间，联邦快递对孟菲斯地区的直接/间接经济产值贡献从1995年的71亿美元上升到2004年的111亿美元，直接/间接雇佣人员从1995年的43000人上升到2004年的67000人。②

表1-6　孟菲斯航空经济区产业类型及代表企业

产业类型	主要企业	经营业务
药品制造（6家）	辉瑞制药（Pfizer Pharmaceuticals）	药品制造
	史克必成公司（Smith Kline Beecham）	药品制造
	葛兰素威康（Glaxo Wellcome）	药品制造
	葛兰素史克制药公司（Glaxo）	药品制造
	美国强生制药公司（Johnson & Johnson）	药品制造
	美国先灵葆雅公司（Shering Plough）	药品制造

① 《国际机场协会发布2014年全球机场运输量报告》，国际空港信息网，http://www.bjcaac.com/jd/52632.html，2015年9月2日。

② 《空港经济区案例汇总》，豆丁网，http://www.docin.com/p-1704440159.html#u2733894-280-22，2016年8月12日。

续表

产业类型	主要企业	经营业务
医疗器械（6家）	英国史密斯－内菲尔（Smithand & Nephew）	医疗器械制造
	美国瑞特医疗技术公司（Wright Medical Technology）	医疗器械制造
	美国 Bosto Scientific 医疗器械公司	医疗器械制造
	美国百特医疗用品公司（Bsxter Healthcare）	医疗器械制造
	美国 Medtronic Sofamar 医疗器械公司	医疗器械制造
	美国通用电子医疗设备公司（GE Medical）	医疗器械制造
零售（4家）	威廉姆斯－索拿马公司（Williau-Sonoma）	家用品零售
	TBC 公司（TBC Corp）	汽车备胎零售
	美国弗莱明零售（Fleming Corp）	汽车零售
	美国科洛格超市集团（Kroger）	综合零售
IT（3家）	美国通贝（Thomasand Betts）	屏蔽五类系统制造
	美国惠普（Hewlett Packard）	综合 IT 服务
	西门子（Siements）	综合 IT 服务
汽车及其配件制造（2家）	Cummins Engines	汽车零部件
	马自达（Mazda）	汽车制造
服装及体育用品制造（2家）	锐步（Reebok）	服装制造等
	耐克	服装制造等
物流服务（2家）	Sears Logistics Services	物流服务
	美国英迈国际（Ingram Micro）	供应链服务
信息咨询（1家）	鹰城信息咨询公司（Eagle Vision）	咨询和信息服务
金融（1家）	雷曼兄弟国际有限公司（Lehman Brother International）	银行业及国际投资

资料来源：耿明斋编《郑州航空港经济综合实验区发展报告（2015）》，社会科学文献出版社，2015。

（三）城市空间结构与交通网络

孟菲斯以机场为核心，形成了一个典型的空港经济区，大量的货运用地集中在机场北部和西部，东部为高科技产业走廊，西部分布着信息及通信科技、生物医药科技及相关科研教育设施。该临空产业经济区的特点：航空物流业是孟菲斯机场发展的主要推动力；空间布局呈现依托高速公路对外发散的指状结构；物流用地集中在机场北部和西南部，与机场通过便捷的交通相联系；行政办公、总部经济、高科技产业等主要位于机场 5km

半径内；工业集群和高科技走廊集中在机场接近孟菲斯市一侧展开。在航空物流方面，孟菲斯国际机场为联邦快递公司设立货运专用跑道。联邦快递的超级转运中心为世界上最大和处理能力最高的转运中心之一，是孟菲斯机场货运发展成功的核心要素。机场年运量超过 400 万吨，其中的 90% 经由联邦快递超级转运中心。孟菲斯机场位处美国中部密西西比河沿岸，水陆交通便利，两小时飞行圈几乎覆盖美国全部大城市。放射状的道路网络体系使机场可通过洲际大道等方便连接到任何地方。孟菲斯与横穿美国东西方向和南北方向的公路相连，7 条高速公路在此相交。在机场东、西、北分别有 240 号、55 号、22 号高速公路。孟菲斯有美国第四大内河码头，每年约有 63 亿吨内河货物运输。有 5 条一级铁路穿过孟菲斯，在机场周边分布有 BNSF、CSX、NS 等铁路公司的大型编组站，其中 BNSF Railway Company 提供多式联运货运和物流，以及农产品、工业产品、消费品和煤炭运输的铁路货运。

（四）资本运作

在融资机制上，孟菲斯机场管理局设立资本补充项目基金，资金来源为联邦政府和州政府拨款、机场收费、发行债券，以用于机场的改建和扩建。

四　西安空港新城

（一）机场发展概况

西安咸阳国际空港，建于 1991 年，位于西安市西北方向，距市中心 47km 的咸阳市渭城区底张镇境内。作为关中城市群目前唯一的国际机场，咸阳国际空港是中国重要的门户机场，为西北地区最大的空中交通枢纽，也是中国大陆第 9 大机场（2014 年客运吞吐量），同时也全国第 5 大机场（面积）。当前拥有 3000m × 45m 和 3800m × 60m 的平行跑道各一条，停机位 59 个；现有三座航站楼，建筑面积共计 36 万 m^2。现机场航站楼总建筑面积为 36 万 m^2。2015 年机场旅客吞吐量达到 3297.02 万人次，货邮吞吐总量为 21.16 万吨。①

---

① 《2015 年全国机场生产统计公报》，中国民用航空局官网，http://www.caac.gov.cn/XXGK/XXGK/TJSJ/201603/t20160331_30105.html，2016 年 3 月 31 日。

（二）政府宏观政策与企业产业支撑

2014年，《西安国家航空城实验区发展规划（2013～2025）》获得国家民航局批复：将支持把西安航空城实验区建设成为丝绸之路航空枢纽和内陆空港城市示范区。这是全国首个以发展航空大都市为定位的临空经济区，也是继西咸新区获批国家级新区，国家推进西部大开发和丝绸之路经济带建设的又一重大举措。

空港新城位于西咸新区西北部，北至泾河，南至福银高速，东接秦汉新城，西抵西咸新区边界，总面积为141km^2，现有人口7.86万人，是西安国际化大都市未来拓展的重点区域。2014年1月6日，西咸新区获国务院批复成为国家级新区，2014年5月14日获国家民航局批复成为全国首个国家航空城实验区。空港新城的总体定位为：国际机场城市，西咸大都市的门户和重要的国际航空枢纽，集聚综合性交通枢纽、高端产业集聚区、低碳空港都市区等功能。空港新城将成为中国未来空港经济和国际性综合交通枢纽建设的典范，将被建设成为高端产业集群化发展、人居环境适宜优美、城乡统筹和谐、基础设施完备均等、服务全国联通世界的城市特色功能区。至规划期末2020年，人口规模控制为27万人，用地规模控制在36km^2。

产业规划。空港新城发展形成以战略性新兴产业、高新技术产业、高端制造业、物流商贸、商务办公、现代服务业、文化旅游、节能环保产业为主导的，具有区域影响力的知识创新中心、高端制造业中心和区域吸引力的现代服务业中心。

（三）城市空间结构与交通网络

空间结构与总体布局。在空港新城形成“两片一核双环多点”的空间结构。以泾河、北辰谷两条大型生态长廊，以及功能区间的生态廊道为分隔，形成“功能片区有机聚合、生态廊道穿插渗透”的田园城市总体空间形态，构筑生态化、点状化的空间布局体系。两片：集中建设片区和生态保育片区，以机场北面的北辰谷为分界线，规划范围分为两个片区。南面为环空港片区，进行城市开发和产业培育；北面为北部生态片区。一核：空港核心，以机场交通功能为核心，内部整合机场配套服务、后勤保障、物流等功能用地，大力发展航空客运、货运，形成人流、物流、资金流的高效聚集。双环：空港功能环、北部生态环，环绕空港形成城市功能集约发展的功能环带，整合主要的城市功能片区，通过环路的快捷联系，实现各功能区之间以及与机场核心的快捷联系。与空港功能环相衔接，在北部地区形成串联各田园小镇的生态环。多点：各城市功能区，结合双环，形成功能互补、紧密联系的城市功能区，包括综合保税区、空港国际商务居住区、大型会展休闲区、产业区、物流区、新丝路国际社区、北部生态区。

构筑内外畅达、集约高效、结构和谐、融入区域一体化、支撑新城建设和产城融合需求的综合客货运输体系，构建我国西北地区连通世界的重要枢纽门户。将西安咸阳国际机场建设成为西北地区门户机场、全国性枢纽机场，使之成为“空中丝绸之路”的中转枢纽，同时强调各种交通方式的无缝隙衔接和旅客零距离换乘。预留西安—银川方向高速铁路的通道和沿福银高速公路的铁路通道。构建以 3 条高速（福银高速、机场高速、西咸北环线）、2 条省道（S208、S105）为交通主动脉的对外公路网络。按快速路、主干路、次干路和支路四个等级规划建设。由快速路和主干路共同形成“五横五纵”骨架路网。五横：红光大道、西咸快速干道、兰池大道、沣泾大道北段、高泾大道；五纵：沣渭大道、迎宾大道、沣泾大道南段、秦汉大道、正阳大道。

（四）资本运作

制定一系列支持空港城市产业、基础设施发展的投融资政策。[①]

1. 创造融资先决条件，努力搭建融资平台

成立了集团公司、保投公司、航投公司、土地储备中心等 7 个独立法人机构，及时解决了承贷主体问题，为控股公司互保、贷款资金受托支付创造条件。协调相关部门，在西咸新区成立了首个土地储备中心，扩展了土储贷款融资渠道。同时，首次实践了空港新城申请、空港土储使用的贷款模式，获得土储贷款授信 11 亿元，到位资金达 7 亿元。

2. 创新融资方式，实现多种融资模式

积极与银行沟通，通过流通 BT 融资、资金贷款、信托贷款、项目贷款等方式，与金融机构建立了密切的合作关系，为管委会在建设初期实现各

---

① 王学东：《国际空港城市：在大空间中构建未来》，社会科学文献出版社，2014。

类发展目标提供了周转资金，管委会基础设施先行和功能性项目优先的战略得到了较好实施。

3. 服务入区企业，成功搭建银企交流平台

积极搭建金融机构与入区企业的广泛沟通渠道，支持入区企业做大做强，加快入区项目建设，成为西咸新区首个搭建银企交流平台的新城。在首届银企交流会中，邀请了陕西省各主流银行15家、空港新城入区企业30家，搭建了银企互通桥梁，逐步形成了良好的金融氛围。

4. 建立重点领域的投资政策，引导企业围绕重点环节投资

制定了关于加快航空物流、半导体产业、电子商务等重点领域的投资鼓励政策，对关键产业发展项目提供了资金支持办法，引导重点产业向重点板块集聚，加快完善产业链条，实现集群化发展。

5. 着力改善区域环境，为金融机构运营创造良好条件

建立管委会与金融机构的联系制度，为金融机构入区提供良好的政策支持和服务支持，加强与金融机构的资源、信息沟通，为金融机构开展业务提供准确的第一手信息。同时，加快建设与金融运营对应的环境和系统，包括引入会计、律师、税务、资产评估等中介机构，努力营造良好的区域金融环境。

五 北京临空经济区核心区

（一）发展概况

北京首都国际机场是中国最繁忙的国际空港，拥有三座航站楼，两条4E级跑道、一条4F级跑道，以及大量旅客、货物处理设施。机场原有东、西两条4E级双向跑道，长宽分别为3800m×60m、3200m×50m，并且装备有Ⅱ类仪表着陆系统；其间为一号航站楼、二号航站楼。2008年建成的三号航站楼和第三条跑道（3800m×60m）可满足F类飞机的使用要求，位于机场东边。2015年旅客吞吐量为8993.90万人次，货邮吞吐量为1889.44万吨，起降架次为58万架次。[①]

（二）政府宏观政策与企业产业支撑

北京临空经济核心区，于2014获北京市机构编制委员会批准整合（京编

---

① 《2015年全国机场生产统计公报》，中国民用航空局官网，http://www.caac.gov.cn/XXGK/XXGK/TJSJ/201603/t20160331_30105.html，2016年3月31日。

委〔2014〕19号）。核心区是北京市重点建设的六大高端产业功能区之一——临空经济区的核心区域，总规划面积为170km²，北以六环路为界，南以机场南线高速和京平高速为界，西以京承高速和温榆河为界，东以六环路和潮白河保护绿带为界。根据2015年6月发布的《国家发展改革委、民航局关于临空经济示范区建设发展的指导意见》，顺义区制定了《北京临空经济示范区总体方案》，争取用3~5年时间，将北京天竺综合保税区与临空经济核心区“两区”建设成为国家级临空经济示范区。规划范围：北京临空经济示范区西侧至天北路与裕丰路，南侧至京平高速公路，东侧至六环路，北侧至机场北线与京密路。实际涉及面积约为68.81km²，其中未开发建设用地面积为11.80km²。力争到2020年，航空枢纽功能得到进一步强化，推动临空型产业融合发展，发展空间得到拓展，政策平台进一步释放活力，城市功能不断完善，建设成为国际领先、国内一流的临空经济示范区。建设任务：提升航空枢纽能力，增强门户开放功能；发展优势特色产业，构建高端产业体系；推动体制机制创新，促进港城融合发展；优化综合交通系统，辐射带动区域发展；加强生态环境保护，促进绿色低碳发展；加速航空资源合理分工，助力京津冀协同发展；积极疏解非首都功能，加强示范区人口管理。

核心区作为服务首都机场的前沿、带动区域经济增长和转型升级的重要引擎，围绕发展“临空高端服务产业”的目标，结合现有资源优势，将突出发展航空相关产业、产业金融、战略性新兴产业、商贸服务和文化创意五大产业，优先发展总部经济。逐步实现“开放功能充分发挥、高端产业聚集和创新发展、城市功能建设水平全面提升、临空服务品牌全方位塑造”的目标。航空相关产业：航空服务、航油航材、航空物流、航空培训、航空维修、航空信息、航空食品等。产业金融：基金管理、融资租赁、投资担保、银行保险等。战略性新兴产业：电子信息、生物工程、新医药、节能环保等。商贸服务产业：国际贸易、信息咨询、星级酒店、特色餐饮、商业管理等。文化创意产业：影视传媒、出版广告、软件开发、工业设计、游戏动漫等。总部经济：国内外总部、地区型总部、总部职能的结算中心，决策中心等。北京临空经济核心区内汇集了以国航、东航、南航、中航信、中航油、中航材、顺丰速运等为代表的航空运输类企业，以国家地理信息产业园、科园信海、安泰科技、迈恩德等为代表的战略性新兴产业，以华夏基金、国开创新资本等为代表的产业金融类企业，以雅昌、机场广告等为代表的文化创意类企业以及新中国国际展览中心等会展类企业，更拥有宝洁、中石油、中国中铁、中远等世界500强企业的45个项目。

（三）城市空间结构与交通网络

北京临空经济核心区的起步规划区面积约为56km^2，由原北京天竺空港经济开发区、原北京空港物流基地和原北京国门商务区三个功能区组成。核心区以首都机场为核心，距市区10km，距天津港150km，内有6条高速公路、4条快速路，2条城市轻轨。

北京临空经济示范区空间布局：根据区域功能分布、资源禀赋、产业基础等，北京临空经济示范区可被划分为四个功能区，以打造“一核三区”的空间布局。“一核”即首都空港核心区，“三区”即北部综合保税与航空物流区、西部临空产业与城市服务拓展区和南部商务服务与新兴产业发展区。

（四）资本运作

对处于创业期的企业，积极引导风险投资基金、私募股权投资基金投向它们；鼓励银行创新金融产品，建立绿色通道，为高新技术企业提供便捷服务；积极发展小额贷款公司，拓宽企业贷款担保渠道。对处于成长期的企业，搭建政银企金融服务平台，对符合政策的企业给予固定资产贷款贴息和补助，引导企业通过集合票据、集合信托等渠道融资。对处于成熟期的企业，鼓励利用资本市场，引进战略投资者、私募股权投资基金，扶持经营状况好、有市场、有规模、有专利、有品牌的企业上市直接融资，在企业改制、上市辅导和发行阶段给予奖励，促进资本市场的顺义板块做大做强。

第二章

空港城市演化的工程责任机制

第一节 工程责任定义

目前，对于社会责任并没有形成统一的定义，有的将社会责任仅限定于企业，即企业社会责任（CSR）；有的将社会责任扩大到包含企业在内的所有组织，即社会责任（SR），指一定的社会历史条件下社会成员对社会发展及其他成员的生存与发展应负的责任。19 世纪 20 年代，英国学者欧利文·谢尔顿（Oliver Sheldon）在其著作《管理哲学》中最早提出“企业社会责任”的概念。

一 企业社会责任

（一）企业社会责任

亚当·斯密（Adam Smith）认为，无数理性的经济人在市场这只“无形的手”的指挥下，从事着对整个社会有益的经济活动。他在确认了人的利己主义本性和趋利避害的行为动机后，指出每个人越是追求自己的利益，就越会促进社会利益的实现。然而，随着经济社会的不断发展，企业以利润最大化为目标的理念日渐暴露出弊端。第一，公司的规模不断扩大，其社会影响力日渐强大。人们期待公司在利用社会资源的同时能够以某种方式更多地回报社会，这种回报的方式无疑包括承担社会责任。第二，由于资本家盲目追逐私利，公司对社会的负面影响也日益严重，给社会造成了威胁或者侵害。例如，浪费资源、污染破坏环境、制造假冒伪劣产品、对员工利益的漠视态度、进行不正当竞争破坏社会秩序等。在这种情况下，对公司承担社会责任的呼声，带着一定的谴责和强制意味。第三，公司理论的日益成熟，董事中心论、经理革命、利益相关者论等理论相继被提出。在此理论背景下，一味追求利润最大化的理念无疑丧失了扎实的根基。因此，企业作为一种社会主体，拥有自由意志，自由决策其生存、发展策略，社会也对其充满期望，在不确定因素逐渐增大的今天，其强大的资本资源和组织资源足以表明企业应该承担社会责任。袁家方在《企业社会责任》一书中指出企业社会责任是"企业在争取自身的生存与发展的同时，面对社会需要和各种社会问题，为维护国家、社会和人类的根本利益，必须承担的义务"。[①] 弗雷德里克（W. C. Frederick）指出企业社会响应是"企业对社会压力做出反应的能力"。[②] 阿奇·卡罗尔（Archie B. Carroll）提出了包含企业社会责任、社会议题和社会回应三维度的 CSP 模型，该模型最大的贡献是将企业社会责任的观点系统化，并将企业社会责任、社会有效回应和社会议题三个维度进行整合，构建起整体性的理论框架。[③]

（二）相关背景理论发展

交易费用理论来源于制度经济学，按照制度经济学理论，企业在各种经济活动中并不只与消费者发生交易，与其员工、投资者、环境等其他对象在某种意义上说也同时进行着利益的交换。这些利益的交易行为受到各种显性的或者隐性的契约所制约，并与企业产生的交易费用的关系都是负相关的。企业可以通过负担一定的社会责任来降低与利益相关者之间的交易费用。企业发展应同时考虑企业与其他利益相关者之间、企业与投资者之间、企业的生产成本。如果这三种成本之和低于其他企业同类成本之和，那么企业便具有了发展的可能。

圈层理论包括美国经济发展委员会提出的"三个同心责任圈"和阿奇·卡罗尔的"三领域模型"。同心圈包括最里圈（履行经济职能的基本责任）、中间圈（对社会价值观和优先权的变化要采取一个积极态度的责任）

---

① 袁家方：《企业社会责任》，海洋出版社，1990。

② W. C. Frederick, "From CSR1 to CSR2: The Maturing of Business-and-society Thought," *Business and Society* 2 (1994): 150 - 164.

③ A. B. Carroll, "A Three-dimensional Conceptual Model of Corporate Performance," *Academy of Management Review* 4 (1979): 497 - 505.

和最外圈（新出现的还不明确的责任）。三领域模型是从金字塔模型演变过来的（见图 2－1）。三领域指的是经济领域、法律领域和道德领域。经济领域指的是那些能够对企业产生直接或间接正面经济影响的事务。法律领域指的是对体现社会统治阶层意愿的法律法规的响应，法律领域可以被划分为避免民事诉讼、顺从和法律预期三个部分。道德领域指的是社会大众和企业利益相关者所期望的企业道德责任，道德领域涉及惯例型、后果型和存在型三种普遍存在的社会道德标准。

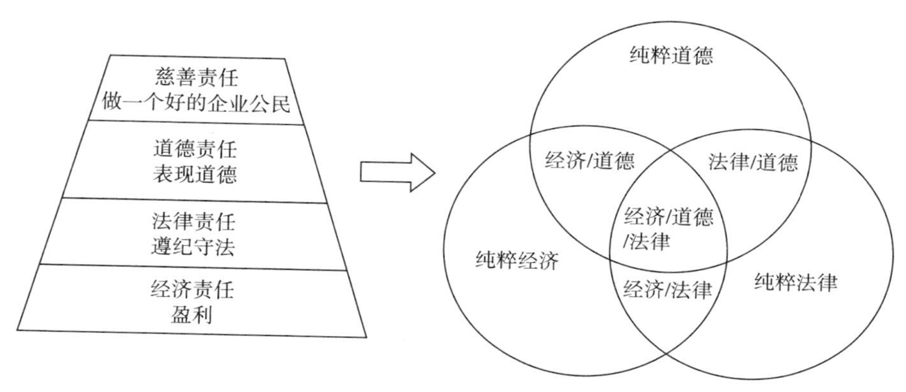

图 2－1　从金字塔模型到三领域模型

利益相关者理论关注商业实体与那些影响企业决策或被企业决策影响的机构或组织。爱德华·弗里曼（R. Edward Freeman）认为企业社会责任是一种利益相关者管理，社会处在持续变化之中，企业要想取得成功，就必须能够理解和处理好与企业外部利益群体之间的关系。他把这些企业外部利益群体定义为利益相关者，也就是所有能够影响组织或被组织的目标成就影响的社会群体或个人。①

珊卓·沃多克（Sandra Waddock）提出“企业公民”理论，并对代表性企业公民进行了划分，他认为企业公民有三种表现形式：一是企业公民与企业慈善活动、社会投资或对当地社区承担的某些责任相近（有限责任）；二是要求承担社会责任的企业应努力创造利润、遵守法律、做有道德的合格企业公民；三是企业对社区、合作者、环境都要履行一定的义务和

① R. E. Freeman, *Strategic Management: A Stakeholder Approach* (Pitman: University of Minnesota, 1984).

责任，责任范围甚至可以延伸至全球（延伸责任）。[①]

随着可持续发展概念的提出，企业可持续发展理论得以发展。企业的可持续性表现包括以下三个方面：经济表现（体现企业市场价值的盈利能力和增长，具体表现为企业的经济市场价值和经济表现动力）；社会表现（体现企业对利益相关者的影响与关系，具体表现为员工、客户、社区、供应商和竞争者等利益群体对企业的满意程度）；环境表现（体现企业对全球化环境的影响，具体表现为稀缺资源的循环利用、废气和废物的减量排放、强化对生态系统影响的承诺、减少对自然环境的负面影响四个方面）。[②] 企业可持续发展取决于四个决定性的资本，即社会资本、人力资本、政治资本和自然资本。而企业社会责任活动能够促使企业实现这四个方面资本的积累，使企业具备可持续性的竞争优势。[③]

二 技术责任

技术的发展历史大致可以分为四个主要时期，即原始技术时代、古代工匠技术时代、近代工业技术时代以及现代技术时代。[④] “技术不仅是满足掌握技术的人自身的需要，也不仅被用来满足剥削者的需要，而且成为最大限度地获取剩余价值的手段。”[⑤] 但是，工业技术也产生了很多负面影响，如资源浪费、环境污染、社会道德的日益败坏等，技术的消极后果逐渐显现出来。由于主观和客观的原因，任何技术的目的和结果之间都会产生或多或少的技术异化现象，技术责任问题成为技术社会中人们关注的焦点，技术责任问题也开始浮出水面。

（一）技术责任的主体

在国外，与科学共同体一样，技术专家同样有自己的共同体，比如IEEE/ASME/CCPE 等技术共同体的建立，一方面是基于建立职业化标准的

---

① S. A. Waddock, *Leading Corporate Citizens: Vision, Values, Value Added* (Boston: McGraw-Hill, 2002).

② L. C. Steg, V. S. Lindenberg, T. Groot, et al., *Towards a Comprehensive Model of Sustainable Corporate Performance* (Groningen: University of Groningen, 2003).

③ F. Amalric, Pension Funds, *Corporate Responsibility and Sustainability* (Zurich: CCRS Centre for Corporate Responsibility and Sustainability, 2004).

④ 杜宝贵：《论技术责任的主体》，《科学学研究》2002 年第 2 期。

⑤ 远德玉、陈昌曙：《论技术》，辽宁人民出版社，1999。

需要，为了提高工程师的执业水准，他们的技术行为需要得到严格的规范；另一方面，也反映了技术共同体区别于其他共同体的内部标准和外部标志。[①]

德国的技术哲学家汉斯·约纳斯（Hans Jonas）首次把“技术”和“责任”明确联系起来，并将其引入技术哲学领域进行讨论，他在《责任命令：探索技术时代的技术伦理学》中集中讨论了技术责任问题，在讨论科学家的责任问题上，他主张建立一种自我审查的机制来解决科学家的责任问题。[②]

德国技术哲学家汉斯·伦克（Hans Lenk）认为应该将技术责任进行分类：个体责任、集体决策者责任、整个国家的哲者以及人类整体的责任等，他说：“个体的责任和集团的责任并不具有相同的含义，它们不能简单地互相还原。尽管在社会现实中，这些责任可能有些交叉的部分，但是一种类型的责任是不能取代另一种的。单独的个体技术责任不能够用来解释现实存在的问题，应该扩大技术责任的范畴，也就是将个体责任扩大到集体责任。”在此基础上，他对技术责任的层次进行了划分，给出了有关技术责任体系的“优先原则”和相应的解决方法：“尽可能多的法律、法令和禁令，以及尽可能多去激发个人的责任”。[③]

美国工程师莫里森（George S. Morison）曾踌躇满志地宣称：“我们是掌握物质进步的牧师，我们的工作使其他人可享受开发自然力量源泉的成果，我们拥有用头脑控制物质的力量。我们是新纪元的牧师，却又绝不迷信”。另一位工程师则说：“工程师，而不是其他人，将指引人类前进。一项从未召唤人类去面对的责任落在工程师的肩上。”[④]

从国内看，张黎夫和邹成效二人在其文章《科学家对技术的伦理责任三则案例的启示》中指出了科学家的技术责任问题，文章从七个方面全面

---

① Gerald Feinberg, “The Social and Intellectual Value of Large Project,” *Journal of Franklin Institute* 21 (1973): 42 - 47; Raphael Sassower, *Technoscientific Angst: Ethics and Responsibility* (Minneapolis-St Paul: University of Minnesota Press, 1997).

② 〔德〕汉斯·约纳斯：《责任原理——现代技术文明伦理学的尝试》，方秋明译，世纪出版有限公司，2013。

③ Hans Lenk, *Macht und Machbarkeitder Technik* (Stuttgart: Philipp Reclam jun, 1994).

④ 〔美〕卡尔·米切姆：《技术哲学概论》，殷登祥等译，天津科学技术出版社，1999。

论述了影响科学家有效履行技术伦理责任的因素。曹南燕在《科学家和工程师的伦理责任》一文中讨论了现代社会中责任的含义，并分析了科学的价值、科学家的伦理责任以及工程师的责任等问题。赵培杰在《科技发展的伦理约束和科学家的道德责任》一文中认为科学家应该负担起更大的伦理责任。覃永毅、韦日平在《可持续发展的技术责任主体探析》一文中指出工程师、科学家、企业、国家以及技术的消费者这五个处于不同社会层次中的活动主体是技术责任的伦理主体。杜宝贵在《论技术责任主体》一文中指出技术责任主体应该是一个由工程师、科学家以及企业、国家等构成的技术责任主体群。罗天强、李晓乐在《论消费者的技术责任》一文中指出消费者是技术的重要主体，因而也是技术的责任主体，消费者应通过负责任的消费为技术承担生态责任、社会伦理责任和促进技术健康发展的责任。衡孝庆在《技术社会的交往结构及其角色》一文中指出技术社会可以被划分为技术研发共同体、技术产业共同体和技术消费共同体三个层次，技术社会由技术领导、技术专家、专业技术人员、技术营销者、技术教育者等构成。①

（二）技术伦理与责任伦理

在国外，技术哲学家斯塔迪梅尔（John M. Staudenmaier）指出："人类社会不是一个装在文化上中性的人造物的包裹，那些设计、接收和维持技术的人的价值与世界观、聪明与愚蠢、倾向与既得利益必将体现在技术身上。"②

卡尔·米切姆指出："技术专家们一直探索应用知识并把它付诸实践，他们一开始就不得不受制于外界的（常常是法律的）或内心的（通常是伦理的）规定。"③

汉斯·约纳斯指出："技术作为一个整体恰恰再也不能中立于伦理学之外，其原因有三。首先，现代技术使人与自然的关系发生了重大改变，自然再也不能像过去那样面对人类的入侵不屑一顾，而恰恰是软弱无助。其次，现代技术把人变成自己的对象，使人有可能扮演造物主的角色，任意

---

① 转引自刘洪波《水资源工程社会责任研究》，黄河水利出版社，2015。

② 高亮华：《人文视野中的技术》，中国社会科学出版社，1996。

③ 〔美〕卡尔·米切姆：《技术哲学概论》，殷登祥译，天津科技出版社，1999。

创造地球上的任何物种，至此，人类完成了他对自然的最终征服。最后，现代技术因为对人类、自然和未来的深远影响，已处于人类目标的中心地位，因而负有了伦理学意义，也因此，责任向不确定的未来敞开了它的地平线。责任伦理学是一种顺应技术时代的伦理学，它把责任推向伦理学舞台的中心，把人类存在作为伦理学的首要要求。”①

汉斯·伦克阐述了技术责任的“归因”问题和“分有”问题，他对该问题在组织中的存在形式和非组织中的集体行为问题进行了详细的区分，研究了两种情况下存在的技术责任问题。他指出，技术的发展引起了专业化的劳动分工，而市场拥有竞争和合作的性质，因此就产生了不可预见的“正常的灾难”，进而论述了市场经济的外在属性和技术责任的内在化属性之间的矛盾是技术责任产生的因素之一。他认为道德的进步未能与技术的进步同步是技术时代产生技术责任的原因之一，道德责任是最重要的责任，这些责任不会被减少，不能被分开或者被消解；当然他们也不能消失，无论有多少人参与进来，由此，无论是作为技术的直接参与者还是管理者，也无论参与者的数量多么庞大，作为个体，对技术责任都有责任。②

在国内，甘绍平在《科技伦理：一个有争议的课题》一文中强调了责任的内在性，责任问题应该仅仅和科学家或工程师联系在一起。刘大椿在《科技时代伦理问题的新向度》一文中认为科技伦理正在经历四大转变，即从近距离伦理转变为远距离伦理，从信念伦理转变为责任伦理，从自律伦理转变为结构伦理，从个人伦理转变为集团伦理或者集体伦理。王健在《现代技术伦理规约的特性》和《现代技术伦理规约的困境及其消解》中揭示了技术伦理规约不仅仅是对技术主体、技术客体的规约，更是对技术主体与技术客体相统一的动态过程的伦理规约，是在技术－伦理开放框架内的协同与整合。方秋明在《论技术责任及其落实》一文中指出可以运用责任伦理有力地批判错误的技术观，从而增强技术主体的责任意识；可以把商谈伦理运用于具体的技术实践，协调各方利益冲突，争取达成共识，从而最终有效地落实技术责任。其他的论述如邱仁宗的《世纪生命伦理学展

① Hans Johns, *The Imperative of Responsibility*: *In Search of an Ethics for the Technological Age* (Chicago: University of Chicago Press, 1985), pp. 31－32.

② 杜宝贵：《论技术责任主体》，《科学学研究》2002年第2期。

望》、方秋明的《技术发展与责任伦理》、金吾伦的《科学研究与科技伦理》、罗天强与邓华杰的《产品技术分析》和李德顺的《沉思科技伦理的挑战》等。[①]

（三）技术社会学

弗里德里希·拉普（Friedrich Rapp）认为："技术是复杂的现象，它既是自然力的利用，同时又是一种社会文化过程。由于技术过程要求平稳运行，因此人要无条件地适应它，在这种情况下，人的自发行为只能看成是一种对技术平稳运行的防碍。为了实现最高度的技术完善，人必须使自己服从于他所创造的技术的要求。一般由工程师的上级制定出对技术项目的具体要求。在不同的社会制度下，上级有不同的含义，在私有制社会指的是资本家，在计划经济中指的是政府计划部门。但是不管何种制度，起最终决定作用的总是经济，而不是技术本身。"[②]

晏如松、张红在《技术的决定论和社会建构论》一文中指出技术决定论和技术的社会建构论的观点都是偏颇的，追求一种良性、互动的社会、技术运行机制是当代技术观论题中应有之义。刘同舫在《技术的社会制约性》一文中指出社会因素参与技术的建构，社会实践、社会需要、社会选择、社会利益关系、社会心理和社会环境等以独特的方式塑造人类的技术。王学忠、张宇润在《技术社会风险的法律控制》一文中指出引起技术社会风险的人类行为可以分为技术误用、技术滥用、利益博弈下的选择使用等三种形式。王建设在《技术社会角色的三个类别及权责体现》一文中指出技术社会角色可分为技术人工社会角色、技术实体社会角色和技术工艺社会角色，不同的技术社会角色具有不同的社会地位、权利、责任和行为模式。盛国荣在《技术社会控制的对象问题初探》一文中指出技术社会控制的具体对象包括工程控制理论中的控制对象、人文主义传统中技术客体的设计活动、技术发展的方向与速度、技术的应用、技术应用的后果等。葛勇义在《现象学对技术的社会建构论的影响》一文中指出技术的社会建构理论至少在三个方面受到现象学的影响：技术的微观考察方法是"向事情本身"的实践、行动者网络理论是"体间性"论的运用以及社会建构的实

---

① 转引自刘洪波《水资源工程社会责任研究》，黄河水利出版社，2015。

② 〔德〕F. 拉普：《技术哲学导论》，刘武等译，辽宁科学技术出版社，1986。

质是“向性”本作用的体现。衡孝庆在《技术社会的解释学分析》一文中指出对技术社会的解释学理解有3种方式：一是把技术社会理解为社会发展的技术统治阶段，这个时期技术成为统治和控制社会的力量；二是把技术社会理解为以技术为交往媒介和中心的交往共同体；三是把技术社会理解为以技术作为职业或工作核心的人员构成的社会。①

三 工程责任

工程责任是指工程共同体在进行工程活动时，要对工程自身、生态环境、社会公众和子孙后代的生存和发展负责，将工程活动对自然、社会和人产生的可能与实际危害消除或者降到最低程度。工程责任的核心是以人为本，最终目标是实现人与自然的和谐共存，使工程达到和谐状态。② 空港城市责任就是指树立生态文明理念，坚持集约、智能、绿色、低碳发展，优化实验区空间布局，以航兴区、以区促航、产城融合，建设具有较高品位和国际化程度的城市综合服务区，形成空港、产业、居住、生态功能区共同支撑的航空都市。

工程是指人类构思、建造和使用人工实在物的一种有组织的、有目的的社会实践活动的过程及其结果。因此，如同企业一样，工程也是一种组织，企业可以并应该承担社会责任，工程也可以并应该承担社会责任，但是，工程的组织形式与企业的组织形式之间存在着很大的不同，工程的组织形式具有临时性、一次性的特点，组织弹性大。再者，工程尤其是大型工程，对合作的需求往往比长期组织更为迫切，因为工程最终能在多大程度上实现预期的目标，不仅取决于工程各参与方自身的努力，而且取决于他们之间合作的成效。另外，企业的一些相关理论也可以应用到工程上。比如，将企业治理理论、企业可持续发展理论、企业生态理论、企业利益相关者理论等应用到工程项目组织上，就形成了有关工程项目管理理论的前沿和热点，如工程项目治理理论、工程生态理论、工程可持续发展理论、工程项目利益相关者理论等。③

---

① 转引自刘洪波《水资源工程社会责任研究》，黄河水利出版社，2015。

② 刘洪波：《水资源工程共同体社会责任探析》，《中国农村水利水电》2009年第8期。

③ 刘洪波：《水资源工程社会责任评价方法研究》，《人民黄河》2009年第1期。

在技术哲学中，对技术产生的消极后果以及由此产生的责任问题的讨论成为技术社会中人们关注的焦点。技术责任是指“技术责任的主体把技术付诸实施时，要考虑到技术影响对象的利益，进而言之就是要对消费者负责，即保证技术产品的质量；对生态环境负责，对受技术影响的居民乃至我们的子孙后代的生存负责，也就是要把技术对环境以及由此对人产生的可能与实际危害消除掉或者降到最低程度”①。在“科学－技术－工程”三元论的基础上，工程哲学成为与技术哲学、科学哲学类似的一门新哲学。既然，对技术的反思产生了技术责任问题，那么，对工程的反思就产生了工程责任问题（技术责任与工程责任的异同见表2－1）。

表2－1 工程责任与技术责任、企业社会责任的比较

项目	企业社会责任	技术责任	工程责任
理论基础	经济人－社会人－复杂人	工程－技术－科学三元论	工程－技术－科学三元论
应用理论	管理哲学	技术哲学	工程哲学
研究对象	企业	技术	工程
研究范围	研究企业社会责任与企业管理、企业业绩、发展的关系，利益相关者，推行途径等	技术的整体责任与个体责任研究，科学家和工程师主体研究，应用伦理学的研究，技术社会学的研究	研究工程责任的范围、内容、实现机制、驱动力、评价指标和评价方法等
研究方法	利益相关者方法等	技术哲学方法	工程哲学方法
研究路线	从经济学、法学、哲学多角度研究企业社会责任的内涵和外延，构建评价指标体系和评价方法	从技术哲学的角度研究技术责任问题，角度单一	依据工程哲学的基本原理，构建工程责任的概念和基本原理，构建评价指标和评价方法
研究进展	已经有了丰富的前期成果	有了一定的研究成果	首次提出

四 工程责任主体

（一）工程共同体

工程活动的主体属于世界，是指集结在特定工程活动下，为实现同一工程目标而组成的有层次、多角色、分工协作、利益多元的复杂的工程活

① 方秋明：《论技术责任及其落实》，《科技进步与对策》2007年第5期。

动主体的系统，是从事某一工程活动的个人“总体”，以及社会上从事着工程活动的人们的总体，可与从事其他活动的人群共同体区别开来，是现实工程活动所必需的特定的人群共同体，可以称之为工程共同体。工程共同体是有结构的，由不同角色、不同类型的人们组成，包括工程师、工人、投资者、管理者等利益相关者，是一个异质成员共同体。①

根据工程共同体之间是否存在合同约束，可以将工程共同体分为两类。一类是主体之间存在工程合同关系，如投资者、工人、工程师、管理者以一定的方式结合起来，分工协作，以企业、公司、项目部等形式依据一定的合同模式组成一定的项目管理模式，进行具体的工程活动，可称之为工程活动共同体。他们之间根据合同承担各自的合同责任和社会责任。另一类是主体间不存在合同关系，但是与工程间接地发生联系，互相影响、互相作用，包括政府部门、新闻单位、社区单位和各种社团。因此，可以根据共同体是否与工程发生合同关系，将这些工程共同体分为政府、企业、社团三大类，企业是与工程存在合同关系的营利性社会组织，政府和社团是不与工程发生合同关系的非营利性社会组织，如维护工人权益的工会，进行工程师资格管理和本专业交流发展的各种工程师协会、工程学会，维护企业家权益和交流的各种商会，虽然都不是而且也不可能是具体从事工程活动的共同体（可以称之为职业共同体），但是，往往是工程实施者各成员的利益诉求的主体。三者在工程活动中追求的价值各有侧重，如政府追求工程的效率与公平，企业追求工程的效率，社团追求各自特殊的价值需求。

与技术责任、企业社会责任相比，工程责任有其自身的内容。从作用领域来看，工程责任是与工程活动联系在一起的责任，从而可引导、监督工程活动，主要在工程领域发挥作用。从工程活动涉及的主体看，工程是一项涉及社会政治、经济、科技、文化、自然等多方面的活动，需要各种利益主体参与，工程责任的主体非常复杂。现阶段，社会正处在转型时期，我国工程的建设也从计划经济时代走向“市场 + 计划”的二元经济时代。一方面，工程总体上是公益性的基础设施，这个特点决定着公共财政投入

① 张秀华：《工程共同体的本性》，《自然辩证法通讯》2008 年第 6 期。

是工程投资的主渠道，必须加强政府的调控和引导；另一方面，工程也是社会和公众关注的重点，其建设关系社会方方面面的群体利益，要发挥和调动社会与公众的积极性。

在个体层面，工程共同体包括投资者、管理者、工程师、工人和受众。但是，要想进行工程建设，这些个体必须以某种组织的形式出现，现代工程建设是一个集体活动。目前，我国工程的投资者主要是政府，工程属于政府投资项目。具体到每一个工程，管理者、工程师和工人往往组成企业（项目部）进行工程建设，在大多数情况下，工程师和管理者往往集于一身。受众是指受工程影响的社会公众，他们对工程有着不同的价值诉求，从而围绕着各自的价值取向形成利益集团，如工程师协会、工会、村民自治组织、环境 NGO、媒体等。

因此，在组织层面上，工程共同体包括政府、企业、社团三大类。政府的工程责任、企业的工程责任和社团的工程责任构成了工程责任的三重性结构。根据党的十七大报告中提出的建立“决策权、执行权、监督权既相互制约又相互协调”的政府行政机制，政府的责任是工程的决策、审批和政府监督，企业的责任是进行工程的建设，社团的责任是对工程决策、审批、建设和运行进行广泛的社会监督，从第三方的角度维护社会大众的利益，保证工程的公益性。

近年来，随着我国政府改革的不断推进，作为与政府、企业并列的第三部门——非政府组织，在我国得到了快速发展。据统计，截至 2015 年底，全国共有社会组织 66.2 万个，其中社会团体有 32.9 万个，各类基金会有 4784 个，民办非企业单位有 32.9 万个。[①] 社会团体、民办非企业单位目前是我国民间组织的两大主要种类。根据我国《社会团体登记管理条例》的规定，社会团体是公民自愿组成，为实现会员共同意愿，按照其章程开展活动的非营利性社会组织。根据《民办非企业单位登记管理暂行条例》，民办非企业单位是企业事业单位、社会团体和其他力量以及公民个人利用非国有资产举办的，从事非营利性社会服务的社会组织。这两类组织即国际上通常所称的“非政府组织”。为简化起见，统一用“社团组织”来表示。

---

① 《2015 年社会服务发展统计公报》，中国网，http://news.china.com.cn/txt/2016-07/11/content_38855906_7.htm，2016 年 7 月 11 日。

（二）工程责任共同体

从工程共同体的角度看，工程责任的主体是多元性的，它是一个集体责任。工程责任的实现依靠各个主体间责任的相互作用。这种作用来源于工程责任的整体性和开放性。

工程各主体责任的相互作用的动力是各主体间责任的相互开放，工程责任对外部社会环境、自然环境的开放，工程各主体社会责任之间的相互开放。由于有了开放性，工程责任在工程活动的过程中进行着与外部环境和内部各主体间社会责任的物质、能量和信息的交换，从而形成了工程责任的发展和演化。由于工程责任不仅有着复杂的主体构成要素，而且有着极其复杂的运作机制，其发展的过程、快慢和出发点等均是非线性函数，所以，工程责任这种交换过程是一个非平衡态下的复杂的动态变化过程。

工程各主体责任的相互作用的结果就是整体的工程责任。不同的工程主体在工程中具有不同的责任，不同责任主体的责任之间存在着相互影响、相互制约的非线性关系，在相互作用下形成一个非线性的责任网络。在这个网络中，工程责任与各主体责任之间是整体与部分的关系，部分影响整体，整体制约部分，在各个主体责任的相互作用中表现出一个整体性的工程责任。

工程责任的目的就是要使工程系统、社会系统和自然生态系统和谐共生，从工程哲学的角度看，就是要实现工程和谐。工程和谐是指为了实现工程综合效益目标的最大化，使工程系统内部各组成部分之间以及工程与其外部环境之间处于相互协调、良性运转的一种状态。为了实现工程和谐状态，就必须进行工程责任建设，在实现工程责任的过程中，工程责任主体之间的关系在于：政府主导、企业执行、社团参与，见图2－2。

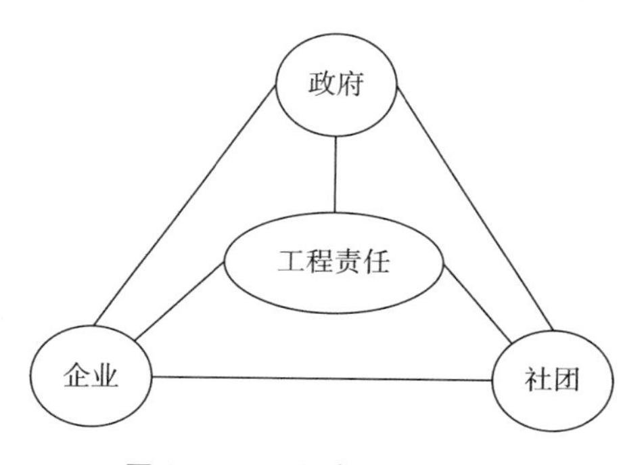

图2－2　工程责任主体关系

第二节 空港城市演化的工程责任内涵

就空港城市建设而言，它涉及的利益相关主体包括：中央政府、地方政府及其他航空行政管理部门；航空产业类企业（核心）、参与空港城市建设的非航空产业各类企业；政府性质的社团（政协、工会、村民自治组织）、非政府性社团（民间性质的航空组织等），见图2－3。

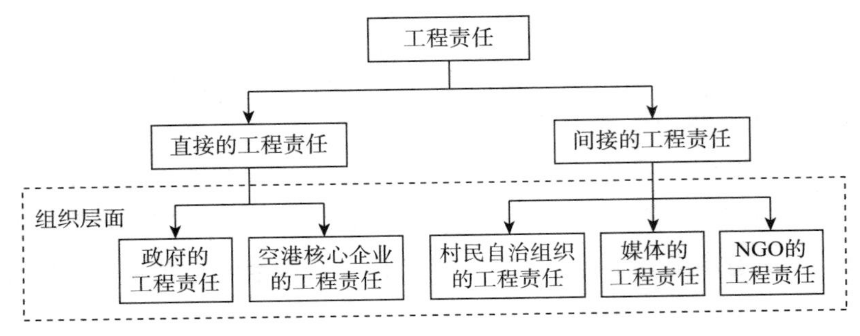

图2－3 工程责任主体结构

一 政府的工程责任——宏观政策引导，基础设施构建

在现代社会，政府管理贯穿于工程建设的全过程，特别是一些巨型工程，具有很强的公益性和社会性，社会影响大，其中工程责任发挥着重要的作用。在工程决策阶段，政府承担的工程责任包括工程决策的民主化、科学化，工程审批过程的合法化，工程的目标符合社会利益和生态利益；在工程实施阶段，政府的工程责任包括工程开工许可证的颁发，工程实施监督的到位情况，管理方式和手段的先进性等；在工程竣工和验收阶段，政府的工程责任包括政府对决策失误工程的责任，竣工备案等。目前，由于对政府的工程责任认识不足和履行不到位，出现了一些违背自然规律的工程、重复建设工程、政绩工程、献礼工程、首长工程等“不好的工程”。政府的工程责任具有以下特点。①主体身份的双重性，政府既是工程责任的倡导者，又是工程责任的实践者，作为前者，政府必须在全社会树立形象，营造舆论，唤起工程共同体的责任感；作为后者，政府必须言行一致，做敢于承担责任的典范。②主体地位的重要性，政府的工程责任构成了政

府形象和政府威信的重要内容，政府的工程责任缺位可能会诱发政府的执政危机。①

（一）宏观政策引导

1. 践行科学发展观——思想保障

科学发展观坚持以人为本、全面协调可持续发展，强调按照“五个统筹”的要求，协调经济社会发展与人的全面发展的平衡，强调人与自然的和谐。空港城市建设必须高举中国特色社会主义伟大旗帜，以邓小平理论、“三个代表”重要思想、科学发展观为指导，进一步解放思想、抢抓机遇，大胆探索、先行先试，以空港为依托，以发展航空货运为突破口，着力推进高端制造业和现代服务业集聚，着力推进产业与城市融合发展，着力推进对外开放合作和体制机制创新，探索以航空港经济促进发展方式转变新模式，为区域开放发展提供强有力支撑。要进一步转变政府职能和管理方式，建设法制型（规范行政行为）、服务型（强化社会管理和公共服务）、效能型（提高效能）和廉洁型的政府，从而提高政府的公信力和执行力。要进一步加强政府部门工作作风建设，按照“为民、务实、清廉”的要求，大力发扬艰苦奋斗、实事求是的优良传统和工作作风。要进一步提高政府机关工作人员的思想道德教育，使他们树立正确的世界观、人生观、价值观、工程观，夯实廉洁从政的思想道德基础、巩固拒腐防变的思想道德防线。

2. 推进工程的制度建设——政策保障

政府应该制定有关的法律法规，形成具有刚性约束力的各方行为规范和行动准则，为各方利益的协调提供一个公平、公正的平台。在制度上做到“有法可依、执法必严、违法必究”，推进依法行政。

为了规范民用机场的建设与管理，积极、稳步推进民用机场发展，保障民用机场安全和有序运营，维护有关当事人的合法权益，《民用机场管理条例》已于2009年4月1日经国务院第55次常务会议通过，自2009年7月1日起施行。该条例主要就民用机场的建设和使用、民用机场的安全和运营管理、民用机场安全环境保护及相关的法律责任做了规定和说明。

---

① 丰景春等:《工程社会责任主体结构的研究》,《科技管理研究》2008年第12期。

2010年5月，《国务院关于鼓励和引导民间投资健康发展的若干意见》发布。该意见鼓励民间资本参与交通运输建设。鼓励民间资本以独资、控股、参股等方式投资建设公路、水运、港口码头、民用机场、通用航空设施等项目。

2010年10月10日，国务院颁布《国务院关于加快培育和发展战略性新兴产业的决定》。根据战略性新兴产业的发展阶段和特点，未来国家明确发展的重点方向和主要任务涉及高端装备制造产业：重点发展以干支线飞机和通用飞机为主的航空装备，做大做强航空产业。积极推进空间基础设施建设，促进卫星及其应用产业发展。依托客运专线和城市轨道交通等重点工程建设，大力发展轨道交通装备。面向海洋资源开发，大力发展海洋工程装备。强化基础配套能力，积极发展以数字化、柔性化及系统集成技术为核心的智能制造装备。以通用飞机与干支线飞机为主的航空装备产业已被列为国家“十二五”重点加快培育和发展的战略性新兴产业。

2012年3月，财政部印发《民航发展基金征收使用管理暂行办法》，把通用航空作为基金支持的重点领域。2012年5月，民航局颁布了《通用机场建设规范》，为通用航空机场建设提供了有别于运输机场的行业标准。2012年7月，《国务院关于促进民航业发展的若干意见》明确了民航业是我国经济社会发展的重要战略产业，并把通用航空列为发展重点，提出要大力发展私人飞行、公务飞行等新兴通用航空服务。2012年12月，《通用航空发展专项资金管理暂行办法》明确中央财政从民航发展基金中安排用于支持通用航空企业开展通用航空作业、通用航空飞行员培训，以及完善通用航空设施设备等方面的专项资金。

（二）基础设施建设

1. 空港城市是一个智慧之城

迄今为止，人类文明史经历了三次非常重要的技术革命，促进了城市的形成和发展。第一次是农业革命，即作物种植业和动物养殖业的兴起，产生了农民、牧民和手工业者。伴随着青铜、铁等冶金产品的出现，人们开始制造和使用锄把、犁头、马鞍、锤子等工具，并通过一些技术成果，如肥料、灌溉、耕作、车轮等，推动了农业劳动生产力的提高，农牧业生产的剩余产品需要在集市上交换，这个多余产品交换的场所逐渐演变成交易市场，这就是城市的雏形。据历史记载，世界上第一批城市大约在公元前3500年起源于两河流域的富庶平原地带——美索不达米亚，包括乌尔、苏姆尔、阿卡德、厄里都、厄尔克、拉戈什和吉什。第二次是工业革命，即大工业的技术性变革和社会分工，造就了产业工人、商人及各行各业劳动者，制造业和商业以及政治的发达，社会群体规模扩大与组织水平提升。工程活动广泛依靠如工程力学、电磁学、钢筋混凝土、机电一体化等，大量使用和掌控钢铁、水泥、机器等生产资料，有目的地大规模建造人工物，创造出了人类自己生存发展的物质环境和条件，拓宽了人类的生存空间。工业化直接加速城市化进程，把世界人口更多地吸引到城市中心，产生了诸如威尼斯、佛罗伦萨、米兰、伦敦、巴黎、柏林、纽约、东京、上海等重要城市。[①] 第三次是信息革命，即信息技术的广泛应用和信息产业的兴起。人类正处在计算机、互联网广泛应用的时代，信息时代的到来，促进了传统生产模式向现代生产模式的转变，"互联网+"时代促进了各行各业的信息化转变，城市发展越来越依靠"互联网+"，智慧城市成为城市发展的趋势，促进了城市的可持续发展。许多国家和地区都提出了"智慧城市"建设战略，掀起了一股"智慧城市"的建设热潮：佛罗里达——智慧电网，马德里——智慧交通，米尔海姆——智慧建筑，维也纳——智慧城管，新加坡——智慧政府，首尔——"智能首尔2015"计划，智慧上海——光网城市，智慧北京——世界城市，智慧无锡——感知城市，智慧深圳——安防之都，智慧南宁——智慧绿城。可以说，农业革命使城市诞生于世界，工业革命则使城市主宰了世界，信息革命促进了城市的可持续发展。

智慧城市是运用物联网、云计算、大数据、空间地理信息集成等新一代信息技术，促进城市规划、建设、管理和服务智慧化的新理念和新模式。建设智慧城市，对加快工业化、信息化、城镇化、农业现代化融合，提升城市可持续发展能力具有重要意义。公共服务便捷化：在教育文化、医疗卫生、计划生育、劳动就业、社会保障、住房保障、环境保护、交通出行、防灾减灾、检验检测等公共服务领域，基本建成覆盖城乡居民、农民工及其随迁家属的信息服务体系，公众获取基本公共服务更加方便、及时、高

---

① 黄正荣：《论城市演化的技术支持与工程形态》，《自然辩证法研究》2010年第7期。

效。城市管理精细化：市政管理、人口管理、交通管理、公共安全、应急管理、社会诚信、市场监管、检验检疫、食品药品安全、饮用水安全等社会管理领域的信息化体系基本形成，统筹数字化城市管理信息系统、城市地理空间信息及建（构）筑物数据库等资源，实现城市规划和城市基础设施管理的数字化、精准化水平大幅提升，推动政府行政效能和城市管理水平大幅提升。生活环境宜居化：居民生活数字化水平显著提高，水、大气、噪声、土壤和自然植被环境智能监测体系和污染物排放、能源消耗在线防控体系基本建成，促进城市人居环境得到改善。基础设施智能化：宽带、融合、安全、泛在的下一代信息基础设施基本建成；电力、燃气、交通、水务、物流等公用基础设施的智能化水平大幅提升，运行管理实现精准化、协同化、一体化。工业化与信息化深度融合，信息服务业加快发展。网络安全长效化：城市网络安全保障体系和管理制度基本建立，基础网络和要害信息系统安全可控，重要信息资源安全得到切实保障，居民、企业和政府的信息得到有效保护。

2. 空港城市是一个生态城市

工程活动作为人与自然相互作用的中介，对自然、环境、生态都产生了直接的影响，特别是 20 世纪下半叶以来，生态环境问题已经日益突出，严重影响了人类的生存质量和可持续发展。人们意识到那种片面强调征服自然的传统的工程观有很多弊端。当人们欢呼对自然界的胜利的时候，自然又反过来报复了人类。人们越来越深刻地认识到必须树立科学的工程生态观，把工程理解为生态循环系统之中的生态社会现象，要做到工程的社会经济功能、科技功能与自然、生态功能相互协调和相互促进。工程的生态性包括工程与生态环境相协调的思想、工程与生态环境优化的思想、工程与生态技术循环的思想、工程与生态再造的思想四个方面。工程与生态环境协调要求人类工程活动必须顺应和服从生态运动的规律，包括生态关联——每一种事物都与别的事物相关；生态智慧——自然界所懂得的是最好的；物质不灭——一切事物都必然要有其去向；生态代价——没有免费的午餐。工程与生态环境优化要求工程活动者要肩负起环境改变的责任，这种责任包括对环境破坏的责任以及对环境重建和环境优化的责任，一方面将环境破坏控制在生态系统可以消化的自我调节限度内；另一方面利用生态规律主动调节生态系统自身的盲目性和破坏性。工程与生态技术循环要求工程活动是绿色循环技术的集成，是自然生态系统循环的一个环节，符合生态系统自我运行规律。工程与生态再造要求要把工程活动的工程效应与生态效应和环境效应综合考虑，实现生态良性循环的工程再造。工程的生态责任体现了工程活动中人与自然生态的某种关系，它的基本要求就是工程活动必须符合自然法则的规律、与生态环境保持和谐发展。从整个自然界的角度看，工程活动是人类社会通过工程与生态系统进行能量和物质交换的过程，这种交换过程必然打破生态系统原有的平衡，生态系统依靠自身的调节机制，会在一种新的状态下实现一种新的平衡，这种新的状态就是加入了工程活动这种人类活动的人工生态状态。只有在这种状态下，人类社会系统、工程系统和生态系统才能和谐共生。如果人类的工程活动超出生态系统调节机制的能力，使生态系统的新平衡不能实现，那么人类社会系统、工程系统和生态系统将不能和谐共生，而是共同走向系统崩溃。工程建设不仅要满足人的物质需求和精神需求，实现人的自由，而且还要满足自然生态需求，实现工程系统、社会系统和自然系统的可持续发展。

生态城市是建立在人类对人与自然关系更深刻认识的基础上的新的文化观，是按照生态学原则建立起来的社会、经济、自然协调发展的新型社会关系，是有效地利用环境资源实现可持续发展的新的生产和生活方式。空港城市生态化要靠两个方面：生态建设和环境保护。建设生态廊道景观带，加快绿道建设，优化绿地布局，构建区域绿网系统。合理规划城市水系景观，形成生态水系环境。加强生态敏感地带保护，严格控制开发边界，严格保护生态走廊，严禁开展不符合功能定位的开发活动。实行最严格的水资源管理制度，合理利用地表水和地下水，积极利用区外水源，实现多水源的合理配置和高效利用。加强区域环境影响评价，严格控制主要污染物排放总量。严格建设项目环境准入，发展循环经济，推进清洁生产，降低排污强度，加大环境风险管控监管力度。推进区域内建立环境质量和重点污染源自动监测系统。加快污水处理等基础设施建设，提高中水回用率。加强大气污染综合防治和噪声管制，实行煤炭消费总量控制，积极开发利用地热能、太阳能、天然气等清洁能源，改善区域大气环境质量。强化工业固体废物和生活垃圾无害化处理设施及收运体系建设，推广垃圾分类收集处理。加强地下水污染防治，加强环境风险防范和应急处置。

3. 空港城市是一个宜居城市

工程不仅有自然维度和科学技术维度，而且有社会维度。工程活动联系着自然与社会，它同时具有社会性和自然性（见图 2－4）。工程的社会性首先表现为工程目标的社会性，目的性是工程的根本性，人们对工程的目标要求已从传统的质量、进度、成本三大目标上升到使工程利益相关者满意的层面。实践表明，只有那些符合社会发展需要、符合可持续发展理念、勇于承担社会责任的工程，才是具有生命活力的工程。另外，工程的社会性集中体现在工程活动主体的社会性上。工程是由工程活动共同体共同完成的，投资者进行投资活动，管理者进行管理活动，工程师进行工程设计等技术活动，工人则进行具体的建造和操作活动，工程是社会建构的，离开了工程共同体成员之间的合作关系，工程活动无法继续下去。最后，工程的社会性也体现在工程评价的社会性上。

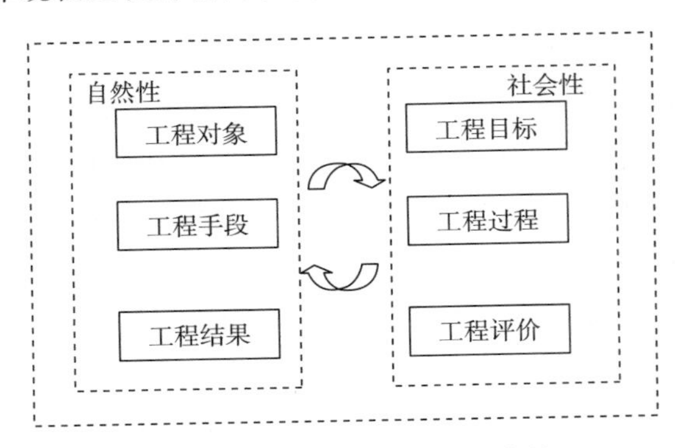

图 2－4 工程的自然性与社会性

社会是一个工程社会，工程具有强大的社会功能。工程是社会存在和发展的物质基础，工程是社会结构的调控变量（是改善社会经济结构、改变人口空间分布、宏观调控的重要手段），工程是社会变迁的文化载体。同时，工程也造成了对社会的负面影响，这种负面影响带有一定的必然性，是难以避免的，而这正是工程应承担责任的根本所在，工程承担责任的根本目的是减轻这种负面效应，促进社会与工程的协调发展。现代工程产生了广泛的社会影响，作为重要利益相关者，公众在工程中享有知情权、选择权和参与权。公众理解和参与工程，一方面有利于各方利益的均衡，建立有效的监督约束机制，减少工程腐败；另一方面可以为工程提供智力、信息支持，避免工程决策的失误。工程的社会价值体现为工程是一个社会建构的过程，工程的建设是一个社会化的过程，工程的建设打破了社会系统原有的平衡。因此，人们在工程建设过程中必须使社会系统从不平衡走向平衡，这个过程充满了工程共同体之间利益的冲突与协调，是一个社会选择的结果。工程责任就在于协调工程共同体之间的利益冲突，最大限度地满足各方的价值需求，在矛盾中求得社会价值的协调，从而实现社会系统新的平衡。这种过程是工程共同体之间通过“竞争－协作”的方式得以实现的。

空港城市要坚持高起点规划、高标准建设，集约高效利用土地，完善城市基础设施和公共服务，塑造宜居宜业的发展环境，促进人口集聚。加快高端商务商贸区建设，提升航空金融、商务商贸、中介服务、文化创意等综合服务功能。发展总部经济，吸引国内外航空公司、货运货代、制造和服务企业入驻，设立企业区域总部和研发、采购、结算、营销服务中心。依托区域良好生态系统，规划建设一批传统文化与现代文明相得益彰的城市社区，提高城市品位。加强信息基础设施建设，充分利用国家公共网络资源，推进无线网络覆盖。实施信息惠民工程，构建智慧管理、智慧健康、智慧社区、智慧教育等信息应用系统。推进电子政务建设，完善“网上一站式”行政审批。推进军民融合物联网应用示范。以机场为中心，加快推进内部路网建设，努力构筑与功能和空间布局相协调的交通体系。建设环机场快速路，构建与外部衔接的放射状快速通道，形成以“环路＋放射线”为骨架的快速路网，实现物流、人流的高效集疏。加快推进各功能区内部主干道、次干道、支路网建设，提高路网密度。统筹规划区域内部各种轨道交通方式。大力发展城市公交，推广使用新能源汽车。加强基础信息、安全应急、综合运输管理与协调系统建设，建立新一代智能交通管理与服务体系，促进城市交通、民航、铁路等部门之间的协调联动。加快供水、供电、防灾减灾设施建设，构建功能完善、保障有力、安全可靠的市政设施体系。加快水厂及管网建设，规划建设应急备用水源，提高供水保障能力。适度超前建设电网、变电站，构建安全可靠的电力供应体系。积极推进燃气输配系统和供热、供暖管网建设。统一规划建设管理地下综合管廊，推进电力、电信、有线电视电缆入地，形成无管线城市天空。加强灾害风险管理，加快建立与经济社会发展相适应的综合防灾减灾体系。健全基本公共服务体系，着力发展高品质教育、医疗、文化、就业、社会保障等公共服务，完善城市生活服务功能。科学布局中小学、幼儿园，加快发展现代职业教育，建设职业教育实训基地。引进国内外优质医疗、教育资源，建设先进的医疗卫生服务机构、教育中心，发展健康产业，满足居民与外来人士的多层次、多样化的需求。规划建设一批设施先进的文化体育基础设施，完善公共就业服务体系。

二　企业的工程责任——空港产业支撑，龙头企业带动

(一) 空港产业支撑

工程是创造人工物的实践活动，其结果直接形成物质财富，工程建设是形成固定资产的过程。因此，工程就是商品。一切商品价值都是凝结在商品中的社会必要劳动时间。商品的生产过程是劳动过程和价值形成过程的统一。商品的劳动过程有三个要素，即人的劳动、劳动对象和劳动资料。后两个要素被称为生产资料，都是劳动者过去创造的商品，在新的商品中起着物质基础的作用并由劳动者把其价值转移到新的商品价值中去。将通过生产资料消耗转移到新产品中来的这部分价值，称为物化劳动价值，劳动者在运用生产资料进行商品生产的过程中，除转移了生产资料的价值以外，还创造了新的价值。新价值包括两部分：一部分是劳动者为自己创造的价值，即个人报酬；另一部分为剩余劳动，是劳动者为社会创造的价值，即盈利。所以与社会必要的物化劳动消耗和活劳动消耗相适应，商品的价值由三部分组成：在投资过程中所消耗的生产资料的价值，即劳动或物化劳动的消耗形成的价值，通常用 C 表示；劳动者为自己的劳动所创造的价值，用 V 表示，即国家以工资形式支付给劳动者的报酬；劳动者为社会的劳动创造的价值，用 m 表示，后两部分为活劳动创造的价值。商品的价值 $= C + V + m$。因此，工程的经济责任体现在微观的工程自身的经济价值和宏观的工程对社会的经济价值。

空港城市依托机场的速度效应和集聚效应，将“人流、物质流、资金流、能量流和信息流”五流耦合和协同，带动相关空港产业的集聚和发展，

形成空港产业集聚区，带动地区经济的快速发展和城市建设的快速发展。国际民航组织的研究成果表明，大型枢纽机场每100万航空旅客创造经济效益1.3亿美元，带来直接工作岗位1000个，带来间接工作岗位3700个。[①] 美国联邦航空局的研究报告显示，2009年美国民航业经济产出合计为13112亿美元，带动了1019万就业人员和3944亿美元的职工薪酬收入，航空业贡献了5.2%的美国GDP。航空运输组织的研究显示，2010年民航业在全球共提供的就业岗位有5660万个，对全球经济贡献了22060亿美元，约占全球GDP的3.5%。牛津经济分析研究机构表明，2010年英国民航业带来了约32.6万个直接就业岗位，约占总就业人数的1.1%，对GDP的贡献大约为91.6亿英镑，约占GDP的6.5%。以新加坡为例，2010年民航业为新加坡带来5.8万个直接就业岗位，约占总就业人数的2%，对GDP的贡献大约为255亿美元，占国家GDP的12.2%。空港城市依托航空货运网络，加强与原材料供应商、生产商、分销商、需求商的协同合作，充分利用全球资源和国际国内两个市场，形成特色优势产业的生产供应链和消费供应链，带动高端制造业、现代服务业集聚发展，构建以航空物流为基础、航空关联产业为支撑的航空港经济产业体系。

1. 航空物流

（1）特色产品物流。发挥产业基础和区域市场优势，大力发展电子信息、食品、药品、时装、花卉等特色产品物流，建设重要的产品交易展示中心和进出口货物集散中心。按照国家相关规定，研究设立特种商品指定入境口岸，增加进口货源，促进航空货运进出口双向均衡发展。整合应急物流资源，建设应急物资保障基地。

（2）航空快递物流。推动快递龙头企业建设区域快递物流基地，构建规模化、网络化航空快递服务体系，建设重要的航空快递转运中心，实现国际快递72小时和国内快递24小时送达。推动快递与电子商务、供应链管理等新兴业务融合发展，鼓励快递企业进入制造业供应链服务领域。

（3）国际中转物流。加强与国际枢纽机场口岸合作，建设空空联运体系，实现航运信息共享。建设国际中转货物监管设施，规范和简化转关手

① 牛苗苗：《临空经济的发展与机场建设》，《城市建设理论研究》2015年第5期。

续，降低中转成本。支持境外航空公司、货代企业以郑州机场为基地，发展国际中转业务，建设国际航空货运枢纽。

（4）航空物流配套服务。推进航空物流园建设，完善分拨转运、仓储配送、交易展示、加工、信息服务、研发设计等功能。积极引进国际知名商务服务企业，支持发展报关清关、金融保险、咨询评估、投资运营管理等商务服务，培育商贸功能区。建立公共信息平台，为供应链成员企业提供即时服务。建立航空保税燃油基地，增强保税燃油价格和服务竞争力。

2. 高端制造业

（1）航空设备制造及维修。积极引进航空制造维修企业，引导装备制造和电子电气企业向航空制造领域拓展，重点发展机载设备加工、航空电子仪器、机场专用设备以及航空设备维修等产业，建设重要的航空航材制造维修基地。

（2）电子信息。发挥龙头企业带动作用，加强与全球领先的设计、研发及代工企业合作，吸引配套企业入驻，加快推进智能手机制造和电子部件全球采购、国际分拨中心建设，形成全球重要的智能手机生产基地。积极参与全球电子产品供应链的整合进程，重点发展智能终端、新型显示、计算机及网络设备、云计算、物联网、高端软件等新一代信息技术产业，打造国际电子信息产业基地。

（3）生物医药。承接国内外行业龙头企业，加快建设生物国家高技术产业基地，重点发展附加值、技术含量较高的生物技术药物、现代中药、化学创新药产业，积极引进高端医疗设备、新型医疗器械等生物医学工程技术和产品，形成全国重要的生物医药产业基地。

（4）其他制造业。有重点地发展与航空制造业配套的新型合金材料、复合功能材料产业，建设以柔性化、智能化、轻型化为重点的精密机械产品生产基地，规模化发展珠宝饰品、高档服装、工艺美术制品等终端、高端产品生产行业。推动周边地区积极发展汽车电子、冷鲜食品、鲜切花等产业。

3. 现代服务业

（1）专业会展。以专业化、品牌化、国际化为方向，高标准建设会展基础设施，加强与跨国制造商、贸易商和会展商的战略合作，创造条件积极筹办全球性的航材设备、机场装备、航空技术、通用航空等领域的航空展会暨论坛，积极承办国际知名的电子信息、精密机械、高档服装等品牌产品发布会、博览会和展销会，打造具有国际影响力的高端航空及关联产业展会品牌。

（2）电子商务。开展跨境贸易电子商务综合改革试点，在进出口通关服务、结售汇等方面先行先试，加强与国内外知名电商的战略合作，搭建安全便捷的商业交易应用服务平台，建设全国重要的电子商务中心，研究探索建设跨境网购物品集散分拨中心。以电子商务推动传统商业模式创新，实现实体购销渠道和网络购销渠道互动发展，推动名牌名店商业街区建设。

（3）航空金融。重点发展与航空港经济密切相关的金融租赁、离岸结算、航运保险、贸易融资等业务。引进和培育一批规模大、影响力强的租赁企业，发展飞机和大型设备租赁业务。吸引跨国公司设立财务中心、结算中心，开展离岸结算等业务。支持金融机构围绕贸易融资需求开展金融创新，发展供应链融资和进出口贸易融资，拓展航空运输保险业务。

（4）服务外包。根据国家产业布局和地区资源禀赋，积极发展航空物流信息服务、智能通信软件开发、生物医药研发、航空人才培训、航空商务咨询和认证评估等服务外包及相关服务业，培育国际知名的服务外包自主品牌，打造具有地区产业特色的服务外包基地。

4. 产业创新中心

构建开放融合的创新平台，组建产业技术创新战略联盟，加快突破产业核心关键技术。在航空航材制造、智能终端、精密机械、生物医药、信息服务等领域，引进核心技术创新团队，集聚高端人才，打造高水平技术研发队伍，设立高端制造业研发中心或研发总部，形成特色产业技术创新中心。加强产学研合作，集中力量开展重点领域关键共性技术攻关，推动重大科技成果转化。

从空港城市演变历程看，空港城市在发展过程中呈现功能不断多样化和复杂化的特点。在航空运输业与区域经济不断互动发展的过程中，空港所担当的门户功能不断提升。空港所具备的门户要素逐步由单一的客运转为以客运为主、以货运为辅，进一步发展成为客货运并重，并出现了以客货运为载体的信息流、资金流的发展趋势。在这一门户功能升级的过程中，其功能承载空间不断扩大、演进，由空港转为空港与周边临空工业园的复合体，进一步发展成为功能更加综合的空港城市。

（二）龙头企业带动

在空港城市建设的过程中，市场主体必然涉及工程责任，从工程责任的意义上讲，企业在实施工程时，必须将经济效益和企业盈利的目标与社会目标、环境目标相容和。实践证明，只有考虑和符合社会发展需求，符合可持续发展理念的工程才是具有生命活力的工程。企业在工程建设中涉及面对义利的抉择，其行为包括以下三种情形①：恶行，即不顾国家和社会的利益，见利忘义，抛弃企业工程责任，在现实社会生活中，部分企业为了集团利益，置法律、道德于不顾，铤而走险，陷于不义的泥潭，这是完全丧失工程责任的表现；合法行为，即遵纪守法，以不破坏国家法律为底线，这是企业有一定工程责任感的体现，但离大善还有一段距离；善行，即面对工程实践，企业不仅守法，而且严格自律，在较高程度上实现企业自身利益和社会利益的有机结合，成为对国家、对社会和对人类未来负责的企业典范。企业的工程责任特点是企业工程责任是企业社会责任在工程中的体现，是一个工程企业的核心竞争力和企业文化的重要组成部分。产业集群中龙头企业的行为具有较强的正外部性，一方面是网络的外部性；另一方面是集群的外部性。网络外部性主要指对其网络企业的分包网络以及国际化网络的影响；集群外部性是指对集群中的教育、培训、公共服务机构完善以及公共产品提供（如基础研发）等方面的正面影响。

1. 龙头企业作用②

（1）龙头企业作为孵化器。集群龙头企业在成长过程中培育了一大批具有较高技能和管理能力的个人，激发了他们的创业热情，为他们编织个人关系网络提供了便利，因而支持了其他企业的创立和成长，成为集群的企业孵化器。

（2）龙头企业作为区域品牌的缔造者。在龙头企业主导的集群中，龙头企业的企业品牌可以直接成为区域品牌的象征。在集群发展初期，会出现众多中小企业仿冒龙头企业品牌、产品品牌的现象，这必然引起龙头企

---

① 〔美〕卡尔·米切姆：《技术哲学概论》，殷登祥等译，天津科学技术出版社，1999。

② 王凯：《基于龙头企业网络构建的产业集群发展研究》，《生产力研究》2010 年第 6 期。

业采取法律诉讼、加强防伪措施等行为，经过反复的博弈，龙头企业通常会采取品牌许可经营、组建企业集团、委托生产等方式与本地小企业进行合作，共享企业品牌和产品品牌。龙头企业积极维护企业品牌的行为维护了区域品牌，龙头企业品牌的树立会降低区域品牌建设中的风险。

（3）龙头企业作为标杆企业。龙头企业成功的成长模式往往会成为集群内其他中小企业竞相模仿的典范，后者通过模仿来建立和发展起自己的关系网络，形成自己的商业模式，逐渐成长为大企业。观察产业集群中一些企业成长的轨迹，会发现这些企业成长的路径和方式与龙头企业的成长模式非常相似。同龙头企业一样，它们聚集于核心竞争力，把部分产品和生产过程外包给分包商，它们抚育新企业并且使用龙头企业曾经帮助过它们的方法帮助它们的分包商，通过模仿龙头企业的成长路径来设计和界定它们的边界。这都表明，不管有意识地还是无意识地，龙头企业成为集群其他企业模仿和实现成长的榜样。

（4）龙头企业作为新设企业的支持者。特别是当新设公司作为龙头企业的分供应商和分包商时，最初的支持通常可以帮助新企业避免和减少巨大的商业风险。它们的学习过程通过与龙头企业进行业务合作而得以实现。它们可以得到一定数量的老产品和新产品的订单，可以得到龙头企业提供的用于生产活动的机器、设备和服务，甚至有个别企业还能得到直接的财务支持。新企业可以通过龙头企业的关系网络与其他企业和机构取得联系，通过这些网络新设企业可以获得或者整合支持它们竞争优势的资源和能力。在大多数集群内，龙头企业不但具有极强的环境适应能力，而且会主动实施各种创新活动，如在市场平稳时期开拓新的市场和开展技术创新，在使自己获取高额创新利润的同时，也帮助了网络中其他企业抵御市场变化带来的风险。

（5）龙头企业作为知识溢出源。处于集群中的龙头企业因为自身强劲的技术创新、对市场发展的高度敏感以及与集群外部的强大网络联系，成为集群内知识溢出的始发源。在为自己获取资源和提升能力的同时，龙头企业把相应的知识转移给它的分包商或者帮助它们获得其他来源的能力和知识。这些知识资源通过不同的合作方式进行转移，如培训工程、龙头企业与分包商之间人力资源的交换、信息系统的扩散等。分包商对新产品开发的参与也可以促进龙头企业与分包商之间的知识转移。龙头企业虽然会主动对分包商进行知识转移，但是它们也时刻准备淘汰那些不适合的合作伙伴。有时，龙头企业设立“学习竞赛”，并设置奖金和激励目标，促使其分包商进行竞争而从中选优。龙头企业在内部和外部市场的独特位置，使得它们具有较高的能力从集群外部认知、过滤和融合新的知识。这个过程不仅仅取决于吸收信息的数量，更取决于其质量，龙头企业比其他集群企业更容易寻找和使用更新、更先进的外部知识，通过平衡和协同集群的治理资本和社会资本，龙头企业扮演着技术守门人的角色。同时，它们是新技术的率先使用者和引入者，这就加强了新知识的吸收和扩散，并且使之较容易在集群内部进行传播。

（6）龙头企业作为网络协调者。龙头企业在集群网络中起着协调作用，并且成为产业集群和外部市场（包括国内和国际市场）之间的交互界面。特别是，它管理了信息流，对价值链中不同环节的企业的活动进行协调。龙头企业对它的分包商的影响既不是依靠纯粹的市场力量，也不单单是契约安排，而是被认可的合法的领导能力，这种能力来自它们的市场地位和网络位置，以及它们对物质和非物质资源的占有，这些资源在集群内是稀缺的，如高端的生产设备，计算机制造系统（物质资源），管理、技术和战略能力（非物质资源）。

2. 龙头企业行为

（1）强化工程文化建设，提高员工伦理道德素质，促进企业、人与自然的和谐共存。在工程建设中，企业必须用符合全面发展、协调发展、可持续发展的科学发展观的工程文化观引领企业发展，引导企业在工程活动中实现角色的转换，扮演好既是经济组织又是社会组织，既是经济人又是社会人的双重角色，让正确的价值观念、价值取向和道德评价对职工起规范作用和约束作用，使他们在个人与集体的关系上，在个人利益与集体利益和社会利益的关系上做出自律行为。自觉肩负起在促进经济与社会协调、人与社会协调、人与自然协调发展方面的历史使命和社会责任。[①] 企业在利用社会提供的经营环境和市场条件谋求利润时，不能忘记自身所肩负的工

① Thomas C. Clarke, “Science and Engineering,” *Transactions of the American Society of Civil Engineers* 7（1896）：508.

程责任，尤其在企业壮大之后更应有义务、有责任以某种方式反哺社会、回报社会。

（2）依法经营，完善内部工程管理制度建设，树立“以人为本”的管理理念。对外要依法经营，就是企业在工程建设中，要遵章守纪，使自己的行为受到约束。建立企业约束和监督机制的主要责任在政府，政府应以社会公众利益代表和社会公共管理者的身份，以国家立法的方式和行使政府权力的形式，建立规范企业工程责任的法律、法规约束体系。这一层次的约束是形成企业工程责任约束机制的基本前提和保证，也是形成企业监督机制的基础和依据。政府应充当社会公众的监护人及企业利益与社会利益的协调仲裁人，以行政干预和经济调控为手段，引导并监督企业履行社会责任的方向和程度，纠正或惩处企业逃避工程责任的行为，保证企业切实有效地履行工程责任。社会团体组织也应发挥应有作用，加强社会对企业履行工程责任的监督，充分发挥舆论媒介和消费者协会、工会等社会团体组织的作用，形成多层次、多渠道的监督体系，以促成企业履行工程责任的社会环境。

（3）对内要完善工程管理制度建设，在企业管理中贯彻以人为本的原则，寻求企业和职工利益的实现。在工程的管理中，要注重柔性管理、人性化管理，使工人在良好的工作环境中制作出精良的产品，工程不仅仅是工程师设计出来的，更是工人干出来的。企业员工也需要掌握基本的法律常识，拿起法律武器保护自身的权益，他们对企业社会责任的监督和推进的动力来自企业内部，这种动力胜过任何一种外在的压力。

（4）构建“精品工程”，提高工程的经济效益，增加对社会的经济贡献，增强自身的经济实力，增强企业履行工程责任的实力。工程是具有巨大经济效益和社会效益的基础产业和公益事业，在经济社会的可持续发展中具有重要作用。只有满足社会可持续发展目标要求的工程才是长寿工程，应按照科学发展观统筹区域发展的要求，发挥重大产业项目对国家和地区经济发展的带动作用，促进地区产业结构调整，促进机场地区的综合开发。工程是工程师、企业家、工人等做出来的，企业员工在工程建设的各个阶段，认真履行自己的责任，对工作有高度责任感，强化责任意识，在思想上牢固树立对国家、对人民、对历史负责的责任感，就可以保证工程在项目规划、决策、设计、施工、运行等阶段遵循科学发展观的精神，从而可以保证工程决策的科学、论证的详细、设计的合理、施工的有序，管理的严格，可以建成一座质量优良、环境友好、经济合理、技术先进、效益全面的精品工程，促进质量、进度、投资、效益的有机统一。

三 社团的工程责任——智力文化创新，社会公众参与

（一）社团性质的航空组织

1. 中国航空学会

中国航空学会是航空航天科学技术工作者自愿结成、依法登记成立并经中国科学技术协会接纳的全国性学术性非营利法人社会团体。中国航空学会成立于1964年2月。全国会员代表大会是中国航空学会的最高权力机构。由全国会员代表大会选举产生的理事会是全国会员代表大会闭会期间的领导机构。理事会选举理事长、副理事长、秘书长和常务理事，组成常务理事会。其宗旨是遵守宪法、法律、法规和国家政策，遵守社会公德；贯彻“百花齐放，百家争鸣”方针，坚持民主办会原则，充分发扬学术民主，开展学术上的自由讨论；坚持辩证唯物主义和历史唯物主义，坚持科学的发展观，坚持实事求是、开拓创新、与时俱进的科学精神、科学态度和优良学风；尊重知识，尊重人才，团结广大航空科技工作者，促进航空科学技术的繁荣和发展，促进航空科学技术的普及和推广，促进航空科学技术人才的成长和进步，促进航空科学技术与经济的结合，为广大会员和科技工作者服务，为社会主义物质文明和精神文明建设服务，为加速实现我国社会主义现代化做出贡献。中国航空学会及各专业委员会（分会）、地方学会每年均举行各种形式的学术会议。学会还和中国科协所属其他学会联合举办一些交叉学科的学术交流会。学会及各级组织每年举办的学术会议平均有40次左右，交流的论文在千篇以上，并评选、奖励优秀成果。

2. 中国航空运输协会（中国航协，CATA）

中国航协是依据我国有关法律规定，以民用航空公司为主体，由企事业法人和社团法人自愿参加结成的、行业性的、不以营利为目的，经中华人民共和国民政部核准登记注册的全国性社团法人。中国航空运输协会以

党和国家的民航政策为指导，以服务为主线，以会员单位为工作重点，积极、主动、扎实、有效地为会员单位服务，以提高经济效益，努力创造公平竞争、互利互惠、共同发展的健康和谐的航空运输环境。

3. 中国航空工业建设协会（中航建设协会）

中航建设协会是中国航空工业基本建设、技术改造领域的行业性社团组织，由国家国防科工局负责业务指导和监督管理，中国航空工业集团公司负责日常领导。其宗旨是：以邓小平理论和“三个代表”重要思想为指导，并全面贯彻落实科学发展观，立足航空行业，全力推进科学发展及促进技术进步，提高双向专业支持服务能力，维护会员单位的合法权益，发挥桥梁和纽带的作用，为航空工业建设事业的发展服务。

4. 中国航空运动协会（中国航协，ASFC）

中国航协成立于1964年8月，下设飞行、气球、跳伞、航空模型、悬挂滑翔及滑翔伞、模拟飞行六个项目委员会。中国航协是具有独立法人资格的全国性群众性体育组织，是国家体育总会的团体会员。中国航协的宗旨是：遵守宪法、法律、法规和国家政策，遵守社会道德风尚，团结全国航空运动工作者及爱好者，促进航空运动的发展和技术水平的提高，为增强人民体质、提高青少年科技素质、丰富群众业余文化生活和加强国际友好合作服务。

5. 中国民用机场协会

中国民用机场协会是经中国民用航空局、民政部批准的中国内地民用机场行业的唯一合法代表。协会总部设在北京，现有96个会员机场，会员机场旅客吞吐量、货运量和航班起降架次达到全国总量的99%以上。协会按照“共同参与、共同分享、共同成就”的指导思想，以维护会员合法权益为宗旨，采用多种形式服务会员，诸如举办各类国内外交流会议，收集和评估机场发展信息，组织课题调研和提出政策建言，并受政府委托，起草行业标准，推动新技术运用等。

6. 中国城市临空经济研究中心

中国城市临空经济研究中心由中国城市经济学会和中国城市经济专家委员会共同发起和组建，是依托中国城市经济专家委员会数百名专家学者，以开展临空经济基础研究、促进临空经济发展为宗旨的专业研究机构。主要面向政府、机场、空港园区等提供临空经济区域规划、临空经济政策研究、机场口岸物流与保税物流协同发展规划、临空经济区社会发展研究、通用航空产业发展规划等，为各级政府、企事业单位制定有关临空经济区规划和建设决策提供智力服务。

7. 中国航空工业经济技术研究院

中国航空工业经济技术研究院是经中央机构编制委员会办公室批准，由中国航空工业集团公司出资设立的事业单位，是中航工业唯一以咨询和文化创意产业为主业的板块，肩负着发展中国航空工业软实力、输出中国航空工业影响力的责任。现有中国航空工业发展研究中心、中国航空报社、航空工业档案馆、中航出版传媒有限责任公司、航空工业档案馆陕南分馆等5家成员单位，员工近1000人。拥有集研究、咨询、培训、IT、投资、出版、广告于一体的完整产业生态圈，主要业务包括科技发展咨询、产业发展咨询、产品生产咨询、企业管理咨询、财务审计咨询、工程项目咨询、科技文献资源服务、信息技术服务、知识产权服务、档案管理与服务、广告代理、影视音像制作、图书报刊出版发行、品牌推广、会展旅游、新媒体产品开发与服务等。

（二）智力文化创新

1. 积极参与工程建设，依法维护本社团成员的合法经济利益，普及工程知识

社团组织要积极参与工程建设。例如，开辟报纸专栏，刊载公众意见；直播电视专家讨论会，就公众问题公开予以解答；举行志愿者活动，鼓励公众实地考察；在互联网上举办专题讨论会，将网民意见综述呈报有关部门、进行网络投票调查；参加听证会；等等。在工程参与的过程中，依法维护本社团成员的合法经济利益。工程是一个复杂的系统，涉及专业多，科技含量大，同时风险也大。因此，航空学会、临空经济研究中心须担负起科研的责任，在工程的建设中以科技为先导，进行科技创新，解决制约我国工程建设的重大关键技术问题，建设创新型工程。工程知识的传播是公众参与工程的前提和基础。专家、媒体要在工程知识的传播中发挥重要作用。

2. 依法活动，完成章程使命，提高社团成员的责任意识，积极进行工程监督和举报

社团组织成立的法律基础是宪法所规定的公民结社权或者说结社自由，

社团是一个自律组织，社团组织存在的基础就是要遵守国家相关法律，其活动必须依照国家的法律，依法活动。另外，社团应该根据章程，维护成员的合法权利，约束成员的行为。责任意识是指社会公众对自己所应承担的社会职责、任务和使命的自觉意识，它要求社会成员除对自身负责外，还必须对他所处的社会负责，正确处理与集体、社会、他人的关系。但是，由于我国当前还处于社会转型期，公众的工程责任意识还处于整体缺失状态，主要表现为责任淡漠、责任逃避和责任冲突。一是应通过教育宣传来增强公众的工程责任意识；二是应制定社团成员的道德准则，鼓励成员有道德的行为。杜绝工程建设存在的腐败行为，仅仅依靠工程良心和政府的行政监督是远远不够的，最有效的办法就是工程民主、工程的社会监督。社团组织的成员在这里应该发挥社会监督的重要作用，肩负起工程监督和举报的责任，从而维护社会公众的利益。当然，政府应该为社会监督作用的发挥提供强有力的制度支持，应该把工程管理变为相关利益者参与的工程治理，在工程中实行民主，以保证决策的民主和科学、招标的客观和公正、建设和运行的透明。一个处在政府行政监督、社会外部监督和企业内部监督的工程是一个阳光工程、民主工程，从而也是能最大限度满足各方利益所需的和谐工程。

3. 空港城市是一个航空文化之城

工程文化是工程共同体围绕共同的工程目标，在工程活动中形成的思想模式、情感模式和活动模式，包括工程理念、行为规则和形式化程序等。工程文化的灵魂是工程价值观。工程文化集中表现为人在工程活动中对“真、善、美”的追求。在工程活动中，美不但表现在建筑物外观的“形态美”和“形式美”上，而且表现在工程的外部形式与内在功能有机统一而体现出“事物美”和“生活美”上。工程活动不仅仅为了满足人的基本生存需要，更应该同时满足人类追求美的精神需要。工程美是工程活动以及工程效果中所包含的那些和谐、有序、稳定的因素。工程美能够给工程共同体乃至工程项目享受者带来“和谐、愉悦的感受”。工程美不仅应该是工程设计师追求的目标，而且也应该成为工程共同体全体成员的追求目标。工程文化是工程活动的“精神内涵”和“黏合剂”。富含工程文化要素的工程生机盎然，缺少工程文化要素的工程必定充满遗憾甚至贻害人类和自然。

在工程设计中，上乘的工程文化体现在设计者所具有的突破旧观念的勇气、深厚的文化底蕴以及哲学素养上；在工程实施中，工程文化通过贯彻设计者理念、保证施工质量、营造良好的环境等表现出来并直接影响施工的进度与质量；在工程建构完成及随后的运行、管理过程中，工程文化可以作为评价工程的重要尺度；工程文化还可以描绘工程发展的未来图景，提供工程活动的新目标、新要求。工程的文化责任体现为工程建设要坚持以人为本的工程理念和文化，把解决民生问题放在更加突出的位置。“以人为本”中的“人”，是包含不同利益诉求的群体。“以人为本”就是要协调不同工程利益相关者之间的利益关系，但不可能面面俱到，人人满意就是人人不满意，应该优先满足大多数人的根本利益，适当照顾少数人的利益，努力寻求和实现“在一定边界条件下集成和优化”。然而，在现实工程实践中，却往往看到许多违背“以人为本”这一工程理念的工程，如形象工程、献礼工程、政绩工程、富官工程等。工程活动中“以人为本”理念的缺乏，根本原因在于工程文化建设的缺位。工程应该是真、善、美的统一。所谓“真”，是指工程的科学性，工程是一个理性思考和实践的结果，工程建设者应该实事求是，坚持真理，保证工程设计和实施的高质量；所谓“善”，是指工程的人性化，工程应为人类的整体利益服务；所谓“美”，是指工程的生态化，工程在为人类服务时，应该保持、利用和维护自然美、生态美。由于工程对社会和生态的影响巨大，工程文化在工程建设中的作用尤其重要，工程的善与恶不是工程本身的问题，问题的关键是建设者的文化观和价值观。工程文化的基本原则包括：公平原则、责任分担原则、安全和避险原则、利益补偿原则。

空港城市文化是航空文化与城市文化的集合，也是工程文化的一种表现形式。空港城市文化包括物质文化、制度文化、行为文化和理念文化。其灵魂是理念和价值观，物质文化、制度文化和行为文化从不同角度体现着空港城市的理念和价值。物质文化是指以物质为载体的空港城市文化，它是空港城市文化的物质表现形式，如空港城市的文化基础设施；制度文化是指空港城市的法律形态、组织形态和管理形态构成的外显文化，是空港城市文化精神的格式化、具体化和实在化，如空港城市的法律法规；行为文化是指空港城市主体在空港城市活动中产生的文化现象，它是工程理念、工程制度的人格化，空港城市主体的行为决定着空港城市的整体精神风貌和文明程度。

在空港城市文化中，航空展占据着重要的作用，通过举办航空展，不但可以展现当今世界的先进航空航天技术成果，促进各个国家航空航天方面的相互交流，而且可以使举办国和举办城市获得相当大的经济效益。世界上公认的两大航展是巴黎－布尔歇国际航空航天展览会和范堡罗国际航空航天展览会。巴黎－布尔歇国际航空航天展览会是世界上规模最大、最负盛名、历史最悠久的国际航空航天展览会，其组织者是法国航空航天工业协会，两年举办一次，在单数年的初夏举行，展览会场设在巴黎东北的布尔歇机场，目前已举办了51届。范堡罗国际航空航天展览会的组织者为英国航空航天公司协会，展览会场范堡罗位于伦敦西南的一个小镇，两年举行一次，目前已举办了49届。

中国国内最著名的航展是中国国际航空航天博览会（珠海航展），它是中国唯一由中央政府批准举办的航展，是世界最具国际影响力的航展之一，是以实物展示、贸易洽谈、学术交流和飞行表演为主要特征的国际性专业航空航天展览，目前已举办10届。河南省自2014年开始举办郑州（上街）航展，2015年9月26～28日举行的第二届郑州航展吸引的观众约有20万人次，参展飞机有157架，参展企业有216家，累积表演飞行时间达196小时，表演起降458架次，签约25个项目，金额达人民币268.3亿元。[①] 郑州航展已成为空港城市靓丽的城市名片。

（三）社会公众参与

从社会学的角度来说，公众参与是指社会群体、社会组织、单位或个人作为主体，在其权利义务范围内有目的地做出社会行动。公众参与城市建设指城市的利益相关群体全过程地参与项目，是建设方同公众之间的一种双向交流，其目的使城市建设能够被公众充分认同，并在实施过程中不对公众利益构成危害或威胁，以取得经济效益、社会效益、环境效益的协调统一。公众参与者分为四种类型，即专家学者、受到工程影响的公众、感兴趣的团体和新闻媒体。公众参与的方式包括公众问卷调查、咨询会、

① 《2015郑州航展圆满闭幕》，腾讯大豫网，http://henan.qq.com/a/20150928/026027.htm，2015年9月28日。

座谈会、个别访谈和听证会等几种形式。

1. 空港城市公众参与存在的问题

我国政府十分重视公众参与城市建设，在城市建设相关法规中规定了公众参与的条款，在工程实践中也开展了一定的公众参与，其中不乏成功的经验。但在实践中，由于受到许多主客观条件的制约，公众参与的实际效果并不理想。目前公众参与城市建设存在的问题主要表现为以下几方面。

（1）参与主体。公众参与的成功取决于各方面的积极参与。首先，管理机构必须乐于与公众分享权力；其次，公众也必须乐于积极地对管理机构做出反应。公众参与的积极性建立在对待参与事物的理解基础上，同时也与花费在听证上的时间所获得的效应有关。[①] ①参与者角度。一方面，参与者的参与意识有待提高，对参与城市建设决策表示怀疑，积极性不高；另一方面，城市建设是一项复杂的工程，对公众参与者的工程素养提出了较高的要求，而参与者的总体工程素养不高，对城市建设知识缺乏基本的了解决定了其参与作用的有限性。同时，公众受自身环境、利益、性别、年龄、职业等条件的限制，也不可能有效参与项目的各个环节，因而参与的广度和深度必然有限。②组织者角度。一方面，由于担心公众参与讨论城市建设问题会引发马拉松式的论而不决，从而导致城市建设的拖延，影响经济效益，甚至可能导致社会动荡和危及政局稳定，政府不敢放心地让公众参与城市建设决策的实质性环节，建设方不愿花较多经费和时间组织公众参与。另一方面，由于建设单位和政府在城市建设中处于信息优势地位，受各种利益关系的影响，在向公众发布信息时往往避重就轻，甚至有误导现象，严重影响了公众意见的客观性。③参与缺乏连续性和互动性。参与过程没有形成一种“参与—反馈—再参与”的连续、互动机制，很多时候似乎是一个资料收集过程。政府当局将公众的意见、建议收集上来，但这些意见、建议是否被采纳，以及建议被采纳的公众是否被反馈了则不得而知。[②] 另外，对公众反馈意见的处理缺乏公正性，有关管理机构过于注重正面的、有利于项目建议书审批的或者文化素质较高公众的意见，对不

---

① L. Kathlene, J. A. Martin, “Enhancing Citizen Participation: Panel Designs, Perspectives, and Policy Formation,” *Journal of Policy Analysis and Management* 10 (1991): 46 - 63.

② 郑小晴：《建设项目可持续性及其评价研究》，博士学位论文，重庆大学，2005。

利于空港城市建设或者文化层次较低公众的意见置之不理，这种厚此薄彼的做法影响了公众意见的真实性。①

（2）参与方式。参与的方式被动、单一。绝大部分城市建设项目都采用一种自上而下的方式召集公众参与城市建设项目的设计方案公示活动，方式单一，公众比较被动。公众主动参与城市建设项目活动的实例非常有限，而且大部分是在项目的某些实施环节（如征地拆迁环节），公众的切身利益遭到极大侵犯，通过媒体曝光，期待问题得以解决。这种方式是滞后的，往往导致国家、集体和民众的利益损失无法挽回。目前我国的公众参与工作尚处于探索、完善阶段，公众参与最常用的方式是问卷调查，形式单一。而调查问卷的内容设计缺乏科学性。问卷的设计必须综合考虑项目的特点、地区的经济发展水平，以及被调查人群的整体知识层次等因素，但是在调查过程中常常是评价单位将设计好的问卷交给建设单位，由建设单位发放给当地群众。首先，在建设单位发放问卷时，调查对象很难覆盖公众参与所要求的有利害关系的四大类型，因而不具备全面性；其次，建设单位可能仅仅发给了特点相似的群体，遗漏了某些有代表性的群体，使得问卷的调查结果呈现单一化，不具备代表性，从而失去效用；最后，建设单位发放问卷不具有公正性，建设单位本身希望项目开工投产，所以可能会将问卷发放给特定的人群，以利于项目建设，但这不利于公众意见的反馈。②

（3）原因分析。公众参与城市建设的参与机制受传统城市建设体制的影响。在我国，城市建设一直由政府主导，其他社会主体关于城市建设的认知的、文化的、决策结构的以及政治的反映，都长期建立在一切依靠政府的基本文化形态上。反映在参与主体结构上，表现为政府掌控公众参与权责的分配、资源的占有，以及话语权等，包括城市建设行政的、立法的、司法的、政治的和管理机构的设定等。对于其他多元利益主体来说，由于政治和社会的支撑不足，以及非政府主体数量大、分布广和需求差异大等原因，难以形成有效的公众参与机制的动力机制。因此，在缺乏激励、信

① 罗小勇等：《论水利水电工程环境影响评价中的公众参与》，《水电站设计》2007 年第 6 期。

② 陈岩：《基于可持续发展观的水利建设项目后评价研究》，博士学位论文，河海大学，2007。

息、资源和组织平台等有效支撑的情况下，民众和非政府组织的工程参与积极性不高，参与效果不好，往往参与不足或参与不当，从而导致社会冲突。

2. 空港城市公众参与的机制建设

我国是社会主义国家，人民有知情权、参与权和决策权。公众参与城市建设是建设以人为本的和谐社会的必然要求。因此，必须从宏观、中观和微观三个方面，完善公众参与城市建设的参与机制。

（1）在宏观层面上。首先，法律上明确公众的参与权，明确城市建设是一个有关利益各方在平衡和自由的平台上展开对话、协商与谈判，最后就冲突达成妥协的过程。同时通过完善信访制度、举报制度和质询制度在有关法律法规中的作用，以自下而上的管理体制取代自上而下的集权式的管理体制，为公众提供一个可靠的参与空间和参与渠道，使公众能够有效地使用司法和行政程序保护自身的合法权益和社会公共利益，最终实现有决策权的参与而不是简单的参加。其次，参与权的实现还需要明确公众参与城市建设项目的内容、程序和方法，即将公众参与权落到实处。再次，明确参与资金的来源，为公众参与提供资金保障，参与是需要花费一定成本的，就城市建设项目本身而言，应该将组织公众参与所需要的费用纳入成本进行规划。[①] 最后，建立健全公众参与城市建设的法律、法规，使城市建设的公众参与实现程序化、规范化和法制化，从而为公众参与城市建设工程提供制度保障，使公众参与城市建设得到健康稳定的发展，避免形式化，对违反法律不征求公众意见，或者不吸收公众参与城市建设管理的行为所应该承担的法律责任进行具体规定。

（2）在中观层面上。建立公众参与的信息交流机制。公众参与城市建设是一个及时获取信息并做出相应反馈和调整的动态过程，信息交流机制包括信息发布和信息反馈。在城市建设工程信息的交流过程中要注意三个问题：专家学者慎重发表见解，一方面不应超出自身的专业范围发表言论；另一方面要避免利益立场的影响，力求做到客观；媒体要增强社会责任感，在传播学的社会责任理论中，媒体被赋予社会守望者的角色，所承

① 黄海艳：《公众参与农村公益项目的参与机制研究》，《开发与研究》2006 年第 4 期。

担的责任不仅仅是传递事实，更重要的在于揭示真相，充当社会守望者，指引公众正确理解工程；丰富公众参与和反馈意见的手段：开辟报纸专栏、刊载公众意见、直播电视专家讨论会、就公众问题公开予以解答、举行志愿者活动、鼓励公众实地考察、在互联网上举办专题讨论会、进行网络投票调查等。[①] 从而建立一个开放的城市建设工程信息交流渠道，克服信息的不对称性，使所有利益相关方可以进行有效的协商、对话与决策，使城市建设工程的建设过程透明化，防止弄虚作假，提高公众参与的积极性。加强非政府组织的建设。我国公众参与城市建设缺乏政治和社会环境的支撑，其作用严重依赖政府的行政支持和互动才能有效发挥。我国应积极培育具有公益目标追求的非政府组织，提供良好的社会空间、制度保障和资源扶持，鼓励各种形式的非政府组织参与城市建设，进而将分散的公众直接参与整合为公共政策协商的重要载体和平台，形成多主体利益平等参与的和谐机制。政府应鼓励公众和社团利用现有民主参与的组织和机制，在立法、司法和行政等方面实现公众参与空港城市建设，逐步改变城市建设中政府独立决策的局面。在公众和社团参与意识和力量比较薄弱的情况下，政府应积极提供更多的资源、渠道和信息，并用立法的形式予以规定，促进公众和社团参与城市建设和管理。[②]

（3）在微观层面上。公众参与的中心是人，参与者必须具备一定的知识和技能才能参与到工程建设中去，公众的参与意识、对城市建设知识的了解，直接影响着公众参与的程度与质量，进而影响公众参与的热情，必须加强对参与者的能力建设，增强其参与能力，使参与变得可能。[③] 这种能力体现在三个方面。参与意识：不断鼓励市（村）民参与并通过接受市（村）提出的合理建议和要求来激发公众参与的热情，对工程进行民主监督，目的是转变思想观念，培养合作精神，促进公众参与，让城市建设项目的目标群体意识到项目关系他们的切身利益，他们的参与是一种应承担的责任。城市建设知识：结合公众的实际情况采取各种生动有效的宣传形

① 魏沛等：《怒江水电开发争议对“公众理解工程”的启示分析》，《科普研究》2007年第8期。

② 张阳等：《我国水能开发协商治理特征研究》，《求索》2007年第5期。

③ 罗冬兰等：《公众参与水利工程决策浅议》，《中国水利》2003年第6期。

式，增加公众的城市建设常识。参与方法：强化参与式方法的认识、参与工具的使用、分析问题能力和参与决策能力的培训。参与能力提高的过程是城市建设的“知识共享”和“社会学习”，主要目的是通过不同主体知识与价值观的交流，消除城市建设信息的不对称，传播已有城市建设知识，创造新知识，提高全社会的工程知识水平，使公众获得对工程更为全面的理解，促成关于城市建设的社会共识。可以开设正规学校教育和非正规社区教育两方面的城市建设教育体系，尤其是社区教育，应该通过媒体传播、“三下乡”活动、NGO参与、社区科学普及教育等多种方式加强相关教育。

第三章

空港城市演化的空间拓展机制

第一节 空港城市空间结构发展

一 城市空间结构的内涵、模式和特点

（一）城市空间结构的内涵

城市空间结构是城市要素在空间范围内的分布和组合状态，是城市经济结构、社会结构的空间投影，是城市社会经济存在和发展的空间形式。

1. 城市功能分区

按功能对城市进行分区，可将其划分为商业区、居住区、市政与公共服务区、工业区、交通与仓储区、风景区与城市绿地、特殊功能区。各个功能区有机地构成城市整体，但城市性质、规模的不同以及离心力和向心力的差异，使内部结构的复杂性也不同。在构成的诸要素中，最重要的是工业区、居住区和商业区。一般说来，工业区是城市形成和发展的主要动力，也是城市内部空间布局的主导因素；居住区是城市居民生活和进行社交文化活动的地方；商业区是城市各种经济活动特别是商品流通和金融流通的中枢。城市地域结构的各种组成要素，在空间布局上虽然可以被划分出来，但并不是截然分开的，往往交叉和混杂在一起。如在居住区内往往有一些对居民生活影响不大或无污染的工业企业；而在工业区内也常常有一些住宅和公共服务设施。影响城市功能分区的主要因素有自然地理条件、历史文化因素、经济发展水平、交通运输状况等。

2. 城市空间结构的表现形式

城市空间结构一般表现为城市密度、城市布局和城市形态三种形式。城市空间结构有内部空间结构与外部空间结构之分。

（1）城市密度。城市是由分属于经济、社会、生态等系统的诸多要素构成的社会经济综合体，城市各类要素在城市空间范围内表现为一定数量，形成各自的密度。城市密度是城市各构成要素密度的一种综合。合理的城市密度，有利于生产的专业化和社会化，提高社会劳动生产率；有利于基础设施和公共服务设施的建设，节约土地和资源，降低生产成本；有利于信息的传递和交流，刺激竞争，提高劳动者的文化水平和技能；有利于缩短流通时间，降低流通费用，加速资本周转；有利于城市政府进行管理，降低管理成本，提高管理效能。

（2）城市布局。合理的城市布局，能缩短人流、物流、信息流、资金流的流动空间和时间，方便其流动，提高城市效益；能合理地利用城市的土地和自然条件，建立合理、便捷的交通网络；能避免城市各物质实体或要素相互干扰。

（3）城市形态。城市形态是城市空间结构的整体形式，是城市内部密度和空间布局的综合反映，是城市三维形状和外观的表现。

（二）城市空间结构基本模式①

西方城市空间结构研究作为一个专门的研究领域，可被归结为 6 个方面：人文生态学理论、城市土地交易和土地利用理论、城市人口密度模型、城市内部功能结构模型、居住地网络理论、城市内部空间扩散模型。人文生态学理论研究的主要成果有人文生态社区理论、同心环模式、扇形模式、多核心模式。城市土地交易和土地利用理论研究的主要成果有城市土地利用竞标地租模型、居住区位模式、单中心城市比较静态模型、居住用地基本模式、城市经济理论模型等。城市人口密度模型研究的主要成果有人口密度距离衰减模式、人口迁居模式等。城市内部功能结构模型研究的主要成果有引力模型、重力模型、劳瑞模型等。居住地网络理论研究的主要成果有中心地理论、线性聚落模式理论、大都市区域理论等。城市内部空间

---

① 周春山等：《中国城市空间结构研究评述》，《地理科学进展》2013 年第 7 期。

扩散模型研究的主要成果有技术创新论、扩散理论、“核心－边缘”模型、“点－轴渐进式”扩散模型等。20 世纪 90 年代以来，西方城市空间结构研究向区域化、信息网络化发展的趋势明显加强，同时强调自然、空间与人类融合的结构演化。主要的研究成果有世界连绵城市结构理论，后现代社会城市结构与形态转型理论，生态足迹思想；此外，还有针对城市扩张带来的空间发展压力提出的新城市主义、精明增长、紧凑城市等，针对信息化技术的影响提出的网络城市、连线城市、电子时代城市、信息城市、知识城市、智能城市、虚拟城市、远程城市、比特之城等。

1. 区位理论

区位是指某功能或者物体所处的空间区域。区位理论是有关城市各功能单元在空间上分布的基础理论，各种区位理论的目的就是为各项城市活动探寻出能获得最大利益的区位。其中主要为工业区位理论，该理论针对运输成本、劳动力成本、聚集条件进行研究，得出工业生产成本最低的区域，由此得出工业的合理区位。区位理论是今天分析城市空间发展的理论基础。城市空间发展与区域发展、城镇体系结构相联系，为此，中心地理论（城市区位论）提出将区域（或国家）内城市等级与规模关系形象地概括为正六边形模型。城市空间区位理论的一个重要发展阶段是中心地理论。它使区位理论从空间扩展到市场经济，由特例发展到一般，由单一发展为复合，成为一种综合宏观的、静态的、以市场为中心的商业服务业和加工工业的区位论，从而发展了古典的区位论，成为解决城市功能布局、产业分布等城市规划方面问题的理论基础。

2. 增长极理论

增长极理论又被称为发展极理论。增长极是空间聚集点，是城市、区域发展的动力所在，能推动整个地区的发展。增长极支配整个地区的发展速度、发展走向。在资源并非极大丰富的当今社会，为了发展整个区域的经济，就要有资源的偏向性，通过先发展一些具有发展潜力的增长极（中心城市、产业聚集区等）引领整个区域加速发展。具有支配地位的产业引领整个地区的产业发展、更替。支配产业保证前后产业链的延伸发展。当支配产业出现变化时，受支配产业只能随波逐流。例如，我国东部沿海城市以前以大型三类工业为主，随着城市的发展，城市实力提高，需要摒弃污染产业，发展高新技术产业，因此支柱产业开始更替，受支配产业随之产生变化。

3. 生长轴理论

生长轴理论强调铁路、公路等重要交通通道对城市经济发展的强大诱导作用。并指出，连接核心城市的重要交通走廊将发展成新的优势区位地区，可达到改变人口迁移方向、减少交通成本以及降低生产成本的效果。根据该理论，联邦德国制定了国土土地利用规划，通过有目的地设置生长轴，合理引导人口与城市的发展方向，布局产业带的建设经过实践检验成效显著。

4. 点轴理论

点轴理论是增长极理论与生长轴理论相融合产生的一种模式，多个增长极通过交通网的连接进一步发展壮大，增长极之间的连接线由于具有便利性逐渐成为新的增长区域，也就是生长轴。生长轴向两侧扩散影响更大的范围。生长轴相当于拉长了的增长极，有更大的作用区域。根据点轴理论，空港新城将成为城市经济新的增长点，而空港新城与原有城市之间的交通带将成为新的经济发展轴。

5. 中心地理论

中心地理论指出，周边区域依托中心地，中心地为周边区域提供各种服务管理功能。中心地要发展，就要有一定的地域支撑，各中心地的腹地相互交织，抽象为六边形的网络格局。在六边形格局下，设置 K 作为单位代码，K 的意思是一个中心地能服务的覆盖区域：$K=3$（市场原则），市场原则表明销售高端产品的中心地覆盖区域宽广，下属 3 个下一级中心地；$K=4$（交通原则），销售高端产品的中心地，交通更快速、便捷，这种高等的中心地下属 4 个下一级中心地；$K=7$（行政原则），一个设有行政部门的中心地，是最重要的中心地，其覆盖区域更广阔，下属 7 个下一级中心地。

6. 同心圆学说

主要是由芝加哥大学的一些社会学家，特别是伯吉斯（E. W. Burgess）于 1925 年提出的。伯吉斯在研究了芝加哥的土地利用和社会特点后，提出了由五个同心圆带组成的城市格局。他总结出城市社会人口流动对城市地域分异的五种作用力：向心、专门化、分离、离心、向心性离心。在五种力的综合作用下，城市地域产生了地带分异，同时产生了自内向外的同心圆状地带推移。他认为社会经济状况随与城市中心的距离而变化，并根据生态原则设计了表示城市增长和功能分带的模式。他认为在城市不断扩张的同时，形成了不同质量的居住带，依次向外为：市中心，为商业中心区；过渡带；工人住宅带；良好住宅带；通勤带。此学说的成功之处是：从动态变化分析城市；在宏观效果上，基本符合城市结构特点；为城市地域结构提出了新的思想。同心圆模式的优点是反映了一元结构城市的特点，动态分析了城市地域结构的变化。例如，过渡带内初期是住宅用地，后由于商业和轻工业的发展，环境恶化后成为新移民暂时居住的地带。这一带的居民在有条件时，就会迁到工人住宅带，这里环境稍好，且离工作地不太远。但该模式的一个明显缺点就是过于理想化，形状很规则，对其他重要因素如城市交通考虑太少。

7. 扇形（楔形）理论

扇形理论是关于城市居住区土地利用模式的理论，其中心论点是城市住宅区由市中心沿交通线向外做扇形辐射。霍伊特（H. Hoyt）自1934年起收集了美国64个中心城市的房租资料。后又补充了纽约、芝加哥、底特律、华盛顿、费城等大城市的资料，画出了平均租金图，发现美国城市住宅发展受以下倾向影响：住宅区和高级住宅区沿交通线延伸；高房租住宅在高地、湖岸、海岸、河岸分布较广；高房租住宅地有不断向城市外侧扩展的倾向；高级住宅地多集聚在社会领袖和名流住宅地周围；事务所、银行、商店的转移对高级住宅有吸引作用；高房租住宅在高级宅地后面延伸；高房租公寓多建在市中心附近；从事不动产交易者与住宅地的发展关系密切。根据上述因素分析，他认为城市地域扩展成扇形，并于1939年发表了《美国城市居住邻里的结构和增长》，正式提出扇形理论。他认为不同的租赁区不是一成不变的，高级的邻里向城市的边缘扩展，它的移动是城市增长过程中最为重要的方面。这一理论的模型较同心圆学说模型更为切合城市地域变化的实际。扇形理论在同心圆学说的基础上，重点考虑了连接中心商务区的放射状交通干线的影响。交通干线两侧地价较高，楔形外部为低收入住宅区。该理论模型具有动态性，使城市地域结构变化易于调整，城市活动可沿楔形向外扩展，扇形理论模型是总结较多城市的客观情况抽象出来的，所以适用于大多城市。但这个理论模型还有许多缺陷：一是过分强调财富在城市空间组织中的作用；二是未对扇形下明确的定义；三是建立在租金的基础上，忽视了其他社会经济因素对形成城市内部地域结构所起的重要作用。

8. 多核心理论

多核心理论认为大城市不是围绕单一核心发展起来的，而是围绕几个核心形成中心商业区、批发商业和轻工业区、重工业区、住宅区和近郊区，以及相对独立的卫星城镇等各种功能中心，并由它们共同组成城市地域。多核心理论由麦肯齐（R. D. Mckerzie）于1933年提出，于1945年经过哈里斯（C. D. Harris）和厄尔曼（E. L. Ullman）进一步发展而成。他们认为，一个城市地域结构的形成遵循以下原则：各种功能活动都有某种特定的要求和特殊的区位条件，如工业区要有方便的交通，住宅区需要大片的空地；有些相关功能区布置在一起，可获得外部规模经济效益，如银行和珠宝店可就近建设；有些相互妨碍的功能区不会在同一地点出现，如高级住宅区与有污染的工业区就应有一定的距离；有些功能活动受其他条件的限制，不得不舍弃最佳区位，如家具店占地面积大，为了避免支付中心商业区的高地租，常聚集在地租较低的边缘地区。中心商务区是城市的核心。但城市还存在着次一级的支配中心，它们都有各自的吸引范围。城市的多核心构成城市的众多生长点，交通区位最好的地域可以形成中心商务区。多核心理论模型的突出优点是涉及城市地域发展的多元结构，考虑的因素较多，比前两个理论模型在结构上显得复杂，而且功能区的布局无一定的序列，大小也不一，富有弹性，比较接近实际。其缺点是对多核心间的职能联系和不同等级的核心在城市总体发展中的地位重视不够，尚不足以解释城市内部的结构形态。

（三）城市空间结构特点[①]

1. 城市土地利用成组成团，形成各种均质区

分析城市功能结构模型可以发现，每个模型的土地利用结构，都隐含着城市的各种功能成组成团的特点。城市的空间结构实际上就是通过城市交通通信的联系，将城市的各类功能区以及功能区内部的组成部分进行相

① 江曼琦：《城市空间结构优化的经济分析》，人民出版社，2001。

应的排列和组合形成的。虽然城市内每个功能区的类型和均质度不同，即使同类型的功能区在不同的时代背景下，在城市发展的不同阶段，其均质度也是不同的，但是城市内部的各种功能区有一个共同点，即都具有成组成团的特性。要注意的是，任何均质区都是一个相对的概念，不会绝对“纯净”。一个均质区的经济职能也并不是单一的，它所拥有的经济职能会随着城市功能的变化而变化。在城市经济活动中，工业、商业、居住活动是最主要的三大活动，由此形成的三大功能区就构成了城市内部空间结构的主体，在城市中，它们各自结构形态和相互位置关系的变化，在整体上决定了城市空间结构变化的基本态势。

2. 人流、物流、信息流聚集，构成城市各级中心

无论是实践中的城市空间结构，还是各种理论研究模型，任何城市在成组成团的基础上，都存在一个或多个吸引人流、物流、信息流的聚集点，以体现城市的形象。同时，商业部门、服务部门和指导管理部门则构成了城市中密度高、能量大的极核，为城市提供各类服务。单中心城市只有一个极核，而多中心城市则常常有多个极核，性能决定了不同极核之间的位置关系和等级差别。

3. 围绕各级中心，各种职能有规律的排列

虽然城市内部各区域的功能差别很大，但是商贸、居住、工业等从城市核心向外延伸及其排列呈现一定的规律性，土地利用强度也随着与城市核心距离的增加而递减。如果围绕每个中心的地域布局相同，则数个不同等级和位置的中心组合成了城市的空间结构。因此，同心圆学说的模型成为城市空间结构的一类基本模式。

4. 内涵调整与外延式扩展交互作用

城市的空间结构不是静止不变的，而是处于不断的变动中。城市空间结构的变动有两种方式：城市建成区内部的空间结构调整、城市地域的外延扩展。在这两种方式的作用下，城市空间结构由小到大、由单中心向多中心、由简单到复杂，最后形成高度城市化的地区。

二　城市空间形态与城市布局

（一）城市空间形态

城市一经产生，就占据一定的地表空间，并在各种自然、人为因素的

制约和影响下，形成一定的用地轮廓形态，这种形态被称为城市空间形态。以行政区边界以内主体建成区总平面外轮廓形状为差别标准，大体可将城市空间形态分为六种类型，见表3-1。

表3-1　城市空间形态的图解式分类示意

类型符号	类型名称	类型符号	类型名称
	集中团块型		组团型
	带型		星座型
	放射型		散点型

1. 集中团块型形态

城市建成区主体轮廓长短轴之比小于4∶1，是长期集中紧凑全方位发展状态，其中包括若干子类型，如方形、圆形、扇形等。这种类型的城市空间形态是最常见的，城市往往以同心圆模式同时向四周扩延。主要城市活动中心多处于平面几何中心附近，属于一元化的城市格局，建筑高度变化不突出而比较平缓。市内道路网为较规整的格网状。这种空间形态便于集中设置市政基础设施，合理有效地利用土地，也容易组织市内交通系统。

2. 带型形态

建成区主体平面形状的长短轴之比大于4∶1，并明显呈单向或双向发展态势，其子类型有U形、S形等。这些城市往往受自然条件所限，或完全适应和依赖区域主要交通干线而形成。

3. 放射型形态

建成区总平面的主体团块有三个以上明确的发展方向，包括指状、星状、花状等子类型。这种形态的城市在一定规模时多只有一个主要中心，属一元化结构，而形成大城市后又往往发展出多个次级副中心，又属多元结构。这样易于组织多向交通流向及各种城市功能。

4. 星座型形态

城市总平面是由一个相当大规模的主体团块和三个以上较次一级的基

本团块组成的复合式形态。最通常的是一些国家首都或特大型地区中心城市，在其周围一定距离内建设发展若干相对独立的新区或卫星城镇。

5. 组团型形态

城市建成区由两个以上相对独立的主体团块和若干个基本团块组成，这多是由于受较大河流或其他地形等自然环境条件的影响。这种形态属于多元复合结构。如果布局合理，团组距离适当，这种城市既可有较高效率，又可保持良好的自然生态环境。

6. 散点型形态

城市没有明确的主体团块，各个基本团块在较大区域内呈散点状分布。这种形态往往是资源较分散的矿业城市。地形复杂的山地丘陵或广阔平原都可能有此种城市。通常因交通联系不便，难以组织较合理的城市功能和生活服务设施，每一组团需分别因地制宜地进行规划布局。

（二）城市空间结构与形态发展模式

城市的构建，既需要根据各功能分区制定合适的发展策略，也需要构建城市丰富的空间结构与形态。①

1. 居住板块网状交织模式

城市的四大基本功能是居住、工作、娱乐和交通，居住位居第一。根据国内开发区的一般发展经验，开发区已成为城市商品住宅开发最活跃的地区②，作为新城，开发区的居住功能需求日趋增加。居住板块网状交织的空间结构模式，在满足区内居民数量上的居住需要的同时，可以使城市的居住功能与开发区的产业功能相互补充、相互渗透，由此避免新城各功能区的单一集中所造成的“钟摆运动”，以及由此引发的一系列城市问题等，符合新城市主义者的所谓“功能复合”理念。该模式优先满足城市的居住功能，有利于在短时间内使人气得到有效的集聚，通过良好的居住环境吸引更多的常住人口，推动城市化进程及第三产业的发展，并且可带来丰厚的收益。但是居住功能发展过于迅猛，也会导致公共建筑在一定程度上的

① 葛丹东等：《“后开发区时代”新城型开发区空间结构及形态发展模式优化——杭州经济技术开发区空间发展策略剖析》，《浙江大学学报》（理学版）2009 年第 1 期。

② 李王鸣等：《杭州都市区新城发展特点与发展策略研究》，《浙江大学学报》（理学版）2005 年第 1 期。

不足，基础设施跟不上发展的需要，反而会影响居住的质量、降低城市的吸引力。

2. 公建斑块线状穿梭模式

包容城市商业、金融、教育、文化等城市公共生活的公建结构是城市空间结构及形态的重要构件。[①] 城市生活的多样性，市民对丰富、复杂而又便捷的城市生活的热爱都离不开公建系统的建设。公建斑块线状穿梭模式以公共服务用地开发为依托，以优先发展公共服务设施为基础，通过穿插延续公共服务设施的建设带动功能组团的发展，促进城市的形成。公共服务设施的广泛分布是有效缓解“钟摆运动”的方法之一，人们仅需要步行较短的路程就能享受到服务，服务均享性较好。该模式注重公共设施与服务功能的完备，能有效带动城市其他产业发展，但是大规模进行公共服务设施的建设，会大幅提高开发成本，短期内获得经济效益较为困难。

3. 组团联动式模式

城市空间结构从其表象上看是城市各组成物质要素实体和空间的形式、风格、布局等有形的规律；但从实质内涵而言，它是人类政治、经济、社会文化活动在城市功能历史发展过程中交织作用的物化。因此，要想使新城健康发展，对区域进行整合，需要对新城的内部空间进行调整，使新城的功能不断健全。新城的外部空间结构，特别是与旧城区之间的关系机制方面，需要实现不同区域间的良好合作。对城市的良好经营应当是居住、公共服务、工业等功能的有机结合，由此产生了结合以上两种模式优点的组团联动式模式。该模式首先大规模开发居住功能，以获得较快的起步速度，从而加速城市的城市化进程；同时通过完备的基础设施及服务功能，加快城市的发展速度，有效带动产业的发展。

三　空港城市空间结构

（一）空港城市空间形态

空港城市的空间形态具有个体差异性和整体相似性特征。阶段稳定性是空港城市空间形态划分的必要条件，而个体差异性是空间形态衍生的基

---

① 顾向荣：《汉城仁川国际机场的规划建设》，《北京规划建设》2001 年第 6 期。

础。空港城市的空间形态是多种空间拓展方式综合作用后的表象，包括连绵带型、组团串联型、星座型、组团放射型四种类型。①

1. 连绵带型

由于受到城市中心吸引和交通网络连接方式等因素的影响，空港城市的空间形态出现带状发展偏好，尤其是在空港与依托城市距离较近、相互作用影响较强，港城交通走廊地区可达性分布均匀的空港都市区，易于形成以空港与依托城市为增长极，以港城轨道交通、高速公路等为轴线的高层次、整体性的廊道空间，产业功能空间衔接紧凑，一体化发展趋势明显，从而构成了连绵带型的空间形态模式。

德国法兰克福空港城市基于圈层结构，围绕港城轴带呈现连绵带形态。紧邻空港区的圈层集中了空中广场、远程火车站、商务区、北货运区、南货运区、空客 A380 维修基地、区域总部办公、商务中心等功能片区。法兰克福机场是区域换乘的交通节点，机场北侧和东侧被欧洲洲际公路包围，在紧靠北侧洲际公路和距离东侧洲际公路 0.6km 处是平行于公路的铁路。机场、区域火车站、ICE 高速列车站和城际列车站实现了人流和物资的“空、铁、陆联运”。一条产业轴带连接空港与法兰克福市区，空间布局紧凑。法兰克福空港城市连绵带型空间布局为：空港运营区和交通枢纽区，包含办公、商业、酒店、仓储、车辆停泊、快速换乘等功能；商务区，包括位居空港运营区西侧的凯尔斯特巴赫商务区，其内汇集了众多国际知名企业；空港运营区东侧为占地面积 70 万 m^2 的综合商务区，由于靠近法兰克福主城，而且位于洲际公路和高速铁路的交会处，因而其产业类型为会展、酒店、餐饮、贸易和休闲娱乐业；物流区主要运输鲜活农产品和禽畜；南侧物流区主要为工业区和各大航空公司提供货运服务；管理与科研区位于港城空间轴带的中心位置，这里聚集着区域级大企业总部、德国汽车俱乐部、德国足联、马普学院和高尔夫球场等。

2. 组团串联型

类似于连绵带型空间形态，组团串联型空间形态也是借助空港与依托城市之间单一的交通走廊而形成的。由于依托城市距离机场较远或是特殊的自

① 吕小勇：《空港都市区空间成长机制与调控策略构建研究》，博士学位论文，哈尔滨工业大学，2015。

然条件状况，产业聚集无法在广阔的腹地连绵生长，加之区域发展与经济总体布局沿着交通条件比较优越的轴线展开，并围绕高速公路进出口、轨道交通车站等以点状方式聚集与扩散，空港城市将沿交通走廊呈串珠式轴向扩展。

以北京为例，一方面，北京首都国际机场空港城市依附空港与中心城区之间的交通廊道，空间呈现组团串联的布局模式；另一方面，首都国际机场西北至潮白河，东南至温榆生态走廊，南北又以李天高速和六环路为界，通过空港工业区、天竺出口加工区、空港物流基地、林河工业区、北京汽车生产基地、国门商务区等功能组团环绕空港形成圈层布局模式。由此，北京空港都市区在圈层作用和轴线作用下，形成了“一廊、二带、三园、四区”的空间结构。

3. 星座型

由于空港具有强大的辐射和自组织能力，空港城市发展倾向于以机场为圆心向外推移，各功能组团依据自身特点和外部限制在空港的辐射作用下得以生长和发展，并没有明显的方向特征，分布较为均质，虽然其规模和分布存在梯度差异，会出现一定的不均衡，但就整个腹地范围而言，已然形成了以空港为核心的星座型空间形态。

美国华盛顿空港城市即显现出基于圈层结构的星座型空间形态。紧邻空港区的圈层集中了空港物流区、斯特灵新城（以临空旅游服务业、高科技产业、医疗产业等为主导）、创意设计集聚区等功能片区。[①] 机场北侧为杜勒斯绿色通道（国家第 267 号公路），直通华盛顿市区；东侧为国家第 28 号公路，连接第 267 号和第 286 号公路，而第 286 号公路也通向华盛顿市区。各产业区主要沿第 267 号公路呈轴带状分布，也有个别产业区沿第 28 号公路设置，但其与华盛顿市中心的车程并不比其他产业区长。华盛顿空港城市空间布局为：空港运营区，包含汽车租赁、酒店、餐饮、车辆停泊和办公等功能；空港物流区，建有以 VMW 速递公司为代表的空港物流基地；空港服务与高科技产业区，为依托现有小城镇发展起来的复合型临空新城，靠近机场的区域主要有仓储、旅馆功能，另外还包括煤炭、电信、建材、医药、汽车制造等高新技术产业和现代制造业；科研区，以高等教

① H. M. Verboon, *Clustering around International Airports* (Doctoral Dissertation, Erasmus University, 2011).

育及汽车展览等为主导产业，包含奔驰、日产、奥迪等多家汽车展览中心，此外美国国家侦察局总部也坐落于此；商务区距离机场5～10km，位于杜勒斯机场与中心城区交通联系轴线两侧，是以总部基地、高端商务等为主导的临空功能区，集合了大众汽车（美国总部）、时代华纳等国际知名跨国公司。

4. 组团放射型

如果空港周边具有多个辐射能力较强的吸引点，空港城市空间内部就会存在比较明显的联系。空港与吸引点的放射型发展轴线，使空间整体倾向于多方向化发展，形成组团放射型空间形态。这种空间形态模式中的组团彼此之间干扰较弱，因而组团功能的复合程度较高。组团放射型空间形态模式更易于形成网络化的结构，有助于向更为复合的空间形态模式发展。阿姆斯特丹史基浦城市是基于圈层结构，呈现组团放射型空间形态的典型案例。该空港城市以史基浦机场为核心，向东北和西南方向拓展形成空港城，空港城内部整合了空港运营设施、航空物流设施、多方式换乘枢纽、高星级宾馆、大型停车设施等多种功能；在空港城以外的空间圈层，围绕港城高速交通走廊，汇集高新技术、休闲娱乐、花卉农业、商务金融等多样化的临空产业，形成居住区、工商业园区、休闲娱乐区、北部商务区、南部物流走廊5大片区。其中，居住片区位于空港东西两侧，避开了航空噪声带；工商业园区位于空港西南侧，占地18万m^2，与空港、城区联系紧密；休闲娱乐区位于机场西北和东北两侧，商务中心、高星级酒店、高尔夫球场、小型赌场和会议中心等进驻于此；商务区位于空港北部，驻扎了多家跨国公司的欧洲总部、营销部门及研发中心等；南部物流走廊靠近空港货运中心，位于A4和N201高速公路两侧。

（二）空港城市布局

1. 空港城市空间布局要注意以下几点[①]

（1）合理的空间组织结构布局应以空港城市整体空间布局效益最优为基础。受运输成本和时间成本的影响，任何临空产业均有倾向于在机场核心区域布局的趋势，但机场核心区域土地资源有限，这一需求实际无法被

① 徐岗：《航空城市形成、发展及开发建设的研究》，硕士学位论文，南开大学，2010。

完全满足。因此距离机场越近的区域，对时间的敏感程度越高，单位土地获得的产出效益越高，这符合城市土地经济价值规律。

（2）协调好城市功能与机场规划是编制空港城市空间组织结构规划的关键。与其他新城区发展不同，机场及其周边地区的发展受到许多非经济因素的限制，如航空限高、安全、景观及其他要求等。空港城市的发展策略及土地利用模式的制定，必须综合考虑多种因素的影响。因此，空港城市的土地监管和发展规划应是以机场为中心的约束性规划与建设性城市规划两种不同类型规划的有机融合。后者应遵循前者进行编制，而前者应依托后者进行运作、实施。

（3）机场是城市的重要门户，需要对其形象进行重点塑造。作为城市对外交流和对外展示的重要窗口，大型国际机场及其周边地区是城市的重要门户地区，其形象要求景观系统与建筑立面的要素与周边环境相协调，具有"亲切感"、"地方感"和高度的可辨识性，达到形象化和符号化的目的；建筑物的设计要有时代感，并与城市自身的特色协调；拥有现代化的交通网络及水、电、通信等市政基础设施；形成景观优美的、自然景观与城市景观相协调的、宜居的、可持续发展的区域。

（4）机场周边地区的发展既要积极利用机场带来的发展优势，又应符合城市的总体发展战略，在发展定位、发展模式、发展时序和产业门类等方面与市域其他地区充分协调。[①] 虽然这将在某种程度上对机场周边地区的功能建设和产业选择产生一定的制约，但是对总体社会资源的高效配置是有利的，可以降低空港与其他功能区产生冲突的概率，实现产业的错位发展，避免在自身区域内对项目的竞争。

（5）以机场为中心，构建多种交通方式紧密衔接的一体化综合交通枢纽，实现空港城市以各种交通方式，特别是轨道交通与主城区各主要枢纽节点的连接，保证客货运转接的顺畅，在空间上实现空港城市与主城区的无缝连接。

2. 空港城市空间布局的基本模式

空港城市是以空港为引擎的特色发展区，各类产业功能根据各自所需

① 董娟：《航空港经济区产业特征与空间布局模式研究》，硕士学位论文，长安大学，2008。

及承受能力，会选择不同的区位，一般会在空港周边形成圈层式的空间发展格局，这种发展格局是在没有多少外力影响下的理想模式，它通常由于现实情况的不同而出现不同程度的变形。[①] 但基本呈现圈层式的布局，从内到外一般分为三个区域，即空港核心区、空港紧密区和空港带动区。

（1）空港核心区。是以机场为中心，约5分钟车程内的椭圆区域，或通常在机场周边的5km范围内。发展临空指向强的产业，包括为飞机运行、后勤、客货运服务的机场内部产业，紧密围绕航空运输货物展开的物流产业及附加值高、时效性强的制造业。第一类产业即机场内部产业，主要布局在机场公共区域内，开展为机场自身正常运营配套的服务如航空货运服务等。第二类产业主要布局在机场周边5分钟车程范围内，与机场空间紧密相连，产业高度相关，能够保证极短时间内，迅速快捷地运输客、货至机场。主要发展高附加值的、远程定制加工服务产业，JIT生产，B2B供应链交易，物流园，自由贸易区等。[②] 占比最高的六种产业为：为旅客提供服务的产业；物流企业；从事航空支持的企业；商贸企业；制造业中的高科技企业；一些航空公司或政府机构的办事处。在一些中型机场中，还有医疗中心、幼儿园等为机场或航空公司工作人员提供生活服务的场所。

（2）空港紧密区。考虑到可达性和时间成本，该区分布在核心区外围5～15分钟车程范围内，通常在机场周边的5～10km范围内，基本属于交通走廊沿线区域。发展航空指向一般的产业，如高新技术、物流、制造业增值服务、自由贸易区以及商贸商务、高级酒店、研发中心、跨国总部、金融结算、广告咨询、生鲜食品交易、专业批发等。此外，大力发展住宅、大型超市、金融保险机构、休闲娱乐、教育机构等，是空港城市规划和研究的重点。这一地区产业比例最高的为研发机构和高科技制造业，占全部产业的78%。[③] 具体包括以下五点特征。①独立的高效外向性，空港发展区功能布局的特征体现为强外向型产业在交通设施导向下聚集形成独立功能区，其与城市其他功能区保持着便捷的交通联系，在发展上相互促进。

---

① 刘金革：《空港新城空间发展模式研究》，硕士学位论文，北京建筑大学，2013。

② 张蕾：《空港地区产业布局引导研究——以南京禄口国际机场为例》，《城市观察》2013年第2期。

③ 徐岗：《航空城市形成、发展及开发建设的研究》，硕士学位论文，南开大学，2010。

②非均质的土地使用机理，空港发展区在开发方式及空间秩序上表现为非均质的土地使用，土地开发强度及空间高度由于机场净空高度的限制呈现非均质机理状态，由此在空间表象上显现出特殊形态，政府基于效益最大化与利益公正性原则多以自身为开发主体引导空港发展区的非均质土地利用。③受开发方式影响较大，市场机制在一定程度上决定了空港发展区的建设与实施，并直接影响开发方式，进而通过具体开发行为改变空间结构与空间形态。④开放性和可控性相结合，私营企业作为空港发展区建设发展的重要参与者，在开发行为的参与上以自身利益最大化与土地使用灵活性为出发点，从而使空港城市在开发实施效果上呈现空间形态的开放性，而空港发展区在建设中所配套的居住与公共服务设施由于在空间组织上具有特定模式而展现出一定程度的可控性。⑤与生态环境相结合，空港发展区远离城市中心的区位使其在环境上具有得天独厚的自然景观，在保护的前提下结合人工与自然条件来组织具有特色的空间结构，并合理安排、协调多元的组团功能，有利于空港发展区塑造宜人的港区环境。①

（3）空港带动区。分布在空港关联区外围，其中交通廊道沿线区位条件优良，是重点发展区。辐射区范围应视机场业务、内部核心和关联圈层的发展成熟度、所依托中心城市规模及城市空间走向而定。根据国外空港建设经验，大致从机场沿快速通道延伸30km或通常在机场周边30分钟车程的范围内。主要发展较弱或无临空指向的产业，围绕两区产业形成上下游协调发展的产业集群，配套发展房地产业以满足空港产业工人及往来机场商务人士的需要，为空港城市的发展提供良好支撑；发展零售商业、生态休闲产业和教育医疗等，培育新兴消费热点，打造城市新兴增长极。

（三）空港城市的发展模式

空港城市的形成是在多种元素综合作用的条件下形成的，由于这些因素都有一定的发展条件，所以空港城市很难有一个统一的发展模式，空港城市的发展模式有各种变异和差别，主要形式有圆形、偏侧、线形、指状、双中心五种模式，而且这五种模式都遵守城市区域发展的规律，也符合城

① 吕小勇：《空港都市区空间成长机制与调控策略构建研究》，博士学位论文，哈尔滨工业大学，2015。

市区域规划发展的理论。[①]

1. 圆形模式——理想模型

圆形模式是理想的状态下空港城市发展的模式。在这种模式下，空港城市的发展将不受地理条件、经济发展水平、交通道路、政府政策等因素的限制，而按照假定的方向发展。但是所有空港城市都会受到城市发展因素的限制和影响，从而表现不出完美的圆形模式，所以我们也将圆形模式称为理想模式，见图3-1。

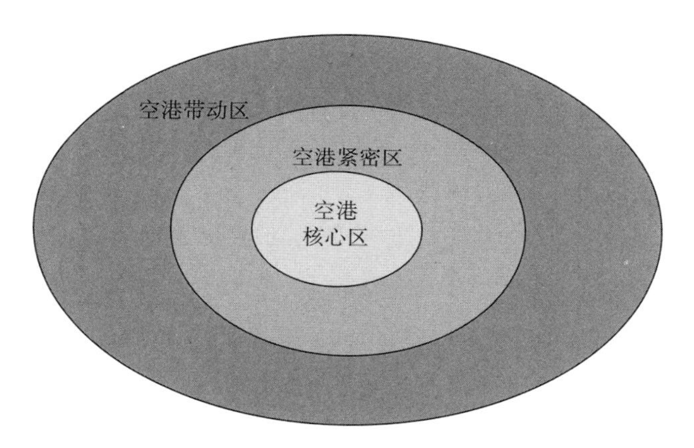

图3-1　空港城市空间结构发展的理想模式

在经济发展理论上，圆形模式参照地租理论，通俗地来解释，就是不同的土地产生不同的价值；竞租理论，即城市土地用途的转变是与机会成本联系在一起的，使用者都想获得最大的报酬。在空间发展理论上，参照区位理论、增长极理论、同心圆理论。区位理论认为投资者或使用者都力图选择总成本最小的区位，即地租和累计运输成本总和最小的地方；增长极理论认为一个区域的经济发展都是由一个或者数个“增长中心”逐渐向其他地区传导的；同心圆理论认为城市土地在进行功能分区的时候，是环绕着城市中心呈同心圆状向外扩展的。

受经济发展的影响，空港城市中心位置的土地价值最高，由于空港枢纽多位于城市边缘区，城市空港枢纽的建设就会带来边缘区域土地性质的

① 邹东：《基于边缘城市理论的大连空港新区发展模式研究》，硕士学位论文，大连理工大学，2014。

转变，同时靠近空港枢纽中心的区域，土地价值就会提高，成为整个空港城市里最具竞争力的部分。由此可推断，以空港枢纽为中心的空港城市，其圆形模式下的土地价值会按照以空港枢纽为中心的同心圆状态向外递减。在空间发展理论上，由于空港枢纽的存在，所有投资者都靠近空港枢纽，以减少时间成本，获得更多的利润，所以空港必然也会按照这样的理想状态按照同心圆的空间方式发展。

2. 偏侧模式

空港城市受自然条件的约束、人为因素的影响，呈现一侧发展的趋势，如位于山区、滨海地带、行政边界，见图 3－2。主要参考地租理论、竞租理论等经济发展理论和区位理论、增长极理论、中心地理论、霍伊特的扇形模式等空间发展理论。偏侧模式是圆形模式的变形，是以圆形模式为基础，受到自然地理区位的限制、重要产业功能设施布局和国家政策导向的影响而发生的变形。首先，由于自然地理条件的不同而呈现偏侧发展的趋向（如滨海地带，只能在海岸一侧发展，必然为偏侧模式）；其次，对于重要产业功能设施来说，选择的空港区域以已有的产业开发区、高铁或者铁路站点等为基础建设发展，在发展过程中受到已有产业功能设施的吸引而向已有功能区域集聚，因此产生偏侧发展的趋向；最后，从国家大局出发，国家指定空港枢纽发展区域，在此前提下，空港城市就有可能选在滨海、高铁沿线等利于国家整体发展的区域，而空港新城空间模式必然也会形成一定的偏侧。

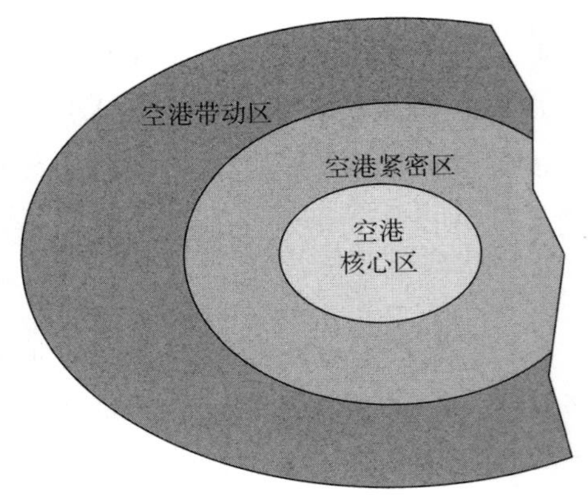

图 3－2　空港城市空间结构发展的偏侧模式

3. 线形模式

空港与城市次中心之间的联动成为地区发展的路径，沿线形性伸展，发展带中会出现节点，见图 3－3。主要参考竞租理论、输出基础理论等经济发展理论和区位理论、生长轴理论、点轴理论、多核心理论等空间发展理论。线形模式主要是由于空港枢纽与空港依托城市的空间关系、自然地理区位的限制、重要产业功能设施布局和重要交通系统布局而逐渐形成的。首先，由于城市自然地理条件的限制和引导而形成线形模式。如在山谷、河流区域，城市的空港枢纽必然沿着山谷、河流选址，空港枢纽受到自然地形的限制，只能沿轴线发展，在城市与空港枢纽之间形成线形空港城市。其次，轴线城市要发展，形成城市生长轴，必然需要建设重要交通设施，形成依托城市与空港之间的交通干线，交通干线上形成交通节点，围绕节点及干线产生集聚，形成新的公共中心、工业区和居民点，逐渐形成线形城市发展轴。

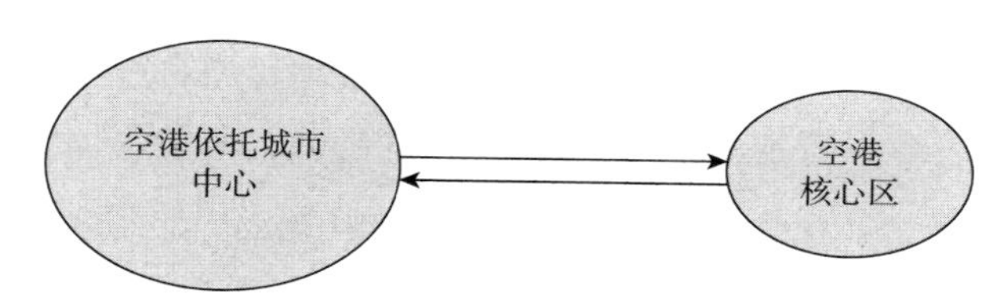

图 3－3　空港城市空间结构发展的线形模式

4. 指状模式

指状模式是圆形模式的改进，以空港枢纽为核心，依托道路、生态廊道等要素轴向发展，见图 3－4。主要参考地租理论、竞租理论等经济发展理论和区位理论、增长极理论、中心地理论、生长轴理论、伯吉斯的同心圆理论等空间发展理论。指状模式是以圆形发展模式为基础，受到自然地理区位的限制，由重要产业功能设施布局和重要交通系统引导形成的。选择自然地理条件优良的区域作为空港城市的发展区域，形成区域的增长极，形成新的城市增长中心，即空港枢纽。在形成空港核心区的基础上，参照中心地理论、地租理论、竞租理论，空港核心区必然会向四周扩散，构成中心服务城市及周边群落的整体格局，在交通、生态廊道的引导下，在空港核心区外围，圆形空间开始发生变形，沿着道路、避开生态廊道向四周延展，由此形成指状空间发展模式。

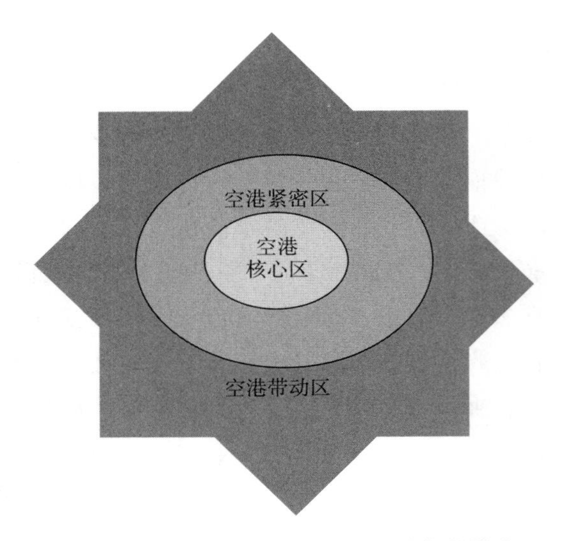

图 3－4　空港城市空间结构发展的指状模式

5. 双中心模式

空港城市作为对外交流的前沿，必然形成交通型机场中心，主要为机场及外来人员服务，但是在城市合理化的前提下，空港城市要成为一个城市，就可能形成一个城市型中心，城市型中心包含城市公共设施、商业、文化娱乐等各类城市设施，作为空港城市支撑机场中心的城市服务中心，主要服务于长期工作、居住于空港新城的城市居民，双中心互动联合，共同引导空港新城发展壮大。

6. 对比

偏侧模式、线形模式、指状模式以及双中心模式都是在理想模式——圆形模式的基础上，由于一些限制性条件的存在，而发展演变形成的。偏侧模式顾名思义就是在一侧发展的模式，主要是由于圆形模式的一侧有限制条件，阻碍或者促进空港新区向一侧发展。线形模式的产生是由于空港枢纽与城市中心之间以线性发展为前提，而且交通系统以及产业空间布局与城市中心都以线性为主要发展结构。指状模式在所有发展模式中最接近圆形模式，由于放射性道路的引导以及一些限制条件，指状模式不能完全按照圆形模式发展，就产生按照道路交通发展的接近圆形模式的指状模式。双中心模式是一种空间形式的变形，城市中心保留一个空港枢纽，而在空港新区又新增一个空港枢纽，两个枢纽的功能性质通常会有所区别，而且在最初情况下两个空港枢纽会有主次的分别，但是发展到一定阶段后，两个空港枢纽就会成为互为补充的双中心。

第二节　空港城市交通网络拓展

空港城市的交通网络包括空港综合交通枢纽和空港综合集疏运网络。空港综合交通枢纽是空港城市交通网络的核心点，是空港城市物流和人流的最主要集散换乘点；空港综合集疏运网络是连接空港综合交通枢纽和空港城市内外部交通网络的中间网络，为空港旅客、货邮的出行提供从出发地到空港的地面交通工具及道路路网服务。空港综合交通枢纽是点，空港综合集疏运网络是面，二者构成了空地一体的空港城市交通系统。

一　空港综合交通枢纽

（一）根据航站楼在空港综合交通枢纽中的位置，可以将空港综合交通枢纽分为以下三类

1. 独立式

该类型空侧设施、航站楼和陆侧交通集疏运系统平行布置，三种设施均具有进一步扩张的可能性，如图 3－5 所示。综合交通枢纽可以向三个方向扩张，各种交通可以从三个方向进出。机场交通枢纽可能集中铁路、地铁、公交、出租车、机动车等多种交通方式，在我国条块管理的体制下，各种交通方式都要有独立的用地，以保证陆侧具有开敞的空间，这对综合交通枢纽的构建至关重要。像上海虹桥机场和法兰克福机场，陆侧设施和航站楼设施是平行的，综合交通枢纽的构建非常便利。

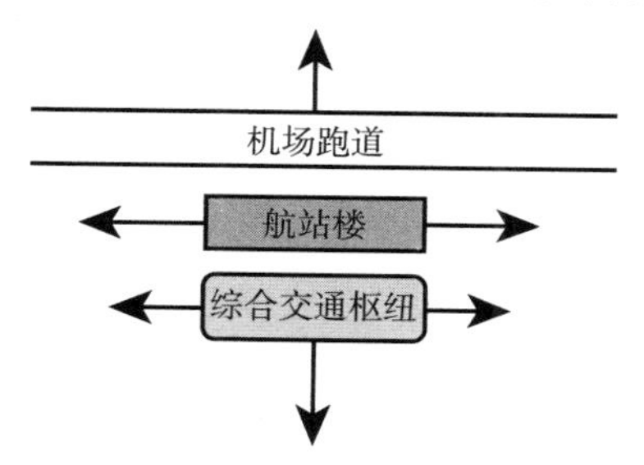

图 3－5　独立式综合交通枢纽示意

2. 嵌套式

该类型机场跑道在外侧包围着两个以上航站楼，航站楼中间设置综合交通集疏运系统，如图3－6所示。上海浦东机场、广州白云机场均采用这种模式。嵌套式航站楼与综合交通枢纽布置在机场跑道中间，航站楼与综合交通枢纽都只能沿机场跑道顺向扩张，扩展空间受到极大的制约。这种类型要求综合交通枢纽的各种设施要与航站楼、机场跑道同规同建或提前预留足够空间。该嵌套式类型布局不适合建设综合交通枢纽。

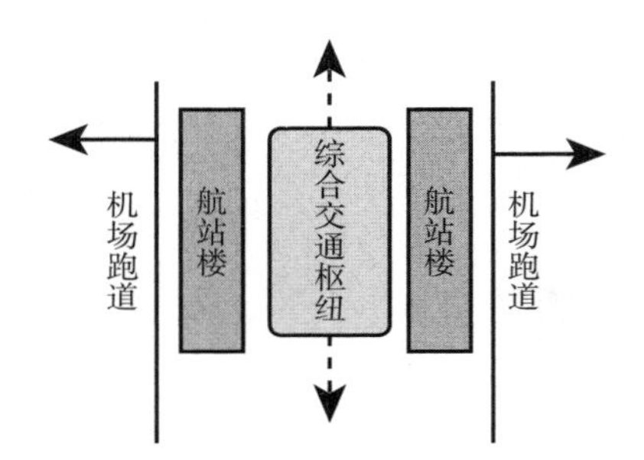

图3－6 嵌套式综合交通枢纽示意

3. 混合式

机场跑道包围着航站楼，航站楼多为中置线形或中置X形，综合交通集疏运系统则垂直于跑道在航站楼一端建设，如图3－7所示。该种模式的机场跑道扩展条件好，但航站楼不具备扩建可能，综合交通枢纽的横向扩张及交通组织有可能受到机场跑道影响。航站楼的规模是制约机场未来发展的关键。

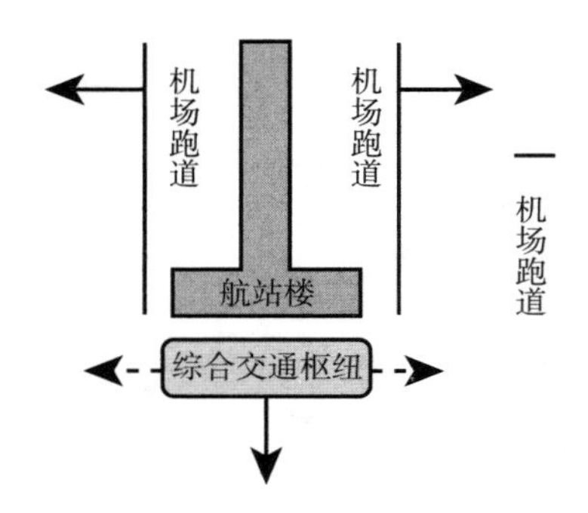

图3－7 混合式综合交通枢纽示意

（二）分析

对于独立式及混合式综合交通枢纽，可靠近航站楼平行布局各类交通设施，且需考虑平面和纵向布局的协调。在平面布局上，应首先考虑高铁站房、城际车站、交通广场（包括各类停车设施等）或GTC交通中心，此外还应考虑基地公司、管理办公区、生活以及商业区、航空食品公司、配套酒店宾馆、污水处理厂、绿化隔离用地、航空油库等运营配套设施。在纵向布局上，应根据机场航站楼总体流程设计的初步成果，结合城际轨道、机场轨道、社会车辆、大巴、出租车等多种交通方式的特点，做好纵向组织布局，保证旅客安全、高效、便捷完成换乘。嵌套式综合交通枢纽由于航站楼空间局促，大量交通设施不大可能全布置在航站楼附近，必须考虑设置远距离的换乘枢纽。远距离换乘枢纽选址与布局需要整体考虑机场对外联系，不拘泥于单个航站楼。此外，重大交通设施不可能同时联系多个子枢纽，必须依靠枢纽内部的交通系统。

二　空港城市对外交通

（一）城市对外交通的规划思想①

城市对外交通运输是指以城市为基点，与城市外部进行联系的各类交通运输的总称。主要包括铁路、公路、水运和航空。铁路、公路、水运和航空又是国家和区域的交通，都有适应国家和区域经济、社会发展的行业规划。城市对外交通规划一方面要充分利用国家和区域交通设施规划建设条件加强市域内城镇间的交通联系，发展市域城镇交通体系；另一方面要根据市域城镇经济、社会发展的需要，进一步补充和进行局部调整，完善城市对外交通规划。

城市对外交通运输是城市形成与发展的重要条件。历史上形成的城镇大多位于水陆交通的枢纽，如汉口、广州、重庆、扬州等；现代城市往往也是现代交通运输的重要枢纽，如上海、郑州、石家庄、徐州、株洲等。对外交通运输的条件又可能制约城市的发展。一个城镇要有大的发展，对外交通运输能力必须与城镇发展、消费量相适应，而城市的发展也将促进

① 全国城市规划执业制度管理委员会编《城市规划原理》，中国计划出版社，2011。

其对外交通运输的进一步发展。

城市对外交通线路和设施的布局直接影响城市的发展方向、城市布局、城市干路走向、城市环境以及城市的景观。因此，城市对外交通对城市的总体规划布局有着举足轻重的作用。城市道路交通与对外交通有着密切联系，城市对外交通的线路和设施要与城市道路交通系统形成有机的衔接和转换。

（二）铁路规划

铁路是城市主要的对外交通设施。城市范围内的铁路设施基本上可分为两类：一类是直接与城市生产、生活有密切关系的客货运设施，如客运站、综合性货运站及货场等；另一类是与城市生产、生活没有直接关系的铁路专用设施，如编组站、客运整备场、迂回线等。

铁路场站在城市中的布置对于城市对外交通运输而言十分重要。铁路设施应按照它们对城市服务的性质和功能进行布置，与城市布局要有良好的关系。铁路客运站应该靠近城市中心区布置，如果布置在城的外围，即使有城市干路与城市中心相连，也容易造成城市结构过于松散，居民出行不便；为工业区和仓库区服务的工业站和地区站则应布置在相关地段附近，一般设在城市外围；其他铁路专用设施则应在满足铁路技术要求及配合铁路枢纽总体布局的前提下，尽可能布置在城市外围，不应影响城市的正常运转和发展。随着我国铁路事业的发展，国家高速铁路客运干线和城市间快速铁路客运干线的建设，铁路系统客、货分流已经开始实施，城市总体规划中的铁路规划应该为此做出安排。在城市铁路布局中，场站位置起着主导作用，线路的走向是根据场站与场站、场站与服务地区的联系确定的。铁路场站的位置与数量与城市的性质、规模、总体布局，铁路运输的性质、流量、方向，自然地形等因素有关。

会让站、越行站是铁路正线上的分界点，间距约为 8～12km，主要进行铁路运行的技术作业。场站布置不一定要与居民点结合。其布置形式有横列式、纵列式和半纵列式，长度约为 1～2.7km，站坪除正线外，配到发线 1～2 条。

中间站是客货合一的小车站，多设在中小城市，采用横列式布置，间距约 20～40km。按客运站、货场和城市三者的相对位置关系，有客货城同侧布置，客货对侧、客城同侧布置，客货对侧、货城同侧布置三种布置方式。城市规划应尽可能将铁路布置在城市一侧，货场设置要方便货运，减少对城市的干扰，尽量减少跨铁路的城市交通。

区段站除了中间站的作业以外，还有机务段、到发场和调车场等，进行更换机车和乘务组、车辆检修和货物列车的结节编组等业务。区段站的用地面积较大，按照横列式与纵列式布置，其长度为2～3.5km，宽度为250～700m。

编组站是为货运列车服务的专业性车站，承担车辆解体、汇集、甩挂和改编的业务。编组站由到发场、出发场、编组场、驼峰、机务段和通过场组成，用地范围一般比较大，其布置要避免与城市的相互干扰，同时也要考虑职工的生活。对一个大型铁路枢纽城市来说，可能不止一个编组站，要分类型合理布置。

客运站的位置既要方便旅客，又要提高铁路运输效能，并应与城市的布局有机结合。客运站的服务对象是旅客，为方便旅客，位置要适当。中小城市客运站可以布置在城区边缘，大城市可能有多个客运站，应深入城市中心边缘布置。由于城市的发展，原有铁路客站和铁路线被包围在城市中心区内，与城市交通矛盾加大，也影响了城市的现代化发展。在规划中要结合铁路枢纽的发展与改造，研究客站设施和线路逐渐进行调整的必要性和调整的方案。客运站的布置方式有通过式、尽端式和混合式三种。中小城市客运站常采用通过式的布局形式，可以提高客运站的通过能力；大城市、特大城市的客运站常采用尽端式或混合式的布置形式，可减少干线铁路对城市的分割。大城市、特大城市客运站地区的交通条件较好，城市功能比较综合配套，常形成综合性的交通、服务中心；为方便旅客、避免交通性干路与站前广场的相互干扰，可将地铁直接引进客运站，或将客运站伸入城市中心地下。客运站是对外交通与市内交通的衔接点，要考虑旅客中转换乘的方便。客运站必须与城市的主要干路相衔接，以方便联系城市各部分及其他对外交通设施（车站码头等）；要协调好铁路与市区公交、长途汽车和商业服务的关系，做到功能互补和利益共享，实现地区发展目标。

中小城市一般设置一个综合性货运站或货场，其位置既要满足货物运输的经济合理要求，也要尽量减少对城市的干扰。大城市、特大城市的货运站应按其性质分别设于其服务的地段。以到发为主的综合性货运站（特别是零担货物）一般应接近货源或结合货物流通中心布置；以某几种大宗货物为主的专业性货运站应接近其供应的工业区、仓库区等大宗货物集散点，一般应设在市区外围；不为本市服务的中转货物装卸站则应设在郊区，结合编组站或水陆联运码头设置；危险品（易爆、易燃、有毒）及有碍卫生（如牧畜货场）的货运站应设在市郊，且要有一定的安全隔离地带。

（三）多层次轨道交通系统

综观国内外大型机场，轨道交通都是重要的集疏散方式，包括高速铁路、城际轨道、城市轨道以及机场内部 APM 系统。高效率、高水平服务的城际和机场快线等轨道交通成为机场陆侧集疏运系统的标志，高效快捷的 APM 系统则是大型航站楼和多组航站楼之间高效服务的标志。城际轨道对外以辐射为主，可考虑选择将一到两条城际轨道线路接入机场，接入机场的城际轨道线路的走向应与城市发展轴吻合，覆盖临空指向型主要功能区，同时能够衔接城镇群主要高铁站。不建议将机场作为城际线路的终点站，否则该线将成为机场专属城际线路（段），独立运营的亏损风险较大。在城际轨道接入机场内部方面，应遵循靠近航站楼，提高换乘效率以及服务机场集散，不宜兼顾周边地区。在具体线路走向上，以城际绕行支线接入较为稳妥（因为主线转弯半径大，若主线接入航站区则无关过境车辆较多，而支线进场设双线站即可）；在设施布局方面，在机场布局和线路走向满足要求的情况下，应将城际轨道线路接入航站楼前交通中心，在具体布局时，建议与地面交通设施采用纵向布置，减少横向平铺距离，减少步行，同时可与城市轨道交通系统共用站厅层，以减少下挖层数。综合交通枢纽建设在需下穿航站楼或跑道时，应同步规划、同步施工，预留土建设施。城市轨道交通服务机场的方式方面：结合机场与轨道网络，在需要多种城市轨道系统接入机场的情况下，可考虑多种接驳城市轨道交通共用通道。集中通道接入机场，利于机场布设接驳设施，大大减少了工程量和实施难度，同时也减少了对土地的占用与分割。

（四）公路规划

公路是城市与其他城市及市域内乡镇联系的道路，规划时应结合城镇体系总体布局和区域规划合理地选定公路线路的走向及其站场的位置。根据我国公路交通发展的趋势和存在的问题，对公路特别是高速公路进行客、货分流的需求已日渐明显，为了满足公路交通流量增加的要求，保障公路的畅通和安全，适应公路建设的经济技术要求，应该尽快为公路（首先是高速公路）的客、货分流做出规划安排。

1. 公路分类、分级

根据公路的性质和作用，及其在国家公路网中的位置，可将其分为国道（国家级干线公路）、省道（省级干线公路）、县道（县级干线公路，联系各乡镇）和乡道。设市城市可设置市道，作为市区联系市属各县城的公路。

按公路的使用任务、功能和适应的交通量，可将其分为高速公路，一级、二级、三级、四级公路。高速公路为封闭的汽车专用路，是国家级和省级的干线公路；一级、二级公路常用作联系高速公路和中等以上城市的干线公路，三级公路常用作联系县和城镇的集散公路；四级公路常用作沟通乡、村的地方公路。

2. 公路在市域范围内的布置

公路在市域范围内的布置主要取决于国家和省公路网的规划，同时要满足市域城镇体系发展的需要。规划中要注意以下问题。

（1）要有利于城市与市域内各乡镇之间的联系，适应城镇体系发展的规划要求。

（2）干线公路要与城市道路网有合理的联系。国道、省道等过境公路应以切线或环线绕城而过，县道也要绕村、镇而过。作为公路枢纽的大城市、特大城市，应在城市道路网的外围布置连接各条干线公路的公路环线，再与城市道路网联系。高速公路应与城市快速路相连，一般等级公路应与城市常速交通性干路相连。

（3）要逐步改变公路直接穿过小城镇的状况，并注意防止新的沿公路进行建设的现象发生。

3. 公路汽车场站的布置

公路汽车站又被称为长途汽车站，按性质可将其分为客运站、货运站、技术站和混合站。按车站所处的地位又可将其分为起点站、终点站、中间站和区段站。应依据城市总体规划功能布局和城市道路交通系统规划，合理确定长途汽车场站的位置。

三 空港城市道路交通

（一）影响城市道路系统布局的因素

城市道路系统是组织城市各种功能用地的“骨架”，也是城市进行生产活动和生活活动的“动脉”。城市道路系统布局是否合理，直接关系城市是否可以合理的运转和发展。道路系统一旦确定，实质上决定了城市发展的轮廓、形态，这种影响是深远的，在相当长的时期内发挥作用。影响城市道路系统布局的因素有三个：城市在区域中的位置（城市外部交通联系和自然地理条件）、城市用地布局的结构与形态（城市骨架关系）、城市交通运输系统（市内交通联系）。

（二）城市道路系统规划的基本要求

1. 满足城市用地的“骨架”要求

城市各级道路应成为划分城市各组团、各片区地段、各类城市用地的分界线。比如，城市一般道路（支路）和次干路可能成为划分小街坊或小区的分界线；城市次干路和主干路可能成为划分大街坊或居住区的分界线；城市交通性主干路和快速路及两旁绿带可能成为划分城市片区或组团的分界线。

城市各级道路应成为联系城市各组团、各片区地段、各类城市用地的通道。比如，城市支路可能成为联系小街坊或小区的通道；城市次干路可能成为联系组团内各片区、各大街坊或居住区的通道；城市主干路可能成为联系城市各组团、片区的通道；公路或快速路又可把郊区城镇与中心城区联系起来。

城市道路的选线应有利于组织城市的景观，并与城市绿地系统和主体建筑相配合形成城市的“景观骨架”。从交通和施工的观点看，道路宜直、宜平，有时甚至有意识地把自然弯曲的道路裁弯取直，结果往往使景观单调、呆板，即使有好的景点或建筑作为对景，也是角度不变、形体由远及近渐渐放大的“对死景”。在规划中对于交通功能要求较高的道路，可以尽可能选线直捷，两旁布置较为开敞的绿地，体现其交通性；选线也可以适当弯曲变化，以减少驾驶人员的视觉疲劳。对于生活性的道路，应该充分结合地形，与城市绿地、水面、城市主体建筑、城市的特征景点组成一个整体，使道路的选线随地形自然起伏，选择适当的变化角度，以高峰、宝塔、主体建筑、古树名木、城市雕刻等作为对景而弯曲变化，创造生动、活泼、自然、协调、多变的城市面貌，给人以强烈的生活气息和美的享受，使道路从平面图上布局功能的“骨架”成为城市居民心目中的“骨架”。

2. 满足城市交通运输的要求

道路的功能必须同毗邻道路的用地的性质相协调。道路两旁的土地使用决定了联系这些用地的道路上将有什么类型、性质和数量的交通，决定了道路的功能。因此，一旦确定了道路的性质和功能，也就决定了道路两旁的土地应该如何使用。如果某条道路在城市中的位置决定了它是交通性的道路，就不应该在道路两侧（及两端）安排可能产生或吸引大量人流的生活性用地，如居住、商业服务中心和大型公共建筑等；如果是生活性道路，则不应该在其两侧安排会产生或吸引大量车流、货流的交通性用地，如大中型工业、仓库和交通枢纽等。

（1）城市道路系统要有完整性，交通应均衡分布。城市道路系统应该做到系统完整、分级清晰、功能分工明确，适应各种交通的特点和要求，不但要满足城市各区之间方便、迅速、经济、安全的交通联系要求，而且应满足发生各种自然灾害时的紧急运输要求。城市道路系统规划应与城市用地规划结合，做到布局合理，尽可能地减少交通。减少交通并非是减少居民的出行次数和货物的运量，而是减少多余的出行距离及不必要的往返运输和迂回运输。要尽可能地把交通组织在城区或城市组团的内部，减少跨越城区或组团的远距离交通，并做到交通在道路系统上的均衡分布。在城市道路系统规划中应注意采取集中与分散相结合的原则。集中就是把性质和功能要求相同的交通相对集中起来，提高道路的使用效率；分散就是尽可能地使交通均匀分布，简化交通，同时尽可能地为使用者提供多种选择的机会。所以，在规划中应该特别注意避免单一通道的做法，对于每一种交通需求，都应该提供两条以上的路线（通道）给使用者选择。城市各部分之间（如城市中心、工业区、居住区、车站和码头）应有便捷的交通联系，各城区、组团间要有必要数量的干路，在商业中心、体育场、火车站、航空港、码头等大量客货流集散点附近的道路网要有一定的机动性，可为发生地震时疏散人流提供绕行道路。同时要为道路未来的发展留有一定的余地。

（2）要有适当的道路网密度和道路用地面积率。受现状、地形、交通分布、建筑及桥梁位置等条件的影响，不同的城市，城市中不同区位、不同性质地段的道路网密度应有所不同。道路网密度过小则交通不便，密度过大不但会形成用地和投资的浪费，而且会由于交叉口间距过小影响道路的畅通，造成通行能力的下降。一般城市中心区的道路网密度较大，边缘区较小；商业区的道路网密度较大，工业区较小。道路用地面积率是道路用地面积占城市总用地面积的比例，一定程度上反映了城市道路网的密度和宽度状况。欧美发达城市的道路用地面积率指标较大，如纽约曼哈顿，交通负荷很大，道路网密度很大，道路用地面积率高达35%；华盛顿市区道路宽度较大，绿化很多，道路用地面积率高达43%。而我国一些城市的旧区，如上海涧西旧区道路狭窄，几乎没有绿化，道路面积很小，道路用地面积率仅为12%。在道路网密度合理的情况下，城市道路不但要满足交通通行能力的要求，而且要有好的绿化环境，保证有适当的城市道路用地面积率。考虑现代城市交通的机动化发展，城市道路用地面积率可适当提高。

（3）城市道路系统要有利于交通分流。城市道路系统应满足不同功能交通的不同要求。城市道路系统规划要有利于向机动化和快速交通的方向发展，根据交通发展的要求，逐步形成快速与常速、交通性与生活性、机动与非机动、车与人等不同的系统。如快速机动系统（交通性、疏通性）、常速混行系统（又可分为交通性和生活服务性两类）、公共交通系统（如公交专用道）、自行车系统和步行系统。使每个系统都能高效率地为不同的使用对象服务。

（4）城市道路系统为交通组织和管理创造良好的条件。城市干路系统应尽可能规范、醒目并便于组织交叉口的交通。道路交叉口交会的道路通常不宜超过4~5条，交叉角不宜小于60°或大于120°，否则将使交叉口的交通复杂化，影响道路交通通行能力和交通安全。道路线转折角较大时，转折点宜放在路段上，不宜设在交叉口上，既有益于丰富道路景观，又有利于保证交通安全，在一般情况下，不要组织多路交叉口，避免布置错口交叉。

（5）城市道路系统应与城市对外交通有方便的联系。城市内部的道路系统与城镇间道路（公路）系统既要有方便的联系，又不能相互冲击和干扰。公路兼有为过境和出入城交通服务的两种作用，不能和城市道路内部系统相混淆。要使城市出入口和区域公路网有顺畅的联系和良好的配合，并使城市对外交通有一定的机动性和留有一定的发展余地。城市道路系统又要与铁路站场、港区码头和机场有方便的联系，以满足对外交通的客货运输要求。对于铁路两旁都有城市用地的城市，要处理好铁路和城市道路交叉的问题。铁路与城市道路的立交设置至少应保证城市干路无阻通过，必要时还应考虑适当设置人行立交设施。

3. 满足各种工程管线布置的要求

城市公共事业和市政工程管线，如给水管、雨水管、污水管、电力电缆、照明电缆、通信电缆、供热管道、煤气管道及地上架空线杆等一般都沿道路铺设。城市道路应根据城市工程管线的规划为管线的铺设留有足够的空间。道路系统规划还应与城市人防工程规划密切配合。

4. 满足城市环境的要求

城市道路的布局应尽可能使建筑用地取得良好的朝向。道路的走向最好由东向西偏移一定的角度（一般不超过15°）。从交通安全角度看，道路最好能避免正东朝向，因为日光耀眼易导致交通事故。城市道路又是城市的通风道，要结合城市的绿地规划，把绿地中的新鲜空气，通过道路引入城市其他地方。因此道路的走向又要利于通风，一般平行于夏季主风流向，同时又要考虑台风等灾害性风的正面袭击。为了减少车辆噪声的影响。应避免过境交通直穿市区，避免交通性道路（大量货运车辆）穿越生活居住区。旧城道路网的规划，应充分考虑旧城历史、地方特色和原有道路网形成发展的过程，避免随意改变道路走向和空间环境，对有文化历史的街道与名胜古迹要加以保护。

（三）城市道路分类

城市道路既是城市的骨架，又要满足不同性质交通流的功能要求。作为城市交通的主要设施、通道，城市道路既应该满足交通的功能要求，又要起到组织城市和城市用地的作用。城市道路系统规划要求按照道路在城市总体布局中的骨架作用和交通地位对道路进行分类，还要按照道路的交通功能对其进行分析。城市道路应同时满足“骨架”和“交通”的功能要求。因此，按照道路骨架的要求和按照交通功能的要求进行分析并不是矛盾的，两种分类都是必需的。两种分类的协调统一与否是衡量一个城市的道路交通系统是否合理的重要标志。

1. 城市道路的规划分类

（1）快速路。快速路是大城市、特大城市交通运输的主要动脉，也是城市与高速公路的联系通道。快速路在城市是联系城市各组团，为中、长距离快速机动车交通服务的专用道路，属于全市性的机动交通主干线。快速路设有中央分隔带，布置有4条以上的行车道，全部采用立体交叉来控制车辆出入，一般应布置在城市组团间的绿化分隔带中，不宜穿越城市中心和生活居住区。快速路应与两侧城市隔离，国内一些特大城市由于现状条件的限制，在城市中心区的边缘采用主（快速）、辅（常速）路的形式修建“快速路”，疏解了城市交通，但也带来了交通管理复杂、两侧交通联系不便、局部交通阻塞、影响城市景观等问题。

（2）主干路。主干路是全市性的城市干路、城市中主要的常速交通道路，主要为城市组团内的主要交通流量、流向上的中、长距离交通服务，也是与城市对外交通枢纽联系的主要通道。主干路在城市道路网中起骨架作用。大城市、特大城市的主干路大多以发挥交通功能为主，也有少量主干路可以成为城市主要的生活性景观大道；中、小城市的主干路通常兼有为沿线服务的功能。

（3）次干路。次干路是城市各组团内的主要道路，主要为组团内的中、短距离交通服务，在交通上起集散交通的作用。次干路沿路常布置有公共建筑和住宅，又兼有生活服务性功能。次干路连接各主干路，并与主干路组成城市干路网。

（4）支路。支路是城市地段内根据用地安排所产生的交通需求而划定的道路。在交通上起汇集地方交通的作用，直接为用地服务，以生活服务性功能为主。支路在城市的局部地段（如商业区、按街坊布置的居住区）可能成网，在城市组团和整个城区中也可能成网。因此，支路应在详细规划中得以安排，在城市总体规划阶段不能被予以规划。

2. 城市道路的功能分类

交通性道路是以满足交通运输的要求为主要功能的道路，承担城市主要的交通疏通与对外交通。其特点为车速大，车辆多，车行道宽。道路线形要符合快速行驶的要求，道路两旁要求避免布置吸引大量人流的公共建筑。根据车流的性质，交通性道路又可分为：以货运为主的交通干路，主要分布在城市外围和工业区、对外货运交通枢纽附近；以客运为主的交通干路，主要分布在城市客流主要流向上；客货混合性交通道路，是交通干路之间的集散性或联络性道路，或位于用地性质混杂的地段。

生活性道路是以满足城市生活性交通要求为主要功能的道路，主要为城市居民购物、社交、游憩等活动服务，以步行和自行车交通为主，机动交通较少，道路两旁多布置有为生活服务的、人流较多的公共建筑及居住建筑，要求有较好的公共交通服务条件。

在现代城市交通机动化迅速发展的形势下，还可以按交通流的特性和交通的目的将城市道路分为疏通性道路（以疏通交通为目的的交通性干路）和服务性道路（以为各类城市用地服务为目的的道路）两大类。当前在我国城市中，建设疏通性道路是疏解城市交通的重要手段。

（四）城市道路系统的空间布置

1. 城市干路网类型

城市道路系统是为适应城市发展，满足城市用地和城市交通以及其他需要而形成的。在不同的社会经济条件、城市自然条件和建设条件下，不同城市的道路系统有不同的发展形态。从形式上，常见的城市道路系统可被归纳为四种类型。

（1）方格网式道路系统。方格网式，又称“棋盘式”，是最常见的道路系统类型，适用于地形平坦的城市。用方格网道路划分的街坊形状整齐，有利于建筑的布置，由于平行方向有多条道路，交通分散，灵活性大，但对角线方向的交通联系不便，非直线系数（道路距离与空间直线距离之比）大。有的城市在方格网道路的基础上增加若干条放射干线，以利于对角线方向的交通，但因此又将形成三角形街坊和复杂的多路交叉口，既不利于建筑布置，又不利于交叉口的交通组织。完全方格网的大城市，如果不进行功能分工，不配合交通管制，容易形成不必要的穿越中心区的交通。在一些大城市的旧城区，历史上形成的道路狭窄、间隔均匀、密度较大的方格网，已不能适应现代城市交通的要求，可以组织单向交通以解决交通拥挤问题。方格网式的道路也可以顺应地形条件弯曲变化，不一定死板地一律采用直线、直角。

（2）环形放射式道路系统。环形放射式道路系统起源于欧洲以广场组织城市的规划手法，最初是几何构图的产物，多用于大城市。这种道路系统的放射形干路有利于城市中心同外围市区和郊区的联系，环形干路又有利于中心城区外的市区及郊区的相互联系，在功能上有一定的优点。但是，放射形干路容易把外围的交通迅速引入市中心地区，引起交通在市中心地区过分的集中，同时会出现许多不规则的街坊，交通灵活性不如方格网道路系统；环形干路又容易引起城市沿环路发展，促使城市呈同心圆式不断向外扩张。为了充分利用环形放射式道路系统的优点，避其缺点，国外一些大城市已将原有的环形放射路网调整改建为快速路系统，对缓解城市中心的交通压力、促使城市转向沿交通干线向外发展起到了十分重要的作用。

（3）自由式道路系统。自由式道路常是由于地形起伏变化较大，道路结合自然地形呈不规则状布置而形成的。这种类型的路网没有一定的格式，变化很多，非直线系数较大。如果综合考虑城市用地的布局、建筑的布置、道路工程及创造城市景观等因素精心规划，不但能取得良好的经济效果和人车分流效果，而且可以达到活泼丰富的景观效果。

（4）混合式道路系统。由于历史的原因，城市的发展经历了不同的阶段。在这些不同的发展阶段中，有的城区地段受地形条件约束，形成了不同的道路形式；有的则是在不同规划建设思想（包括半殖民地时期外国的影响）下形成了不同的路网，从而在同一个城市中存在几种类型的道路系统，组合成混合式的道路系统。还有一些城市，在现代城市规划思想的影响下，结合城市用地的条件和各类型道路网的优点，有意识地对原有道路结构进行调整和改造，使之形成新型的混合式的道路系统。常见的“方格网＋环形放射式”道路系统是大城市、特大城市发展后期形成的效果较好的一种道路系统。还有一种常见的链式道路网，它由一、二条主要交通干路作为纽带（链），如同脊柱一样联系着各类较小范围的道路网而形成。常见于组合型城市或带状发展的组图式城市，如兰州等城市。经历了不同阶段发展的大城市的这种混合式道路系统，如果在好的规划思想指导下，对城市结构和道路网进行认真的分析和调整，因地制宜地规划，仍可以很好地组织城市生活和城市交通，取得较好的效果。

2. 城市道路网按“速度”的分工

城市道路网可以被分为快速路网和常速路网两大路网。城市快速路网是现代化城市发展和汽车化发展的产物。对于大城市和特大城市，城市快速路网可以适应现代化城市交通对快速、畅通和交通分流的要求，不但能起到疏解城市交通的作用，而且可以成为高速公路与城市道路间的中介系统。城市常速路网包括一般机动、非混行的道路网和步行、自行车专用系统。规划时要分别考虑其功能要求并加以有机组织。

3. 城市道路网按“性质”（功能）的分工

城市道路网又可以被大致分为交通性道路网和生活服务性道路网（也可能部分重合为混合性道路）两个相对独立又有机联系的网络。

交通性道路网要求快速、畅通、避免行人频繁过街的干扰，以机动车交通为主的干路要求避免非机动车的干扰，而自行车专用道则要求避免机动车的干扰。除了自行车专用道以外，交通性道路网还必须同公路网有方便的联系，同城市中除了交通性用地（工业、仓库、交通运输用地）以外的城市用地（居住、公共建筑、游憩用地等）有较好的隔离，又最好能有顺直的线形。所以，特别是在大城市和特大城市，常常由城市各分区（组团）之间的规则或不规则的方格状道路，同对外交通道路（公路），再加上若干条环线，构成环形放射（部分方格状）式的道路系统。再组合型的城市、带状发展的城市和指状发展的城市，通常以链式或放射式的交通性干路的骨架形成交通性道路网。在小城市，交通性道路网的骨架可能会形成环形或其他较为简单的形状。

生活服务性道路网要求的行车速度相对低一些，要求不受交通性车辆的干扰，同居民要有方便的联系，同时又要有一定的景观要求，主要反映城市的中观和微观面貌。生活服务性道路一般由两部分组成：一部分是联系各城区、组团的生活性主干路，另一部分是城区、组团内部的道路网。前一部分常根据城市布局形成方格状或放射环状的路网，后一部分常形成方格状（常在旧城中心部分）或自由式（常在城市边缘新区）的道路网。生活服务性道路的人行道比较宽，也要求有好的绿化环境。所以，在城市新区的开发中，为了增加对城市居民的吸引力，除了配套建设完善的城市设施外，还要特别注意因地制宜地采用灵活的道路系统和绿地系统，在组织好城市生活的同时，组织好城市的景观。

4. 现代城市交通对城市道路系统演变的新要求

疏通性道路网与服务性道路网的分离是现代化城市交通和城市道路系统演变的必然和特点。早在 1942 年，英国伦敦高级警官屈普（Tripp）为解决伦敦机动交通拥挤的问题，提出在密集的城市道路网上开辟城市干路，把需要畅通的交通与地方性交通区分开来（扩大街坊的做法），实际上就是把“通”与“达”的交通分开，在保证交通畅通的同时，保证城市居民正常生活的安全与秩序。这个思想一直对城市道路与交通的发展有所影响。

现代城市机动化交通的发展，特别是其对快速性和畅通性的更高要求，更加突出了城市交通流的两种不同的交通目的，一种是以疏通交通（通）为目的，另一种是以为城市用地服务（达）为目的。以疏通交通为目的的交通（机动车交通）可被称为疏通性交通，要求具备大的通行能力和快速、畅通的通行条件；以为城市用地服务为目的的交通可被称为服务性交通，要求与城市通用地有密切的联系。

两种交通的出现导致了对城市道路网络的新的分类：一类是由城市快速路和交通性主干路构成的疏通性道路网络，成为城市主要的交通道路骨架，用以满足城市交通的疏通性要求；另一类由城市中的其他道路（为城市用地服务的主干路、次干路和支路）构成服务性道路网络，成为城市的基础道路网络，用以满足城市交通对用地的直接服务性要求。疏通性道路网要稀一些，以满足快速、畅通的要求为主；服务型道路网要密一些，以满足方便性的要求为主。

为了适应现代化城市交通机动化发展的需要，有必要在大城市和特大城市中布置疏通性的城市道路网，有必要把交通性主干路从城市主干路中分离出来，作为疏通城市交通的主要通道及与快速路相连接的主要常速道路。这是城市总体规划中为适应现代城市交通发展新特征的重要举措。从城市结构上分析，交通性主干道大致围合一个城市片区（组团）。规划应提倡、强调和重视交通性主干路在道路网中的布置，在城市中构建疏通性道路网。

综观世界各国机动化交通发达的现代城市的道路，大都可以将其划分为疏通交通的道路和为用地服务的道路。以交通拥挤闻名于世的泰国首都曼谷正是由于修建了疏通性的道路，才使城市交通问题有所缓解，改变了“交通拥挤城市”的形象。

5. 城市各级道路的衔接

（1）城市道路衔接原则。城市道路（包括公路）衔接的原则归纳起来有四点：低速让高速、次要让主要、生活性让交通性、适当分离。

（2）城镇间道路与城市道路网的衔接关系。城镇间道路把城市对外联络的交通引出城市，又把大量入城交通引入城市。所以城镇间道路与城市道路网的连接应有利于把城市对外交通迅速引出城市，避免入城交通对城市道路，特别是城市中心地区道路上交通的过多冲击，还要有利于过境交通方便地绕过城市，而不应该把过境的穿越性交通引入城市和城市中心地区。城镇间道路分为高速公路和一般公路。一般公路可以直接与城市外围的干路相连，要避免其与直通城市中心的干路相连。高速公路则应该采用立体交叉的方式与城市道路网相连。由于目前我国许多小城镇沿公路发展，公路同时作为城市内部主要道路使用。因此，公路穿越性交通与城镇内交通相互影响，经常发生拥挤和减速现象，城镇内部交通也受到公路交通的影响而不畅通。规划时应考虑在条件成熟时，选择适当的方式处理好公路与城镇内道路的连接问题，把公路交通与城镇内交通分离开来。一般可采取两种方式。一是公路立交穿越城镇，利用地形条件将公路改为路堤式（高架式）或路堑式，用立交解决两侧城区之间的联系。二是公路绕过城镇，选择适当位置将公路移出城镇，改变城镇道路与公路的连接位置，原公路成为城镇内部道路。改建时应注意同时处理好城镇发展与公路之间的关系，并对迁移出来的公路实施两侧绿化保护，防止形成新的建设区。对于特大城市，高速公路可以直接引到中心城区的边缘，连接城市外围高速公路环路，再由高速公路环路与城市主要快速路、交通性主干路相连。高速公路不得直接与城市生活性道路和次干道路相连。

（3）城市各级各类道路的衔接关系。城市各级各类道路的技术标准是适应各种交通的不同要求的。为了提高城市道路交通系统的效率，就要从道路交通系统的规划上规范道路网的交通秩序，实现不同性质、不同功能要求、不同通行规律的交通流在时空上的分流，使城市各级各类道路上的交通能够实现有序的流动，各种交通间的转换能够正常进行，同时保证其与城市用地布局形成合理的配合关系。所以，在规划中应该尽可能地使各级各类道路形成有序的联系，有合理的衔接关系。

理论上，城市快速路应通过立交与城市交通性干路衔接，再由交通性主干路连接到生活性主干路与次干路，再与支路相联系。城市中重要的生活性主干路可以连接快速路，城市次干道路可以与常速公路相连接。这种衔接关系的安排将有利于城市交通的高效、顺畅、有序运行。

第四章 空港城市演化的社会资本参与机制

第一节　社会资本参与模式及动力

一　社会资本参与模式

综观国内外对民用机场融资模式的研究，国外对机场融资问题的研究和机场所有权的改革密切相关。20 世纪 80 年代中期，英国首先开始了机场民营化的改革，许多学者开始就满足民营化改革后的机场建设和扩建的资金需求进行研究和探讨。20 世纪末，随着各国机场所有权改革的不断扩展，机场民营化的研究也得到了更多国家政府和学者的重视。中国作为一个民用航空业起步较晚，但发展较快的国家，机场融资问题也随着整个民航业改革的推行而出现。近几年来，国内部分学者对此课题所进行的理论研究较为深入，但具体针对性实证研究较少。1994 年，国际机场协会（ACI）在香港举办了议题为“机场扩容和发展的融资”的第十届年会，多位学者在会上展示了各自的研究成果。

（一）世界大型国际机场融资的经验借鉴

1. 欧洲

20 世纪 70 年代中期，主要发达资本主义国家相继陷入了增长停滞和通货膨胀加剧并存的“滞胀”阶段，撒切尔夫人在当选英国首相后，相继调整国家经济政策，宣布将对英国机场管理局实行私有化。1965 年，英国政府成立了英国机场管理局，授权它代表政府管理和运营希斯罗、盖特威克、斯坦斯特德等9个机场，由此开始了机场的商业化运营。1986年，英国政府通过了旨在进行机场民营化改革的《1986年机场法案》。依据这一法案，英国政府于1987年通过伦敦股票交易市场将英国机场管理局所有产权公开出售，获得资金12亿英镑，这成为历史上第一个有较大影响力的机场民营化案例。随后的10年间，英国政府又进行了一系列的机场民营化改革，出售了利物浦、贝尔法斯特等机场的部分或全部产权。通过类似方式，英国的大多数机场实现了民营化，具体情况见表4－1。英国机场民营化的成功，极大地激励了欧洲其他国家。截至2001年，已经有12个欧洲国家的37个机场实现了民营化。虽然英国政府对机场管理局进行了民营化改革，但政府仍然保留了对机场管理集团必要的控制权。另外，世界上许多国家，如加拿大、澳大利亚、墨西哥、南非等都通过不同方式推行了机场民营化改革。

表4－1 部分英国机场民营化的情况

机场（集团）名称	民营化实施方案	年份
英国机场管理集团（7个机场）	出售全部股份给私营机构	1987
Nottingham	出售全部股份给私营机构	1993
Belfast Int's	管理层被收购	1994
Bristol	出售51%的股份给私营机构	1997
Brimingham	出售51%的股份给私营机构	1997
Newcastle	出售49%的股份给私营机构	2001
Luton	出售全部股份给私营机构	2001
Prestwick	被二次出售给新西兰私营公司	2001

资料来源：史凌著《西安咸阳机场融资策略研究》，硕士学位论文，西北大学，2008。

2. 美国

美国政府给民用公共机场的定性是“不以营利为目的、为社会提供服务的公共产品”。该定性决定了美国采用政府主导型的机场融资模式，截至2010年，美国拥有约5200个公共机场，私人资本用于机场建设或扩建的比例非常小。美国大部分机场的投资资金来自五个方面：机场设施经营、土地开发等的收入；从航空公司处收取的费用；发行机场专项债券；从旅客处收取的费用，该费用被包含在票价当中，并被按一定比例返还给机场；美国联邦航空管理局（Federal Aviation Administration，简称 FAA）提供的资金。[①]

此外，美国一些主要机场经营的共同特点是：候机楼、货运站等设施以出租和特许经营的方式被转让给私人经营单位进行经营和管理。机场当局仅负责与承租人、受让人签订合约，监督和管理合同的执行情况。特许权费用由两部分组成：一部分是土地和物业的租金，另一部分由机场当局按特许权受让人的经营利润或营业额的一定比例收取，并设定保底值。航空货运和航空食品配餐均由多家公司同时经营，形成有效竞争的局面。需要说明的是，美国机场将部分设施的投资及投资收益权和经营权，通过一定的代价，如收取土地租金、收取特许经营权费，交由私人投资者经营的做法，只是经营模式的变化，而不代表机场正在私有化。

3. 日本

日本的民用机场采用的是分类投资、管理的模式。1956 年，日本制定并颁布了《机场发展法》，以指导机场的发展。该法根据机场建设和管理的性质，以及服务功能的不同，将民用机场分为四类，见表 4－2。在成田机场建设之前，日本国际机场的建设和营运由日本中央政府直接进行。在成田机场建设期间，日本政府成立了“东京国际机场公团”来建设和管理新机场。成田机场是目前日本国内唯一采用公团形式进行管理的机场，由成田国际机场公司（Narita International Airport Corporation）对成田机场实行一体化的建设和运营管理体制。成田国际机场公司的目标是尽早上市，实现完全民营化。[②] 而关西国际机场实行的是社会化管理模式，除站坪指挥由机场管理局负责外，机场内的其他经营管理项目都被委托给专业公司和航空公司，实行社会化、市场化的经营管理模式，机场管理局主要负责计划和监督。[③]

---

① 周培坤：《民用机场体制的国际比较及我国机场体制改革研究》，硕士学位论文，厦门大学，2008。

② 清华大学、上海机场（集团）有限公司：《天津空港发展战略研究》，2004。

③ 21 世纪上海空港发展战略编委会编《21 世纪上海空港发展战略》，上海人民出版社，2001。

表 4－2 日本机场的建设融资方式

设施项目	一类机场	二（A）类机场	二（B）类机场	三类机场
	国际运输	国内干线	国内干线	国内支线
基础设施（跑道、滑行道、机坪）	国土交通省	地方政府 2/3 地方自治体 1/3	国土交通省 55% 地方政府 45%	国土交通省 55%
辅助设施	国土交通省	国土交通省或地方政府	国土交通省或地方政府	国土交通省或地方政府
	国土交通省	国土交通省	国土交通省 55%	国土交通省 50%
航站楼（包括旅客候机楼和货运楼）	除一些小型机场外，航站楼由私营的机场航站楼公司建设和管理，国土交通省或地方自治体对租赁给承包公司的土地收取一定的租金，但成田机场和关西机场比较特殊，其航站楼由机场当局和股份公司负责建设和管理			

资料来源：顾承东著《大型国际机场多元化融资模式研究》，博士学位论文，同济大学，2006。

4. 中国香港

香港机场对能够转让、委托经营的设施和服务，全部采取转让、委托的方式进行运作，机场一般不直接参与经营活动。私营机构通过投标方式获得经营权。根据合约要求，由获得经营权的机构投资建造有关经营设施并经营管理。经营期满后，设施产权归机场管理局所有。这一方式不仅是一种非常有效的建设融资手段，而且能充分利用社会上的优秀企业为机场提供服务。香港机场当局对投标者的资格审查十分严格，它要求投标者必须在相同或相近行业内有三年以上的经营历史，并有良好的经营业绩，所提供服务的价格与世界其他类似机场相比具有较强的竞争力。

（二）公私合作模式（Public-Private-Partnership，简称 PPP 模式）

1. PPP 模式的定义

PPP 模式是一种提供公共基础设施建设及服务的方式，由私营部门为项目融资、建设并在将来的约定时间里运营项目。通过这种合作形式，可以达到与各方单独投资相比更为有利的效果。随着对 PPP 模式的深入认识和实践，以及近年来发达国家和部分发展中国家政府对 PPP 模式的推行，PPP 模式将在基础设施领域发挥重要作用。它不仅有效地缓解了政府的财政压力，而且合理地利用了民间私人资本，充分调动了投资者对国家基础建设的积极性，同时提高了工程的质量与管理效率，在一定程度上对我国的经济发展发挥了重要的意义和作用。① 国内学者王灏认为 PPP 模式有广义和狭义两种定义，广义的 PPP 泛指的是基于各种公共产品或服务而建立的各类合作关系，而参与方主要是公共部门与私人投资者；狭义的 PPP 则是各种项目融资模式的总称。② 狭义的 PPP 更为强调合作过程中双方的风险管理机制以及项目的资金价值。因此，本书所指的 PPP 可被理解为狭义 PPP，即强调 PPP 模式是一种融资模式。总体而言，PPP 是指一个大的概念范畴，而不是一种特定的融资模式。私营部门可以提供的功能包括投融资（Finance，F）、设计（Design，D）、建设（Build，B）、资产所有（Own，O）、运营（Operate，O）、维护（Maintain，M）等。根据这些功能的组合状况，就形成了一系列不同类型的合作模式，包括从完全的公有化到完全的私有化。公私合作模式之所以能够形成的关键在于，私营部门能够承担公共部门难以承担的风险，而公共部门能够承担私营部门难以承担的风险。因此，通过合适的形式，建立公私之间的合作伙伴关系，可以有效地管理和分配风险，提高基础设施供给的效率和效益。③

2. PPP 模式的主要形式

根据世界银行的分类，广义的 PPP 一般情况下可以被分为服务外包（Service Contract）、管理外包（Management Contract）、特许经营（Concession）、建设－经营－转让（Build-Operate-Transfer，简称 BOT）/建设－拥有－运营（Building-Owning-Operation，简称 BOO）、租赁（Lease）及剥离（Divestiture）。这六种模式是依据产权、经营权、投资关系及风险分担模式以及合同年限等因素确定的。联合国培训研究院则在世界银行对 PPP 分类的基础上，认为世界银行所定义的广义 PPP 分类中的特许经营、BOT 与 BOO 三种模式属于狭义的 PPP 分类。我国学者王灏参考世界银行与加拿大 PPP 国家委员会对 PPP 的分类，结合我国现有对 PPP 应用的情况，认定适合我国的 PPP 模式分为三级，具体分类如表 4－3 所示，按从上到下的顺序，公共部门参与各种模式 PPP 项目程度在递减，私人部门的参与程度则

① 唐丝丝：《我国 PPP 项目关键风险的实物期权分析》，硕士学位论文，西南交通大学，2011。

② 王灏：《PPP 的定义和分类研究》，《都市快轨交通》2004 年第 5 期。

③ K. Mervyn, Risk Management in Public Private Partnerships（Doctoral Dissertation, University of South Australia, 2004）.

逐渐增加。此外，公共部门授予私人部门的特许权年限随着公共部门参与程度的减小呈现递增趋势，以至在剥离模式下，公共部门直接授予私人部门永久的特许经营年限。[①]

表 4-3　ppp 模式的主要形式

PPP 一级分类	PPP 二级分类	PPP 三级分类	相关说明（中文含义）	合同期限
外包类（Outsourcing）	模块式外包	服务外包	政府以一定费用委托私营部门代为提供某项公共服务	1~3 年
		管理外包		3~5 年
	整体式外包	DB	设计—建造	不确定
		DBMM	设计—建造—主要维护	不确定
		O&M	经营和维护	5~8 年
		DBO	设计—建造—经营（交钥匙）	不确定
特许经营类（Concession）	TOT	PUOT	购买—更新—经营—转让	8~15 年
		LUOT	租赁—更新—经营—转让	8~15 年
	BOT	BLOT	建设—租赁—经营—转让	25~30 年
		BOOT	建设—拥有—经营—转让	25~30 年
	其他	DBTO	设计—建造—转移—经营	20~25 年
		DBFO	设计—建造—投资—经营	20~25 年
私有化类（Divestiture）	完全私有化	PUO	购买—更新—经营	永久
		BOO	建设—拥有—经营	永久
	部分私有化	股权转让	合资公司（JV）	不确定
		其他		
股权转让+特许经营			JV + Concession	不确定

（三）国外机场采用的典型 PPP 融资模式

机场项目从总体上说具有准公共产品的特征，既要提供公共服务，又要取得一定的经济效益。从全球范围来看，无论是新建机场还是机场设施的更新改造，除了少数依靠政府拨款之外，绝大部分机场项目都将面临严重的资金筹措挑战。首先，大规模征用土地的可能性越来越小，现代不少机场选择在沙漠或者海上造地建设。其次，随着环境资源管理日益严格，

① 王灏：《PPP 的定义和分类研究》，《都市快轨交通》2004 年第 5 期。

为满足日益严峻的环境需求，机场建设的环境支出将大幅增加。最后，资金密集型机场高科技设备和手段的相继运用，使机场新设施的造价和旧设施的改造价格急剧增加。而在上述情况下，目前世界机场业最引人注目的发展趋势，是民营资本大量投入新机场设施的建设。民营资本的参与不但将提供机场建设和更新改造所需的大部分资金，而且将进一步减少不必要项目的出现。民营资本进入机场业，其实质是政府向民间转让机场的所有权或经营管理权，是机场公益事业向经济实体转化的主要体现形式。民营资本的进入主要有几种形式：出售股权、合同经营、长期租赁、BOT 等。[①]

1. BOT 模式

机场建设的大发展需要融资方式的创新。BOT 是一种主要用于公共基础设施建设的融资模式，它作为大型工程项目的建设开发筹集资金的卓有成效并且日臻成熟的手段，是可以在资金、精力都投入较小的情况下对机场进行建设的融资的有效方式。

对于政府而言，BOT 融资方式有许多优点。第一，有效吸引私营资本，减轻了政府的财政负担；第二，由项目公司融资，不构成一国债务；第三，由一个独立的项目公司基于长期利益进行项目的设计、建造和运营，可以降低项目的前期投入和运营成本；第四，有利于政府将有限的资金集中投入不被投资者看好但对民航业发展具有战略意义的项目；第五，由于还贷能力取决于项目本身的效益，重视从长期利益角度来考虑项目的可行性，从而避免了不必要项目的建设[②]；第六，BOT 为政府干预提供了有效的途径，在项目立项、招标和谈判阶段，政府意愿都起着决定作用，在履约阶段，政府具有监督检查的权力，价格的制定也受到政府的约束；第七，项目产权有一定的期限，期满后政府收回所有权。

在机场基础设施的建设中，应着重在候机楼、停车场、机场货运区、商务功能区、娱乐区和生活区等方面引入 BOT 模式，可以由机场与航空公司签订 BOT 协议，特许基地航空公司建设满足自己需求的候机楼设施，并加以经营管理。目前国际上已有若干机场领域的 BOT 模式事例，具体情况见表 2－4。

---

① 李胜：《BOT 模式在我国民用机场建设中的运用研究》，硕士学位论文，四川大学，2003。

② 李政：《我国民用机场项目融资研究》，硕士学位论文，大连海事大学，2011。

表 4－4　机场 BOT 模式事例

机场项目	时间	合同年限	相关信息
加拿大：Toronto 3 号航站楼	1987	已结束	承包商为 Lockheed Consortium
英国：Birmingham Euro Hub 航站楼	1989	已结束	承包商为 Birmingham Airport、British Airways、National Car Parks 等
希腊：Athens 机场	1996	30 年	希腊政府出资 55%，Hocktief 出资 45%
菲律宾：Manila 国际机场	1999	25 年	承包商为 Fraport Consortium
美国：New York 4 号航站楼	1997	20 年	承包商为 Schiphol Consortium
埃及：Sharm EI Sheikh 机场	2001	25 年	承包商为 YVRAS Consortium

资料来源：Anne Graham，*Managing Airports*：*An International Perspective*（Second edition）（Elsevier Butterworth-Heinemann，2003），p. 25。

2. 特许经营

狭义的特许经营主要是指经营权的转让。从机场特许经营权的来源来看，机场特许经营属于政府特许经营的第二次转让，是政府授予机场所有者（代理人为机场管理机构）的既可自己经营获取利益也可转让他人经营的特许经营权，应归属于政府特许经营的分特许。一般情况下，政府特许经营是公共权利的转让，受让人依法取得以后不得再行转让，但机场带有区域垄断和社会公益性质，确保这些项目为民众带来便利是机场管理机构对社会承担的责任与义务。因此一旦机场的现有经营方式不能满足机场用户和消费者的利益时，便需要政府通过制定相应法规，规定机场必须依据法定程序放开部分经营项目的市场准入，通过市场竞争将此部分项目的经营权再转让于其他符合法定条件的专业化公司进行经营，以此提高服务质量，保障社会公众的权益。目前已有若干机场特许经营模式的事例，具体情况见表 4－5。

表 4－5　机场特许经营模式事例

机场（项目）名称	时间	特许年限	特许经营者
哥伦比亚：Barraanquilla	1997	15 年	AENA
英国：Luton	1998	30 年	AGI Bechtel/Barclays Consortium
墨西哥：South East Group	1998	15 年	Copenhagen Airport Consortium

续表

机场（项目）名称	时间	特许年限	特许经营者
多米尼加：Santo Domigo 等机场	1999	20 年	VancouverAirport Services 和 Odgen Consortium
秘鲁：Lima	2000	20 年	Fraport/Bechtel Consortium
阿曼：Seeb、Salahah	2001	25 年	BAA Consortium
新加坡：樟宜机场地勤业务	2002	20 年	SATS 和 CIAS
新加坡：樟宜机场飞机专业维修业务	2002	25 年	SIAEC 和 SASCO
新加坡：樟宜机场航油业务	2003	20 年	Shell 和 Mobile

资料来源：Anne Graham，*Managing Airports：An International Perspective*（Second edition）（Elsevier Butterworth-Heinemann，2003），p. 24。

机场对经营性业务实施特许经营的主要方式是通过向专业化公司招标，由中标者向机场用户和消费者提供服务，机场则依据法律法规收取特许经营权费，并通过法律法规、合同协议实施管理。机场管理机构以资源所有者的身份，为机场服务的供应者提供正常运行的资源和环境；机场管理机构主要负责机场的土地管理、建设规划、安全保障、运营秩序维护、环境治理等，这与管理型机场的特征相符。

对于特许经营的收费方法，可以采取以下四种模式。①同时收取租金和专营权费用，如对加油站和飞机专业维修的特许经营。②固定费用加年金的模式，如对候机楼内零售、餐饮等商业设施的特许经营。③采取合资的方式，如对航空油供应项目的特许经营。④以项目捆绑、组合方式吸引民营资本，通过项目的捆绑与组合，将投资负担与投资回报相结合，使一个项目成为另一个项目的信用保证。这种方式的操作模式多样，通过这种模式可以把私营资本引入那些看起来无投资回报但能产生较好社会效益和生态效益的项目中。

3. 合资公司（股权出售）

股权出售在一定程度上减少了政府参与投资的必要性，并为机场未来投资筹集了资金，或将筹集的资金直接交由政府支配。不过即使全部民营化，政府仍然可以通过保留“金股”而维持影响力，为了阻止个别股权所有者对机场的控制，可对最大的股东进行限制。例如，英国政府在英国机场管理公司中保留了一个“金股”，以否决接管者违背国家利益的行为，同时任何一个股权所有者只能持有不超过15%的股权。目前国际上已有多起机场股份出售事例，具体情况见表4－6。

表4－6 机场股权出售事例

机场	时间	出售类型
英国：BAA	1997	100% IPO
奥地利：Vienna	1992	27% IPO
	1995	21% Secondary Offering
	2001	Further Secondary Offering
丹麦：Copenhagen	1994	25% IPO
	1996	24% Secondary Offering
	2000	17% Secondary Offering
意大利：Rome	1997	45.5% IPO
新西兰：Auckland	1998	51.6% IPO
马来西亚：Malaysia Airports	1999	18% IPO
瑞士：Zurich	2000	22% IPO and 28% Secondary Offering
意大利：Florence	2000	39% IPO
德国：Fraport	2001	29% IPO
日本：大阪国际机场	2002	33% IPO
美国：Rochester Airport	2002	100% IPO

资料来源：Anne Graham，*Managing Airports*：*An International Perspective*（Second edition）（Elsevier Butterworth-Heinemann，2003），p. 24。

（四）我国机场PPP融资模式案例

1. 昆明长水国际机场建设项目BOT融资

昆明长水国际机场的投资总额接近190亿元，由中央和云南省政府、机场集团共同出资80亿元，形成昆明长水机场的资本金。因此，机场主体建设资金还存在110亿元的缺口。鉴于资金缺口数量和机场盈利能力的分析，昆明长水国际机场将进行有别于传统的BOT融资模式（见图4－1）开发，投资方投资80亿元资金建设昆明长水国际机场，机场建成后机场所有权归属中国民航局和云南省政府，并将经营权于2013年交由投资方经营15年，在投资方的特许经营期间，投资方每年向云南省政府上缴净利润的10%。①

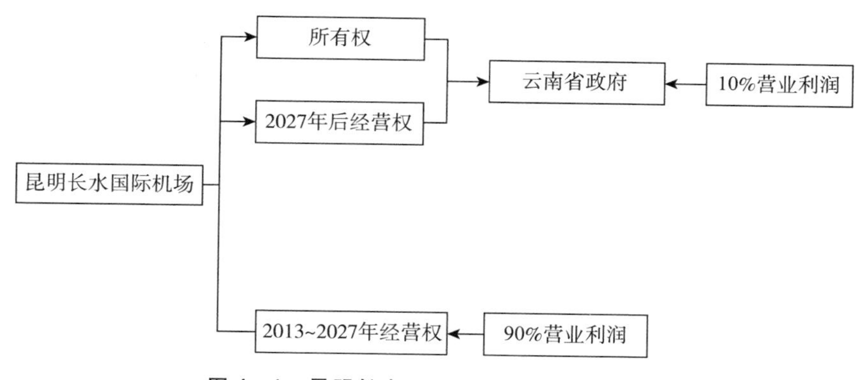

图4-1　昆明长水国际机场BOT融资模式

2. 南京禄口机场二期扩建项目特许经营融资

南京禄口机场二期扩建项目存在较大资金缺口，但是机场具有较强的盈利能力，可以考虑采取项目特许经营融资模式（见图4-2）进行资金筹措，即政府采取投标形式，由中标民营公司或外资公司组建项目经营公司，并将经营权交由民营公司经营，约定特许经营期限，特许经营期结束后交回江苏省政府和南京禄口国际机场有限公司经营管理。特许经营期内，项目经营公司向江苏省政府缴纳租金。此融资模式能有效引进先进的管理模式，提高运营水平。②

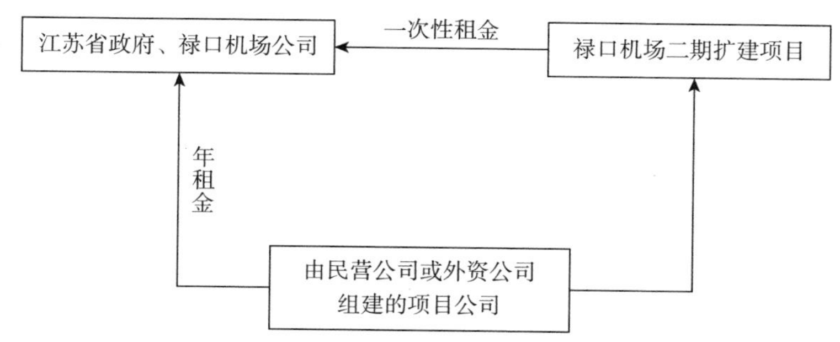

图4-2　南京禄口机场二期扩建项目特许经营融资模式

---

① 徐芳：《项目融资在中国机场项目的应用研究——以昆明新国际机场一期项目BOT融资为例》，《时代金融》2010年第6期。

② 生颖洁：《我国民用机场融资模式研究》，硕士学位论文，中国民航大学，2006。

3. 厦门机场货站项目合资公司融资

厦门机场货站是一个合资项目，总投资为2.25亿元人民币，其中厦门航空港集团拥有51%的股权；合资方台湾航勤（澳门）有限公司拥有49%的股份，它由几家专业的机场运营商组成（中华航空12%、长荣航空12%、远东航空12%、台勤公司13%），见图4-3。2000年，双方在商谈合资成立航空港空运货站有限公司时，同意将机场拥有的货站的特许经营权和土地使用权作价，作为资本金投入合资公司。厦门航空港集团根据自营航空货站的年均收益水平，将未来30年的收益折作现价7250万元，同时加上土地租金4250万元，获得了航空港空运货站有限公司51%的股权。①

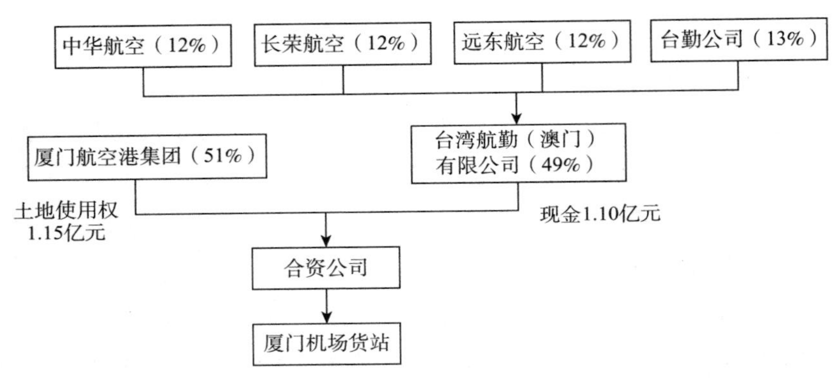

图4-3 厦门机场货站项目合资公司融资模式

4. 其他融资模式

除上述三个融资模式事例外，还有其他一些融资模式案例比较具有代表性，见表4-7。例如，浦东国际机场货站由上海机场集团有限公司、汉莎航空有限公司和锦海捷亚有限公司共同成立合资公司，同上海机场集团有限公司签订20年租赁合同，首先由机场负责货站建设，在特许经营期内由合资公司进行经营，合资公司每年将货站收入的5.5%作为特许经营费上缴机场，货站财产所有权归机场所有；浦东国际机场一期加油站采取BOT模式进行经营，而二期加油站则采取整体租赁的模式进行经营；白云机场一期货站由南方航空公司和白云机场合资建设并进行经营，二期

① 谢佳：《黄花机场特许经营管理模式研究》，硕士学位论文，中南大学，2004。

货站则由机场独资建设并进行经营，这与项目所处的时间和行业环境有很大的关系。

表 4－7　其他融资模式事例

机场名称	年份	融资方式
浦东国际机场货站	2006	由上海机场集团、汉莎航空、锦海捷亚发起成立合资公司，经营期限20年，机场负责货站建设，设施总投资41495万元，合资公司与机场签订20年租赁合同，租金41495万元，特许经营期内，合资公司每年拿出货站收入的5.5%向机场缴纳特许经营费，租赁财产所有权归机场所有
浦东国际机场加油站	2001	一期加油站（两个）采取BOT模式，由中标方投资建设，一次性支付机场项目转让费480.76万元和399.50万元，并以每年营业额的3.5%和3.0%缴纳特许经营费；二期加油站（两个）采取整体租赁合作模式，租赁期限20年，经营权转让费3600万元
白云机场货站	1992	白云机场一期货站由南方航空公司和白云机场合资建设并进行经营；二期货站则由机场独资建设并进行经营

从以上几个民用机场相关的PPP融资模式案例可以看出，各机场广泛采用不同种类的融资模式，并不拘泥于某一种模式，私营投资者可以是单独一家投资者，也可以是不同的民营投资者成立的合资公司。其中，最明显的趋势是，私营投资者和机场方以约定比例成立合资公司成为一个投资主体，再同机场方进行融资模式的合同谈判，这实际上是传统融资模式在民用机场快速发展过程中发生的变形。

二　社会资本参与动力

（一）PPP模式吸引社会资本参与的动力因素分析

PPP模式吸引社会资本参与的动力是指对吸引社会资本参与PPP模式起到推动和阻碍作用的各种因素，包括原动力、外部驱动力、内部驱动力和约束阻力四个方面。其中，原动力是吸引社会资本参与PPP模式的基本作用力，包括外部原动力——政策支持和内部原动力——资本增值。PPP模式的风险很大，需要强有力的政策支持才能提高PPP模式的成功率，才能吸引社会资本的参与；社会资本参与的根本目的在于盈利，只有PPP模式能够产生足够的资本增值才能吸引社会资本的积极参与。政策对 PPP 模式的支持会在一定程度上引起外部环境的变化，形成市场竞争新格局，也会影响社会资本参与 PPP 模式的积极性，即外部驱动力；在 PPP 模式中获得足够满意的资本增值，社会资本会对政府产生一定的信任，有利于进一步吸引社会资本参与 PPP 模式，即内部驱动力。除此之外，还存在各种约束阻力影响社会资本参与 PPP 模式。这些动力和阻力相互作用，构成了 PPP 模式吸引社会资本参与的动力机制，见图 4－4。

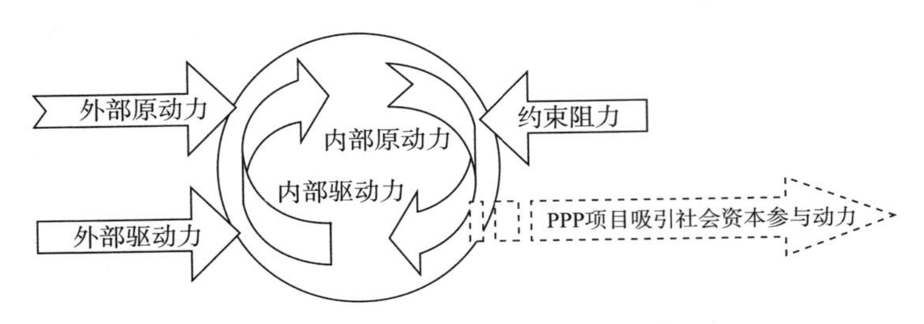

图 4－4　PPP 模式吸引社会资本参与的动力分析

1. 社会资本参与的内部原动力——资本增值

所谓社会资本，是指个人在一种组织结构中，利用自己的特殊位置而获取利益的能力。由于社会资本的概念来自经济学，所以社会资本仍具备获利或增值的意义。在 PPP 模式下，要提高项目对社会资本的吸引力，根源就是让社会资本能从中获得较多利益[①]，即社会资本可获得回报。只有社会资本也能从中获取较为可观的收益，才有可能吸引社会资本积极参与 PPP 模式。而 PPP 模式的资本增值能力受项目特点、特许经营、价格机制、管理能力等[②]多方面影响。

2. 社会资本参与的外部原动力——政策支持

在 PPP 热潮下，社会资本参与 PPP 模式的动力却明显不足。我国 PPP

---

① 刘洪波等：《PPP 项目吸引社会资本参与的动力因素实证分析》，《商业经济研究》2016 年第 3 期。

② 王守青：《特许经营项目融资（BOT、PFI 和 PPP）》，清华大学出版社，2008；王介石：《基于利益相关者理论的工程项目治理机制与项目绩效关系研究》，硕士学位论文，安徽工程大学，2011；骆亚卓：《合同治理与关系治理及其对建设项目绩效影响的实证研究》，硕士学位论文，暨南大学，2011；杨扬：《公私合作制（PPP）项目的动态利益分配研究》，硕士学位论文，大连理工大学，2013。

模式应用的体制并不完善，需要政府制定更为标准和更为完善的政策、规则和机制做指导；PPP 模式要求 30% 的自由资金以及资金回报周期长，因此足够的资金支持也是 PPP 模式能够顺利开展的必要条件；PPP 模式的风险较大，政府要承担一定的风险，才能使 PPP 模式的风险得到有效的控制。而这些都需要政府有效政策的支持，才能增大社会资本追逐 PPP 模式的意愿。

3. 社会资本参与的内部驱动力——信任水平

能力、制度和认知对提高工程项目中的信任关系具有重要性。[①] 乐云等[②]还认为声誉、相互性、沟通和承诺，以及合同和资源约束等都会影响信任水平。政府部门在宏观规划管制能力、财政承受能力、监管能力和契约精神等方面的提升，也会提高社会资本参与 PPP 模式的动力。政府需要用制度激发社会的投资活力，尤其是特许经营制度。[③] 除此之外，政府财政资金的支持、风险的合理分配、职责权利的授予、操作流程的规范性等都会影响社会资本对政府的信任水平，从而影响社会资本参与 PPP 模式的积极性。

4. 社会资本参与的外部驱动力——外部环境

杨志文、余博等[④]相关学者认为政府的制度、政策会影响行业和市场的外部环境变化，从而对社会资本参与 PPP 模式的积极性产生重要的影响。政府完善制度规范和明确示范项目的操作都会对 PPP 模式的顺利实施起到积极的推动作用，也会为社会资本参与 PPP 模式提供有效的引导。而且，

---

① F. T. Hartman. , "The Role of Trust in Project Management," Paper Presented at the Proceeding of the Nordnet Conference, Helsinki, 1999; Wong Wei Kei, Cheung Sai On, Yiu Tak Wing, et al. , "A Framework for Trust in Construction Contracting," *International Journal of Project Management* 26 (2008): 821 - 829; Cheung Sai On, et al. , "Developing a Trust Inventory for Construction Contracting," *International Journal of Project Management* 29 (2011): 184 - 196.

② 张顺葆：《行业特征、企业间信任与资本结构选择》，《山西财经大学学报》2015 年第 3 期；乐云等：《建设工程项目中信任产生机制研究》，《工程管理学报》2010 年第 3 期；曹玉玲等：《企业间信任的影响因素模型及实证研究》，《科研管理》2011 年第 1 期；杜亚灵等：《PPP 项目中信任的动态演化研究》，《建筑经济》2012 年第 8 期。

③ 金永祥：《用制度激发社会投资活力》，《中国建设报》2015 年 5 月 15 日，第 6 版。

④ 杨志文：《探索财政出资的 PPP 新模式》，《西部财会》2013 年第 8 期；余博：《论国际投资法中的 PPP 制度》，《法制与社会》2014 年第 3 期。

PPP 模式的推进，一方面，会改变行业格局和激发市场活力；另一方面，在行业自律和竞争压力的约束下，行业发展和市场竞争也会直接或间接激发社会资本的参与活力。

5. 社会资本参与的阻力——约束阻力

武志红、杨宇立等相关学者①从法规制度、管理模式、合同履行、监管行为等方面对 PPP 模式吸引社会资本参与的约束阻力问题展开了研究。除了我国 PPP 模式法律法规及政策缺失和具体运行体系机制不完善等外界原因影响社会资本参与 PPP 模式的积极性外，很大程度上还存在传统管理模式和思维观念的惯性依赖。但是，在目前新体制还未被建立的情况下，传统的管理模式仍需维持，以避免在弱市场环境下过度放松经济管制造成混乱。这就造成了社会资本参与 PPP 模式的意愿不强烈，以及参与动机不明确的现象。

（二）社会资本参与的动力模型设计

1. 计量方法的选择

结构方程模型（SEM）不仅能够解释 PPP 模式吸引社会资本参与的各动力要素与 PPP 模式吸引社会资本参与之间的关系，而且能够较好地度量各动力因素对 PPP 模式吸引社会资本参与的内外部影响。因此，选择结构方程模型对 PPP 模式吸引社会资本参与的各动力要素对 PPP 模式吸引社会资本参与的影响以及各潜变量之间的作用关系等进行研究，以验证 PPP 模式吸引社会资本参与的整体结构关系。

2. 理论假设的提出

基于前文对 PPP 模式利益相关者关系演化动力识别的分析，以及对国内主要 PPP 模式关系演化的调研，提出以下假设：

H1："政策支持" 对 "PPP 模式社会资本参与" 具有显著正向影响；

H2："资本增值" 对 "PPP 模式社会资本参与" 具有显著正向影响；

H3："外部环境" 对 "PPP 模式社会资本参与" 具有显著正向影响；

H4："信任水平" 对 "PPP 模式社会资本参与" 具有显著正向影响；

---

① 武志红：《我国运行 PPP 模式面临的问题及对策》，《山东财政学院学报》2005 年第 5 期；杨宇立：《转型期政企关系演进与社会和谐：背景与前景分析》，《南京社会科学》2007 年第 7 期。

H5：“约束阻力”对“PPP模式社会资本参与”具有显著负向影响；
H6：“资本增值”对“信任水平”具有显著正向影响；
H7：“外部环境”对“政策支持”具有显著正向影响；
H8：“约束阻力”对“信任水平”具有显著负向影响；
H9：“外部环境”对“信任水平”具有显著正向影响；
H10：“外部环境”对“约束阻力”具有显著负向影响。

3. 社会资本参与动力概念模型的构建

根据上述理论假设，构建PPP模式吸引社会资本参与的动力概念模型，见图4－5。

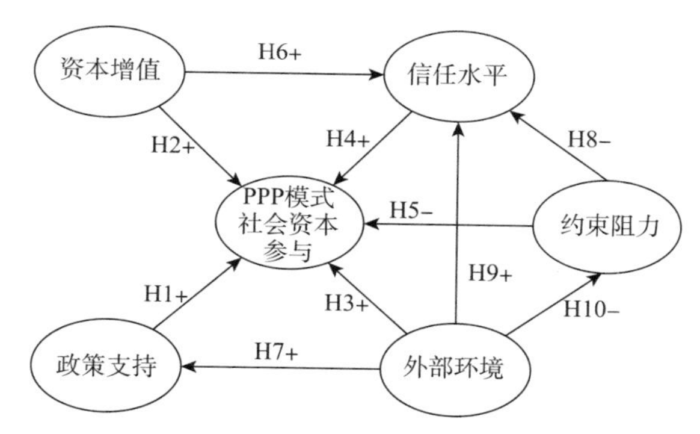

图4－5　PPP模式吸引社会资本参与的动力概念模型

PPP模式吸引社会资本参与的动力模型中包含六个潜变量：政策支持、资本增值、信任水平、外部环境、约束阻力和PPP模式吸引社会资本参与。从图4－5可以看出，外生潜变量有两个，分别是资本增值和外部环境，不受其他潜变量的影响；内生潜变量有四个，分别是信任水平、政策支持、约束阻力和PPP模式社会资本参与。其中，信任水平这一内生潜变量受到资本增值、外部环境和约束阻力三个潜变量的影响；政策支持这一内生潜变量受到外部环境一个潜变量的影响；约束阻力这一内生潜变量受到外部环境一个潜变量的影响；PPP模式社会资本参与这一内生潜变量受到政策支持、资本增值、信任水平、外部环境、约束阻力五个潜变量的影响。

4. 社会资本参与动力模型的建立

结构方程模型由测量方程和结构方程表示，测量方程用来描述潜变量与观测变量之间的关系；结构方程用来描述潜变量之间的关系。因此，PPP模式吸引社会资本参与动力的测量方程和结构方程表示如下：

测量方程：

$$X = \Lambda_X \xi + \delta; \ Y = \Lambda_Y \eta + \varepsilon \tag{4-1}$$

结构方程：

$$\eta = B\eta + \Gamma\xi + \zeta \tag{4-2}$$

X 为外生变量；Y 为内生变量；Λ_X 为 X 的因素负荷量；Λ_Y 为 Y 的因素负荷量；ξ 为外生潜变量；η 为内生潜变量；δ 为 X 的测量误差；ε 为 Y 的测量误差；B 为内生潜变量之间的关系；Γ 为外生潜变量对内生潜变量的影响；ζ 为结构方差的残差项。

（三）实证分析

1. 问卷设计与样本统计

以理论研究和现场调研、访谈为基础，进行本次调查问卷的设计。问卷分为两部分，第一部分为项目和个人基本情况的调查，第二部分为PPP模式吸引社会资本参与的动力因素调查。问卷主要采用封闭式，采用5分量表计分，即用1～5的得分表示完全不符合、有点不符合、基本符合、相当符合、完全符合。

在问卷设计完成后，对问卷的预选指标集进行测试。通过E-mail的方式邀请PPP模式相关学术专家对问卷题项的合理性进行评价，并提出相应的修改建议。对问卷进行修正后，形成最终问卷。本次调查采用横断面调查，一共发放问卷160份，收回问卷142份，剔除不符合的样本之后，共得到有效问卷126份，占收回问卷的88.7%，占总发放问卷的78.8%。

2. 样本信度与效度检验分析

在正态性检验的基础上，本书选用一致性指数Cronbach's α值检验方法对样本数据的信度进行检验，并采用探索性因子分析技术来检验问卷的效度。利用SPSS软件进行计算和分析，测量变量的Cronbach's α值均大于0.8，表示样本数据的可信度非常高；且6个潜变量对该量表题项的解释方差VE均大于0.5（见表4－8）。

表 4－8 问卷数据的信度分析结果

序号	潜变量	Cronbach's α 值	VE
1	资本增值	0.918	0.804
2	政策支持	0.823	0.659
3	信任水平	0.913	0.701
4	外部环境	0.885	0.637
5	约束阻力	0.814	0.519
6	PPP 模式社会资本参与	0.835	0.669

3. 模型修正与路径解释

通过 PPP 模式吸引社会资本参与动力模型的识别和修正，得到修正模型，见图 4－6。

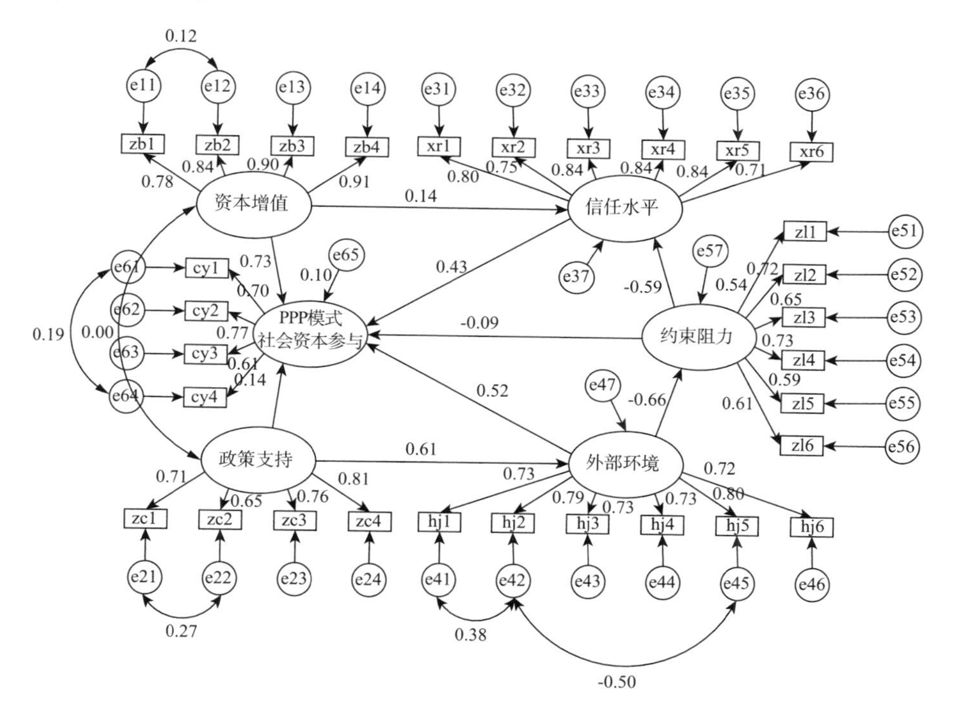

图 4－6 PPP 模式社会资本参与的动力修正模型

注：图中 e_{ij}表示第 i 个内因潜变量对其第 j 个内因观测变量所做回归分析的残差。

根据 PPP 模式社会资本参与动力修正模型的计算结果，各动力因素与 PPP 模式社会资本参与之间的关系效应见表 4－9。

表 4-9　各动力因素与 PPP 模式社会资本参与之间的关系效应

潜变量	资本增值			政策支持			信任水平			外部环境			约束阻力		
	直接效应	间接效应	总效应	直接效应	间接效应	总效应	直接效应	间接效应	总效应	直接效应	间接效应	总效应	直接效应	间接效应	总效应
资本增值	-	-	-	-	-	-	-	-	-	-	-	-	-	-	-
政策支持	-	-	-	-	-	-	-	-	-	-	-	-	-	-	-
信任水平	0. 14	-	0. 14	-	-	-	-	-	-	-	-	-	-0. 59	-	-0. 59
外部环境	-	-	-	0. 61	-	0. 61	-	-	-	-	-	-	-	-	-
约束阻力	-	-	-	-	-	-	-	-	-	-0. 66	-	-0. 66	-	-	-
PPP 模式社会资本参与	0. 10	0. 06	0. 16	0. 14	0. 32	0. 46	0. 43	-	0. 43	0. 52	0. 06	0. 58	-0. 09	-0. 25	-0. 34

（四）实证结果分析

（1）外部环境对PPP模式社会资本参与的总效应为0.58，说明外部环境推动PPP模式社会资本参与的动力最大。其中直接效应为0.52，间接效应为0.06，说明外部环境对PPP模式社会资本参与的直接作用很大，而通过减小约束阻力产生的动力作用比较小。

（2）政策支持对PPP模式社会资本参与的总效应为0.46，说明政策支持推动PPP模式社会资本参与的作用力很大。其中直接效应为0.14，间接效应为0.32，说明政策支持对PPP模式社会资本参与有一定的直接推动作用，主要通过影响外部环境间接作用于PPP模式社会资本参与。

（3）信任水平对PPP模式社会资本参与的总效应为0.43，直接效应也为0.43，说明信任水平推动PPP模式社会资本参与的直接作用力比较大。

（4）资本增值对PPP模式社会资本参与的总效应为0.16，说明资本增值推动PPP模式社会资本参与的作用力比较小。其中直接效应为0.10，间接效应为0.06，说明资本增值对PPP模式社会资本参与有一定的直接影响，同时通过影响信任水平间接作用于PPP模式社会资本参与。

（5）约束阻力对PPP模式社会资本参与的总效应为-0.34，说明约束阻力对PPP模式社会资本参与有较大的阻碍作用。其中直接效应为-0.09，间接效应为-0.25，说明约束阻力对PPP模式社会资本参与的直接阻碍作用较小，主要通过影响信任水平间接作用于PPP模式社会资本参与。

（五）结论

（1）为了激发社会资本参与PPP模式的活力，应当对制度、行业和市场等外部环境进行有效改善和引导，完善政策支持，减少约束阻力因素的阻碍作用，营造良好的外部环境。

（2）在政府和社会资本之间建立长期可靠的合作信任机制，通过优化资本增值和减少约束阻力，提高相互之间的信任水平，提高PPP模式社会资本参与的积极性。

（3）通过作用于外部环境、信任水平、政策支持和资本增值，加强对社会资本参与的推动，减少约束阻力对社会资本参与的阻碍作用，如此才能有效吸引社会资本参与，推动PPP模式的持续健康发展。

第二节 政府保证下空港城市基础设施 PPP 项目价值研究

一 政府保证下空港城市基础设施 PPP 投资价值评估

PPP 融资模式在机场的发展并不十分乐观，甚至不乏融资失败的案例。例如，2003 年，重庆江北机场物流仓库计划首先采用 BOT 模式由英国 MJ 公司负责建设，而后它获得 5 年的经营权利，到期后，由 MJ 公司和机场建立合资公司共同经营机场 5 年，5 年后，资产移交机场，但是合同谈判没有成功。此外，仅 2012 年和 2013 年，全国有 26 座机场获批开建。建设吞吐量 20 万人次的机场，加上征地的费用，需要投资 4 亿～5 亿元，而像成都、西安等地的吞吐量已经上千万人次的机场的扩建，投资额更是达到上百亿元。新建、扩建机场不可能只依赖政府投资和补贴，这并不是一个良性的循环，地方政府在投资和补贴机场的同时，也应该拓展机场自身的商业功能，如地面服务、商贸、广告等非航空业务。目前对大多数机场来说，融资的渠道比较单一，除了政府投资外，大多只能通过发债和银行贷款筹资，私人投资者的参与还不十分踊跃，在运营初期的几年，需求达不到满负荷运转的要求，机场存在着巨大的经营和还贷压力。

（一）政府保证的价值评估具有极其重要的意义

城市基础设施 PPP 项目的参与方众多，建设周期长，风险高，政府作为 PPP 项目的重要参与方，直接影响着 PPP 项目的成功。所以政府应该在项目的整个过程中发挥应有的作用，承担相应的责任。归纳起来，目前在我国 PPP 项目中，政府方面存在的问题主要有：政府部门在 PPP 项目中角色的转变，缺乏监管职能；政府保证与信用问题；PPP 项目的操作程序不规范；缺乏 PPP 项目相关的法律法规、政策；政府在定价和风险划分方面缺乏经验等。本书在研究政府在民用机场项目运作过程中的责任的基础上，着重对政府在 PPP 项目中的风险激励机制进行了详细的研究。与其他的基础设施建设项目不同的是，基础设施 PPP 项目在土建阶段就面临着失败的风险。对于非 PPP 建设项目，业主负责项目的计划、环境评估、土地获得及资金筹集等问题。而对于PPP建设项目的特许权获得者来说，还需要承担项目发展的风险。即使特许权获得者可以做好建设项目的前期准备工作，但是如果外部环境的变化使得项目在财务上变得不可行，那么PPP项目在建设阶段就会被迫中止。为了减少这些风险，在特许权合约中，政府常常对项目建设及运营进行一定程度的保证。柯永建调查了私营部门对PPP项目激励措施的评价，问题包括对政府投资赞助的态度、对政府协助融资的态度、对政府担保的态度、对政府税收减免优惠的态度，其中1表示最不欢迎，5表示非常欢迎，调查结果表明所有单项得分都超过3，说明私营部门对政府激励措施的欢迎程度。政府部门也相继出台了一系列法规和相关政策，如国务院发布的《关于鼓励支持和引导个体私营等非公有制经济发展的若干意见》、住建部发布的《市政公用事业特许经营管理办法》；同时，在很多PPP项目的实际运作中，政府部门也提供了不少激励措施。实践中，很多从业人员认为采用PPP模式就是要尽量将风险转移给私营部门，并且把承担风险看成获得高额回报的“对价”。事实上，随着公共部门转移给私营部门的风险增加，项目的效率不断上升，总成本不断下降，资金价值不断上升。但当风险转移到一定程度后，项目的效率将开始下降，总成本将开始上升，资金价值也将开始下降。因此，合理的风险分担位于图4－7中的阴影部分。①

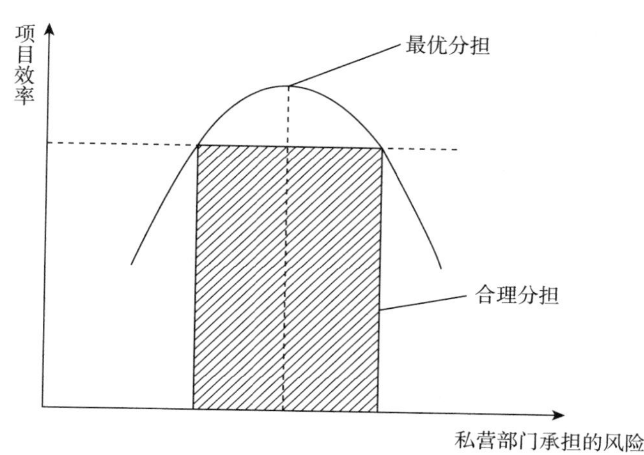

图4－7　风险分担对资金价值的影响

① 刘新平等：《试论PPP项目的风险分配原则和框架》，《建筑经济》2006年第2期。

PPP模式基础设施项目引入非政府资本，由政府部门与非政府投资主体合作进行投资、建设、运营和管理，就必须将项目面临的风险在政府与非政府投资者之间按照一定原则进行合理的分配，政府提供担保的对象是投资者无法通过市场行为应对的风险，通过特许权协议中的担保条款由政府承担。政府担保在PPP模式基础设施项目中起到了很大的作用，这一点在发展中国家体现得尤为明显。政府采用PPP模式的目的除了考虑提高项目的效率外，还希望以此方式吸引资金来满足基础设施建设的需求。①

在PPP项目中，政府为特许经营受让公司提供担保，实际上是承担其应担部分风险的具体手段或表现，因此担保水平的高低应该与其承担的风险大小相联系。具体地说，政府担保的价值水平应该与其担保下项目收益风险减少的部分匹配，因此准确的政府担保估值是实现合理风险分担的前提。

另外，虽然政府为基础设施项目提供的担保是一种承诺，并不会马上产生现金支付，但是这代表了政府将对项目所有的未来负债负有一定的责任，是一种或有债务。如果不能恰当的分析和量化这种或有债务的潜在风险，担保会给政府带来沉重的负担。尽管巨额财政补贴对地方经济产生了影响，但政府违约的概率仍然非常小。按照契约经济学的理论，经济协议中的任何承诺都既有与之相对应的承诺成本，也有因违反协议中的约定而付出的违约成本。随着违约成本的增加，违约的概率也会随之减小。由于PPP协议的承诺方是地方政府，违约将造成政府的失信，对于政府来说，PPP的违约成本远远大于相应的履约成本。政府违约的概率极小，使得项目公司在这方面的风险降低。②

（二）政府保证产生的期权价值

基础设施PPP项目融资具有较大的沉淀性，而且风险因素较多，许多风险因素在投资者能力之外，这些因素严重影响了投资者的积极性。为提高投资者的积极性，政府有必要提供担保，以促进基础设施PPP项目融资

① 王乐等：《论政府担保在基础项目PPP融资模式中的金融支持作用》，《科学管理研究》2008年第6期。

② 胡晓萍：《关于BOT中“政府保证过度”的实证分析》，《河海大学学报》（哲学社会科学版）2009年第2期。

的成功。目前国内外的政府担保类型主要有政府相关部门信用担保、政治制度风险担保、金融市场风险担保、市场风险担保、政府履约保证、税收优惠和提供建设用地保证、原材料和能源供应保证、外汇平衡与汇出保证、限制竞争保证、有条件地行使“变更”权和“终止”权保证、投资回报率保证等。

我国在电力部、交通部等发布的《关于试办外商投资特许权项目审批管理有关问题的通知》中规定地方政府不得提供固定投资回报率的保证，对于在我国建设的PPP项目只能获得非投资回报率形式的保证。所以，在我国民用机场基础设施项目中，政府保证一般是以客货流量或飞机起降量保证的形式出现。保证形式通过政府补贴方式来间接反映政府对民用机场基础设施进行收益保证。对于政府在招商引资中许诺的税收优惠措施，如税收减免或税收返还，可以被看成开发商的或有性收益或者政府的保证形式之一。

民用机场PPP建设项目的政府保证包含了特许权期保证（经营期限保证）、产品购买保证、限制竞争保证、价格调整保证等方面的内容（见图4-8）。在这些保证中，特许权期限保证可能包含了一定的期权价值。目前

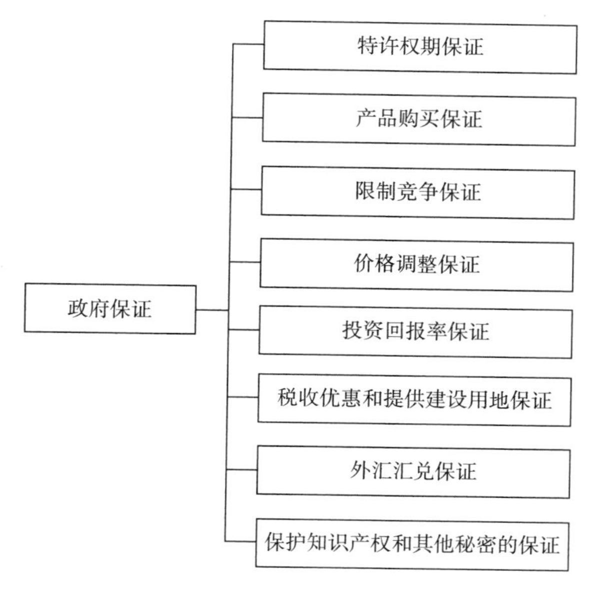

图4-8　民用机场PPP建设项目政府保证的内容

分析最多的是产品购买保证所蕴含的期权价值，而支持贷款、税收及土地方面的优惠难以定量，因此该类保证的期权价值难以用数字表示。对于产品价格保证，由于价格调整的次数及方法在特许权合同中的规定一般都比较复杂及抽象，目前学者对这方面的研究方法也仅限于传统的净现值法。

产品购买保证在民用机场基础设施 PPP 项目中表现为客货流量保证（航站楼零售商业、货站）和飞机起降量保证（公务机基地），是目前机场领域运用最多的政府保证形式之一。标准期权（Vanilla Options）的最终收益只依赖于期权到期日时的基础资产价格，与它的价格变化过程和资产数量无关，产品购买保证的最终收益与期权有效期内客货流量和飞机起降量是否到达了某一预先设定的障碍值有关，因此是一种路径依赖期权（Path-dependent Options）。按照客货流量和飞机起降量达到障碍值时的期权状态，被分为敲入和敲出两大类，敲入期权（Knock-in Options）的特点是当流量达到障碍值时期权开始有效，如果在达到障碍值之前流量大于障碍值，则称之为下降敲入期权（Down-and-in Options），如果在达到障碍值之前流量小于障碍值，则称之为上升敲入期权（Up-and-in Options）。同理，敲出期权（Knock-out Options）也可以被分为下降敲出期权（Down-and-out Options）和上升敲出期权（Up-and-out Options）。

二　实物期权及其定价理论

（一）期权定价理论

作为金融衍生产品中最基础也是运用范围最广的品种之一，金融期权（Options）是指赋予其购买方在规定期限内按买卖双方约定的价格（简称协议价格（Striking Price）或执行价格（Exercise Price）购买或出售一定数量某种金融资产权利的合约。[①] 期权购买方为了获得这个权利，必须事先支付期权出售方一定的费用，这被称为期权费（Premium）或期权价格（Options Price）。

期权既是一种有效的风险工具，也是一种极佳的投机手段。[②] 期权是一

① Richard E. Ottoo, *Valuation of Corporate Growth Opportunities: A Real Options Approach* (New York: Garland Publishing, 2003).

② 张丽霞等：《工期索赔中的工序延迟分析》，《数学的实践与认识》2007 年第 7 期。

种选择权，期权的持有者具有在某一特定时间以预先确定的价格购买或出售某项资产（如股票、商品等）的权利。对于期权购买者来说，可在期权有效期内行使这种权利，也可放弃这种权利。相反，对期权出售者来说，他有必须履约的义务。同时，期权出售者应该因承担义务而得到补偿。

期权包括看涨期权（Call Option）和看跌期权（Put Option），前者给予合约持有人在未来某时以事先约定的价格购买标的资产的权利，而后者则给予合约持有人在未来某时以约定价格出售标的资产的权利。标准期权按照执行时间的不同可被分为欧式期权（European Option）和美式期权（A-merican Option）。欧式期权只能在到期日行使，而美式期权可以在期权到期日之前任一时间行使。①

受金融期权的启发，人们提出了与金融期权相对应的概念——实物期权，并将期权思想和方法应用于金融市场以外的实物资产投资和管理，尤其是资本预算投资中，并取得了一定进展。

实物期权是由金融期权发展而来的，它与金融期权具有相似的特征。例如，在权利和义务上的不对称、成本与收益的不对称、不确定性具有价值等，但是并非完全相同。金融期权所针对的对象包括金融商品、期货等，而实物期权所指标的物则为实物资产的价值、投资项目的价值等，其在分析和应用上存在一定的差异。与金融期权相比，实物期权较复杂，具有非交易性、非独占性、先占性、复合性、多重不确定性、组合性等特征。

（二）实物期权概述

对于实物期权理论的研究是随着市场不确定性日益增加、竞争的加剧和理论研究者对传统决策方法不足的认识而产生的。

实物期权思想除考虑传统决策方法中以现金流的时间价值为基础的项目价值外，更重要的是，它还考虑了项目管理的柔性价值以及不确定性信息带来的价值，即项目的价值等于项目未来现金流的现值和灵活性价值之和。传统决策方法认为投资项目资产的价值会因为不确定性的增加而降低，但实物期权理论认为，如果管理者能做到有效的经营和决策，不确定性反而会增加项目的价值，见图 4－9。实物期权是在项目投资过程中，

① 张维等：《实物期权方法的信息经济学解释》，《现代财经》2001 年第 1 期。

投资者拥有的一些投资决策选择权利，如推迟、扩大、缩减、停止投资等的决策权利。[①]

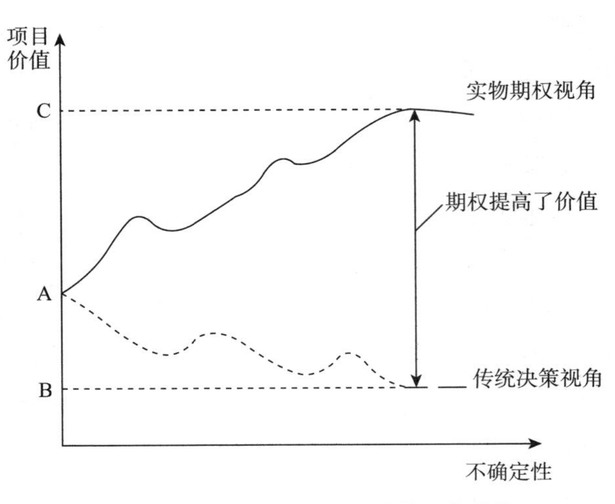

图 4-9　基于实物期权理论的项目价值

实物期权理论的建立树立了不确定性能创造更多价值的理念。投资项目不确定性是指投资决策者不能控制和预先得知事物的发展状况。如果投资者对不确定性的影响不能做出及时决策，则决策者的收益完全没有考虑风险问题，不确定性的大小可被直接用来确定风险的程度，在这种情况下可以用传统方法来分析项目的价值。如果决策者可以通过主动性，改变不确定性的大小和影响程度，不确定性就不能被直接用于衡量项目的风险程度，但可以被用来衡量项目的可能收益。这种情况下传统的决策方法不能完全反映项目的既有价值，因为项目价值的一部分来源于投资者对项目的灵活管理和不确定性的影响。而实物期权理论通过考虑管理的灵活性和不确定性带来的价值，可以对项目进行更为合理的评价和决策。实物期权的价值一般取决于以下 4 个变量：基础风险资产价值，即项目未来现金流的现值，如果基础资产的价值变化，期权价值也会随之变化；期权的到期时间[②]，较远

① 曾卫兵：《内资 BOT 公路建设项目投资决策评价模型研究》，硕士学位论文，天津大学，2004。

② 李超杰：《基于波动率/执行价格/交易成本的期权定价研究及应用》，博士学位论文，东南大学，2005。

的到期日可以使投资者了解更多的信息，因此实物期权的价值也随之增加；基础风险资产价值的标准差，因为期权收益依赖于基础资产价值大于其执行价格的价值和基础资产价值的波动率增加的概率，所以基础资产风险的增加会导致期权价值增加；期权有效期限内的无风险利率，无风险利率越高，贴现率就会越高，从而降低项目未来现金流的价值。

（三）实物期权的类型

自实物期权被提出以来，许多学者根据实物期权的应用将其划分为不同的类型，但不同的学者进行划分的角度有所不同。实物期权一般可被分为五类。[①]

1. 等待期权

在不可逆、不确定以及信息随时间逐渐增多的条件下，若暂时推迟决策不会导致投资机会的丧失，这样的等待就具有价值。投资者就像一个理性经济人，总是根据投资项目的价值最大化来决定最优投资决策，由于与投资项目有关的信息随时间逐步显示，投资者总会推迟做出决策意愿，只有当投资项目执行预期获得的收益超过失去的期权价值时，投资决策才会真正得到执行。[②]

2. 增长期权

一个企业的价值不仅来源于充分利用企业现有的生产能力，而且包括通过现在和未来的潜在投资所创造的未来收入增长。[③] 因此像 R&D 投入、人力资源的开发、资产重组等战略投资的执行都类似于执行一个看涨期权。对新兴企业来说，增长期权的价值占企业总价值的相当大比例。然而对增长期权的定价将是很困难的，因为增长期权可能完全不同于金融期权，如增长期权可能具有可逆性、不确定的到期日等特性，这些都是标准的金融期权定价模型所无法解决的。[④]

---

① 廖作鸿等：《矿业投资项目不确定性和实物期权分析》，《工业技术经济》2005 年第 7 期；覃正标：《基于实物期权理论的内资 BOT 高速公路投资决策分析》，博士学位论文，西南交通大学，2011。

② 〔美〕马莎·阿姆拉姆、〔美〕纳林·库拉蒂拉卡：《实物期权——不确定环境下战略投资管理》，张维等译，机械工业出版社，2001。

③ 陈金龙：《实物期权定价理论与方法应用》，博士学位论文，天津大学，2004。

④ Ben S. Bernanke, "Irreversibility, Uncertainty, and Cyclical Investment," *Quarterly Journal of Economics* 98 (1983): 85 - 106.

3. 柔性期权

柔性期权现在尚无统一的定义和分类方法。柔性期权分为以下五种：路径柔性（Routing Flexibility）、过程柔性（Process Flexibility）、生产柔性（Product Flexibility）、产量柔性（Volume Flexibility）和扩展柔性（Expansion Flexibility）。[①] 柔性期权的定义和分类虽然简单，但与实物期权的其他分类有交叉。将柔性期权转换为实物期权首先必须识别期权定价所需的若干关键参数，也可以利用金融期权定价模型直接处理柔性定价问题，否则需要采用其他比较复杂的定价模型。

4. 退出期权

退出期权是指在外部条件不利的情况下，项目所有者通过放弃项目以获取项目残值的权利。退出期权的投资项目，其投资者可以在不利条件下无须继续承担固定成本，通过执行退出期权，永久地放弃该项目以收回残值。

5. 学习期权

学习期权是指决策者通过投入资金获取正确决策所需的信息，以增强其正确决策能力。它是一种信息获取实物期权。[②] 在阶段性的投资过程中，每一时间段的投资将产生下一时间段投资所需的决策信息，并使投资者决定是否继续下一时间段的投资。因此已有投资将获得下一时间段决策的学习期权，利用实物期权方法可以为这种或有决策估价，并揭示如何规划每一个时间段以获取更多的价值。

（四）实物期权定价方法

1. 鞅方法

根据鞅的定义，如果随机过程 S_t 是鞅，在现有信息的情况下，将来变化是完全不可估计的。可以预料资产价值会随着时间增值。因此，如果 B_t 代表到期日为 T 的资产在 $t(t<T)$ 时的贴现资产价值，则：

$$B_t < E[B_u], t < u < T \quad (4-3)$$

E 代表期望算子；u 代表时间，取值范围为 (t,T)；B_u 代表 u 时刻的贴

① Robert S. Pindyck, "Irreversible Investment, Capacity Choice, and the Value of the Firm," *American Economic Review* 78 (1988): 969 -985.

② Richard E. Ottoo, *Valuation of Corporate Growth Opportunities: A Real Options Approach* (New York: Garland Publishing, 2003).

现资产价值。同理，在一般情况下，有风险的股票 S_t 的预期收益为正，因而不是鞅。在短期时间 Δ 内，可以将收益近似表达为：

$$E[S_{t+\Delta} - S_t] = \mu\Delta \tag{4-4}$$

在公式（4－4）中，μ 是正数预期收益率。期权随着时间的变化而变化，在其他条件不变的情况下欧式期权价格将下跌。该过程就是上鞅。例如，找到一种概率分布 P，使得经无风险利率折现的资产或成为鞅（可利用类似的方式将下鞅转化为鞅）：

$$E^p[e^{-r\mu} S_{r+\mu}] = S_t,\ \mu > 0 \tag{4-5}$$

2. 动态规划法

动态规划法是解决当现行决策影响未来支付时，如何做出最优决策的问题。动态规划法的关键是 Bellman 原理，即在最初策略给定后，下一期最优策略的选择是从下期开始进行全部分析。采用向后递推模式解决最优策略选择，对未来收益和现金流进行折现，首先解决一期最优化问题，然后解决所有的最优化问题。

二叉树法是动态规划法求解实物期权问题的一种非常有效的定价方法。二叉树模型是对复杂期权进行定价的基本手段。它也是风险中性的定价方法。如图 4－10 所示就是单期二叉树的简单模型。

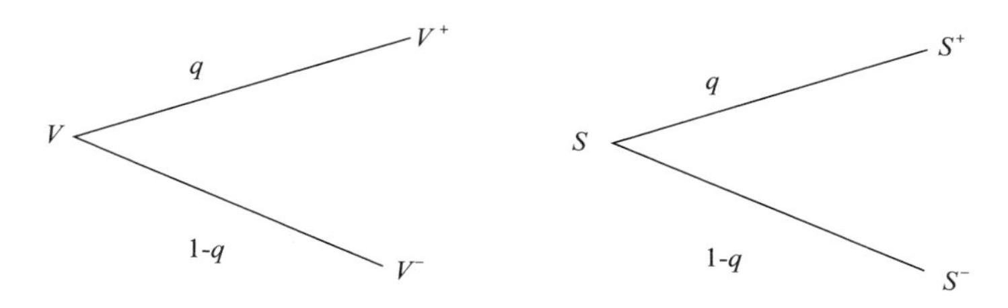

图 4－10　单期二叉树

在图 4－10 中，V 为基础资产当前价值，S 为期权的价格。在无任何套利机会的情况下，构造一个等价组合，以无风险利率融资的组合复制投资机会的收益，同时，在投资机会价值中不涉及实际概率 q，而应当使用风险中性概率 p，此时的机会价值可以描述为：

$$E = [pE^+ + (1-p)E^-]/(1+r) - I_0 \tag{4-6}$$

$$p = [(1+r)S - S^-]/(S^+ - S^-) \tag{4-7}$$

根据贝尔曼法则，从最后分析开始，向前倒推，即状态 S 的柔性项目价值可以从未来期望价值在 $S+t$ 或 $S-t$ 状态、在时间 t 的状态通过计算获得，即：

$$E_{t-1}^{s}(m)=\text{Max}\left[c_{t-1}^{s}(i)+\frac{pE_{t-1}^{s}(i)+(1-p)E_{t}^{s-1}(i)}{1+r}-I(m\rightarrow i)\right] \tag{4-8}$$

在时间 T，上述公式可以被描述为：

$$E_{T}^{s}(m)=\text{Max}\{\text{Max}[C_{T}^{s}(i)-I(m\rightarrow i)]\} \tag{4-9}$$

C_{T}^{s}（i）是状态为 S、经营模式为 I 的项目的最终现金流或残余价值，通过对上述过程的递归处理，最终可获得时间 $t=0$ 时的项目价值。

3. *偏微分方程法*（Partial Differential Equation，简称 PDE）

偏微分方程法是以偏微分方程和边界条件为基础对期权的价值进行数学表达的方法。偏微分方程法是将连续变化的期权价值与可观察的市场证券的变化联系在一起的数学方法。边界条件对期权定价在已知点的价值和极值点的价值做出相应的规定。

在偏微分方程法中，期权的价值被表示为要素的函数。如果可行，解析方法是求得期权价值的最简单和最快的方法。当解析方法不适用时，可以使用数值方法，它以偏微分方程转化为一组方程为基础，这组方程必须在较短的时间间隔内成立。偏微分方程法中的数值方法的一个优点是可以使用计算软件，计算十分迅速。偏微分方程与边界条件的解析法中最主要的是布莱克－斯克尔斯（Black-Scholes）期权定价模型。

假设 t 时刻的项目投资收益价值 A 的运动路径服从几何布朗运动，因此有：

$$dA=\alpha Adt+\sigma AdZ(t)$$

其中，α 为瞬态收益率，σ 为瞬态波动率，Z（t）遵循维纳过程。

则基础资产的期权价值 V 满足布莱克和斯克尔斯确立的偏微分方程为：

$$\frac{\partial V}{\partial t}+rV_{t}\frac{\partial V}{\partial A}+\frac{1}{2}\frac{\partial^{2}V}{\partial A^{2}}\sigma^{2}A^{2}=rV \tag{4-10}$$

如果这是一个欧式期权，则其边界条件为该期权在最后决策日 T 的价值等于 $\text{Max}(A-V,0)$。对这样的一个欧式期权，布莱克和斯克尔斯给出如下定价公式：

$$V = A \times N(d_1) - Xe^{-rT} \times N(d_2) \qquad (4-11)$$

$$d_1 = \left[\ln(A/X) + \left(r + \frac{1}{2}\sigma^2 \right) T \right] \Big/ \sigma\sqrt{T} \qquad (4-12)$$

$$d_2 = d_1 - \sigma\sqrt{T} \qquad (4-13)$$

其中，I 为期权的当前价值，A 为基础资产的当前价值（项目的收益现值），X 为投资成本，r 为无风险收益率，T 为到期时间，σ 为基础资产波动率，$N(d_1)$ 和 $N(d_2)$ 是正态分布在 d_1 和 d_2 处的值。

应该注意的是，偏微分方程方法建立起来的每一个模型不是都具有解析解的，对于没有解析解的模型，可以通过调整 PDE 模型来获取近似解，也可以采用数值解法，将微分方程转化为一组方程，利用计算机程序来搜索满足各方程的期权价值。①

4. 蒙特卡洛（Monte Carlo）模拟法

蒙特卡洛模拟法是以概率和统计的理论方法为基础的一种计算方法，将所求解问题同一定的概率模型相联系，用计算机实现统计模拟或抽样。在金融衍生产品定价方面，蒙特卡洛模拟法只能用于欧式金融衍生产品，这些衍生产品的收益取决于基本变量的历史，或者其价格受几个基本变量的影响。蒙特卡洛模拟法比其他方法更有效，原因是进行蒙特卡洛模拟的时间近似地随着变量的数量增多而线性增加，而其他方法所花费的时间则随着变量的增多而呈指数级增加。蒙特卡洛模拟法的优点在于它给出了估计标准差。

假设资产价格的自然对数服从几何布朗运动的随机过程，即满足：

$$S + dS = S\exp\left[\left(\mu - \frac{1}{2}\sigma^2 \right) dt + \sigma dW \right] \qquad (4-14)$$

式中，dW 是维纳过程，其标准差为 1，均值为 0。公式（4－14）也可被写作：

$$S + \Delta S = S\exp\left[\left(\mu - \frac{1}{2}\sigma^2 \right) dt + \sigma dW \right] \qquad (4-15)$$

式中，ΔS 是指定时间区间 Δt 内 S 的离散变化，ε 是标准正态分布的随机抽样。许多计算机语言有内定函数，可从标准正态分布中随机抽取，其

① G. Azzone, U. Bertel, "Measuring the Economic Effectiveness of Flexible Automation: A New Approach," *International Journal of Production Research* 27 (1989): 101－112.

函数形式为：

$$\varepsilon = \sum_{i=1}^{12} W_i - 6 \quad (4-16)$$

容易将 W 转换成标准正态分布的随机值。但蒙特卡洛模拟法的最大缺点是需大量使用计算机。[①]

三 政府保证下空港城市 PPP 基础设施项目价值研究

无论是发达国家还是发展中国家，都在积极探索适合自己国情的基础设施建设实施方案，为了进一步增强基础设施的供应能力，弥补单靠政府财政拨款和政府贷款投资兴建基础设施的资金长期严重不足，以及出于对投资者提出降低风险要求的考虑，政府作为担保人，充当风险分担的第三方已成为发展趋势，基础设施项目中的政府担保不同于一般的担保行为，政府担保是指政府为了吸引非政府投资主体投资基础设施建设，对其在投资及运营过程中面临的特许经营、投资回报和环境条件等方面的风险给予优惠政策或保证的一种政府行为，而政府在兑现其担保责任时所产生的支付价值即为政府担保价值。[②]

（一）政府保证概述

1. 政府担保的理论分析[③]

政府担保是指政府作为担保方向被担保方做出的，当被担保方的收益低于设定担保时给予其补偿的承诺，被担保方既可以是私人投资方也可以是金融机构。随着私人投资者提供公共基础设施项目的 PPP 融资模式的兴起，政府担保的重要作用也越来越受到重视，主要有以下几方面的原因。

政府担保是目前私人提供基础设施项目中应用最广泛的方式。[④] 合理的政府担保是促进 PPP 模式成功的关键因素。[⑤] 在发展中国家，政治经济体制

---

① 张维等：《实物期权方法的信息经济学解释》，《现代财经》2001 年第 1 期。

② 张国兴：《基于跳跃－扩散过程的基础设施融资项目政府担保价值研究》，《预测》2009 年第 1 期。

③ 陈坚：《信用担保风险分担机制研究》，硕士学位论文，中南大学，2007。

④ A. Estache, J. Strong, "The Rise, the Fall and the Emerging Recovery of Project Finance in Transport," World Bank Policy Research Working Paper, 2000.

⑤ T. Irwin, "Public Money for Private Infrastructure: Deciding When to Offer Guarantees, Output-based Subsidies and Other Fiscal Support," World Bank Working Paper, 2003.

还不够完善，政府信用不高，汇率、利率波动较大，都是影响 PPP 项目成功运作的主要风险因素。

政府担保可以降低公共基础设施产品的费率水平，增加消费者使用量，从而增加消费者剩余，促进社会福利水平的提高。PPP 项目中的政府担保主要是为了降低风险，保证投资人的一定收益水平，而对于交通类基础设施项目，车船通行费、飞机起降费用等是其唯一的收益来源，政府合理的担保可以抑制潜在的涨价风险，实际上保护了消费者利益。但是由于政府和私人部门之间存在着明显的信息不对称，如果不能提供足够的担保来激发特许权被授予方提高服务水平的动力，就会带来社会福利水平的降低，无法实现政府部门的预期目标。

由于政府对 PPP 项目提供的担保在项目出现担保所承诺的保护情况时才会生效，因此这种担保实际上并不是产生立刻的现金成本而是必须承担一种或有责任。在实际情况中，当一项投资被给予担保时，或有债务代表着一种实际的债务。担保成本平均可以达到担保数额的 1/3。①

政府担保的作用见图 4－11。

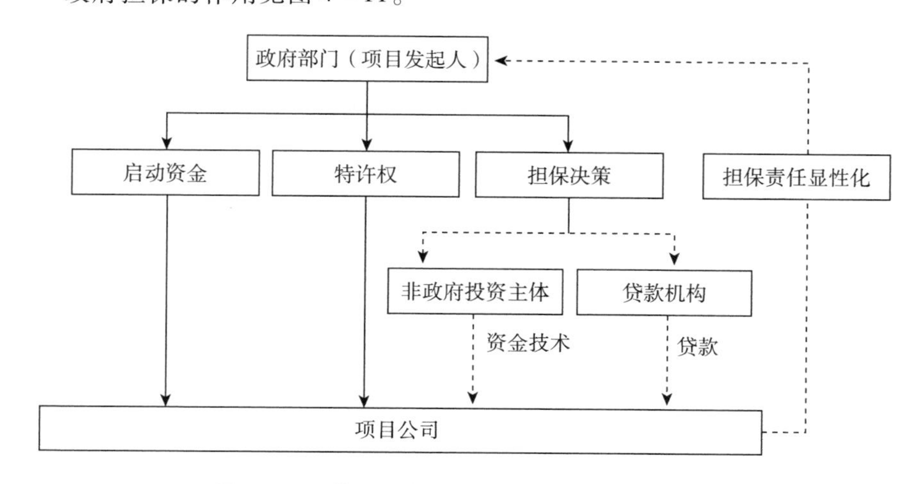

图 4－11　基础设施项目中政府担保的作用示意

资料来源：高峰等著《基于上升敲出期权的基础设施项目政府担保价值研究》（《软科学》2007 年第 4 期）。

① C. Lewis, A. Mody, "The Management of Contingent Liabilities: A Risk Management Framework for National Governments," World Bank Working Paper, 1997.

2. 政府担保的内容

为吸引私人投资者投资基础设施 PPP 项目，政府往往会通过给予项目公司一些保证来增强其投资信心。目前较常用的政府担保包括：产品购买保证、限制竞争保证、外汇汇兑保证、最低收益保证等，见表 4－10。如马来西亚政府为投资南北高速公路的项目公司提供了最低收入保证，政府保证对项目公司成功运作 PPP 项目有着积极的促进作用。张学清指出采取 PPP 模式进行基础设施建设时，政府应该承担社会政治和法律政策等宏观经济环境风险，并承担不可抗力因素造成的损失和项目延误的代价。[①] 政府应该承担的风险分为政治风险、管制风险、商业风险、需求建设风险和利率汇率风险[②]。

表 4－10 政府担保的内容

担保内容	表现形式	存在期限或条件
最低收益保证	如果年运营收入大于或等于合同约定的收益，政府不提供任何补贴；否则政府补足实际收益与约定收益的差值或差值的一定比例	特许经营期
最小交通量保证	如果年交通量大于或等于合同约定的交通量，政府不提供任何补贴；否则政府补足实际交通量与约定交通量的差值或差值的一定比例	特许经营期
双边保证	在交通量的最低保证基础之上，为了限制项目不合理的高利润而采取的限制措施，对高出合理收益的部分利润，政府可以通过提高税收、降低收费标准、合约约定等方式来实现分成，最直接的方式是通过控制交通量来控制项目的高额收益	特许经营期
投资回报率保证	合同中确定投资回报率的幅度，经营收入超过回报率的上限部分由政府和投资者按事先约定比例共享；低于回报率下限时，缺口根据实际情况由政府给予补贴	特许经营期
产品购买保证	政府会保证每年以约定价格购买一定数量的项目产品	特许经营期
税收优惠保证	政府为投资者提供各方面的税收优惠，包括建设期间进口设备的关税优惠、免除投资者所获得的股息、红利扣缴税等	特许经营期

① Zhang Xue-qing, "Critical Success Factors for Public-Private Partnerships in Infrastructure," *Journal of Construction Engineering and Management* 131 (2005): 3－14.

② T. Irwin, M. Klein, G. E. Perry, et al., "Managing Government Exposure to Private Infrastructure Risks," *World Bank Research Observer* 14 (1999): 229－241.

续表

担保内容	表现形式	存在期限或条件
外汇汇兑保证	政府承诺经营利润可自由兑换成外汇并自由出境	特许经营期或特许经营期结束之后
限制竞争保证	政府向 PPP 项目公司做出在一定时空内不再审批同类型项目的承诺	特许经营期
保护知识产权或其他秘密信息的保证	政府应采取相应保护措施防止投资者的秘密信息和受法律保护的知识产权无偿流失	特许经营期或特许经营期结束之后

杨学英：《基础设施特许经营项目政府保证的价值研究》，《武汉大学学报》（工学版）2005 年第 4 期。

（1）最低收益保证。为了应对收益不足的风险，特许公司通常会与政府部门协商要求其提供一种最低收益保证（Minimal Revenue Guarantee，MRG）。在最低收益保证下，政府有义务弥补双方预先约定的最低收益水平与特许公司实际运营收益之间的差额。最低收益保证可以增加特许协议受让人的投资愿望；同样，由于经过担保的现金流可以提供一个最低的偿债覆盖水平，因此提高了项目在高收益风险情况下的信用价值。王乐等①基于上下限投资回报率保证，构建了基础项目非政府投资者收益模型，证明非政府投资收益是浮动保证上下限的增函数，并在非政府投资者收益最大化的条件下给出了最优政府浮动担保水平。

（2）最小交通量保证。该项担保在交通基础设施项目中使用较多，因为交通量是交通项目收益的主要来源，但也是最大的风险因素，很少有项目能够对交通量做出准确的预测。为了保证项目公司的收益，政府部门和私营部门经过谈判协商先确定特定担保水平，该担保水平的确定依据是预测交通量。

（3）投资回报率保证。由于机场项目风险大，且带有公益性色彩，所以政府应承诺给予投资者以浮动回报率，即政府和投资者确定投资回报率的幅度，经营收入超过回报率的上限部分由政府和投资者按事先约定的比

① 王乐等：《基础设施项目不同政府浮动投资回报率担保模式辨析》，《运筹与管理》2009 年第 2 期。

例共享；低于回报率下限时，缺口根据实际情况由政府给予部分补贴。在PPP实践中，浮动回报率更能调动投资者各方的积极性，并能提高项目的服务水平。

（4）产品购买保证。这种担保大多出现在污水处理、电厂等项目中。为了保证项目公司的收益，政府会保证每年以约定价格购买一定数量的项目产品。例如，在我国的来宾B电厂项目中，政府提供的电力购买保证为项目公司的收益带来了明显的帮助。

（5）税收优惠保证。在投资环境尤其是法制环境还不够完善时，为吸引投资，应在PPP项目中对投资者提供各方面的税收优惠，包括建设期间进口设备的关税优惠、营运期间的所得税优惠等。同时，应保证在税收政策、法律变化时调整产品或服务的价格。在税收政策方面，税收减免等税收优惠政策对公私合作提供基础设施项目的成功非常关键。① 如果政府的经济政策变动，如实施新的税收政策影响了投资收益，政府应给予补偿。②

（6）外汇汇兑保证。由于机场PPP项目建设并非出口创汇项目，其融资主要采用境外外汇方式，收益为人民币，很少能自行做到外汇平衡。因此经营利润能否兑换成外汇并自然汇出，是外国投资者最关心的问题。我国属于外汇管制国家，虽然现行《外汇管理条例》规定在经常性项目实行外汇自由兑换的浮动汇率制，但外汇自由进出仍受到限制。当贷款利率上升或东道国货币贬值时，投资者将需来更多的项目运营收入来偿还贷款。此外，如果资金不能自由转换为投资者本国货币，国外投资者将遭受损失。由于利率、汇率变化在很大程度上受东道国宏观经济政策的影响，当发生上述不利变化情况时，由政府进行补偿能够消除在项目运营过程中可能发生的资金成本增加造成的投资者收益损失，提高投资者投资项目的积极性。③

（7）限制竞争保证。限制竞争保证通常是政府向PPP项目公司做出在一定时空内不再审批同类型项目的承诺。例如，英法两国政府为欧洲隧道

① G. Lehman, I. Tregoning, "Public-Private Partnerships Taxation and a Civil Society," *Journal of Corporate Citizenship* 15 (2004): 77 – 89.

② A. O. Vega, "Risk Allocation in Infrastructure Financing," *Journal of Project Finance* 3 (1997): 38 – 42.

③ 高峰等：《基础设施建设中的政府担保行为及其作用机理研究》，《首都师范大学学报》（社会科学版）2008年第3期。

公司提供了33年内不建造第二条横跨英吉利海峡交通设施的限制竞争保证。阿代尔和拉塞尔（Abdel & Russell）在研究交通运输领域基础设施建设时指出为了保证项目的成功运作，政府提供项目唯一性和绝对保护区域等非竞争性保护措施能有效保证项目未来收益。PPP项目公司的经营规模、服务种类等权利义务已经确定，无法进行自我积累扩大、自我扩大投资规模，而且机场项目沉没资本大，建成后的收益主要取决于其承担的客货运输量。为保证项目公司获得稳定的收入来源，政府应该承诺特权期限内不在项目附近兴建与之构成竞争的机场项目。需要注意的是，限制竞争是限制过度的竞争，因为这会导致国家有效资源的严重浪费。

（8）保护知识产权或其他秘密信息的保证。在PPP项目中，政府鼓励外国投资者以最先进的技术和创造性的知识参与项目的竞争、建设；在项目运营阶段，经营者为了提高项目的经营水平，会采用科学的运作方式和管理手段。所以，如果投资者在向政府提交方案或者项目实施人在建设、经营过程中应用了知识产权或其他秘密信息，应采取相应的保护措施防其无偿流失。[①]

3. *政府担保的定价方法*

目前对担保定价的方法主要有三种。①历史经验法，即担保总额乘以一定比例，算出基价后再进行微调，其定价主要是基于经验，该方法有一定的实用性，但缺乏令人信服的依据。②市价法，该方法假设基础项目的市场价值既包含了非政府投资者的投资价值，也包含了政府担保的价值，其前提是市场价格能够完全反映出市场的供求关系，此时政府担保的价值等于基础项目在政府担保条件下和在无政府担保条件下市价的差额。③期权担保定价法，期权是一种在未来采取某项行动的权利，当存在不确定性时，期权是有价值的。作为一种或有索求权，担保具备了应用期权理论为其定价的基础。张志强运用期权的方法计算了全额、非全额、多项债务担保的价值。[②] 高峰等利用障碍期权构建了政府对项目公司最低收入担保的价值模型并用案例进行了分析。[③] 张国兴引入泊松分布刻画突发事件对政府担

---

① 韩同银等：《我国铁路BOT项目中的政府保证问题研究》，《建筑经济》2007年第11期。

② 张志强：《债务担保的价值》，《经济问题研究》1999年第6期。

③ 高峰等：《基于障碍期权的基础项目政府担保价值研究》，《预测》2007年第2期。

保价值的影响，构建了基于跳跃－扩散过程的基础设施融资项目政府担保定价模型。[①]

（二）政府保证的支付或收益曲线

运用传统的评价方法难以评估政府保证所带来的或有收益和或有损失，实物期权方法可以很好地评估这些或有收益的价值。在运用实物期权计算政府保证的价值时，该政府保证实际上是一种障碍期权，障碍期权的最终受益主要依赖于期权有效期内参数达到某一预先设定的障碍值。障碍期权可有 8 种不同的组合方式，见表 4－11。

表 4－11　障碍期权的分类及其收益函数

障碍期权分类		收益函数
敲入期权（Knock-in Options）	下降敲入看涨期权（Down-and-in Call）	$(V_T - X)^+$
	上升敲入看涨期权（Up-and-in Call）	$(V_T - X)^+$
	下降敲入看跌期权（Down-and-in Put）	$(X - V_T)^+$
	上升敲入看跌期权（Up-and-in Put）	$(X - V_T)^+$
敲出期权（Knock-out Options）	下降敲出看涨期权（Down-and-out Call）	$(V_T - X)^+$
	上升敲出看涨期权（Up-and-out Call）	$(V_T - X)^+$
	下降敲出看跌期权（Down-and-out Put）	$(X - V_T)^+$
	上升敲出看跌期权（Up-and out Put）	$(X - V_T)^+$

注：V_T为期权到期日的基础资产价格；X 为期权执行价格；$(V_T - X)^+$ 为标准欧式看涨期权收益；$(X - V_T)^+$ 为标准欧式看跌期权收益。

1. 第 n 期最低收益保证下投资者的收益曲线和政府支付曲线

假设第 n 期政府对项目收益的最低保证为 M_t^G，则项目公司的收益底线为 M_t^G，当项目的实际收益大于 M_t^G时，项目公司得不到政府的额外支付，当期收益就是项目公司的实际运营收益，因此项目公司在政府最低保证下的收益曲线如图 4－12 所示。当项目的实际收益（M_t^R）小于 M_t^G时，则在第 n 期最低保证之下政府的支付数额为（$M_t^G - M_t^R$），当项目公司实际收益大于 M_t^G时，政府的支付为零，见图 4－13。同理，在政府最低保证下，政府收益曲线和政府支付曲线截然相反，见图 4－14。

---

① 陈坚：《信用担保风险分担机制研究》，硕士学位论文，中南大学，2007。

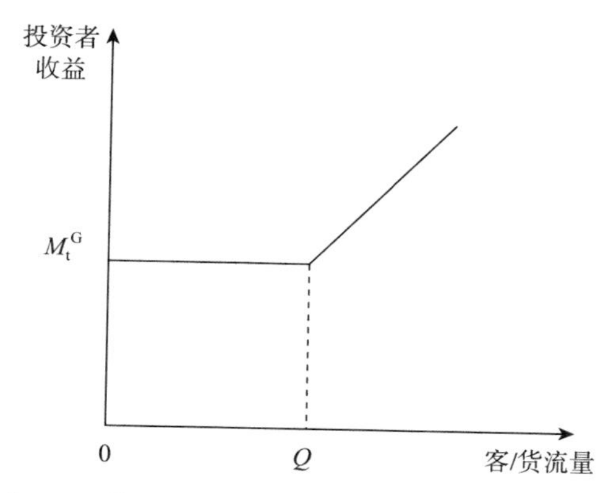

图 4－12　第 n 期最低收益保证下投资者的收益曲线

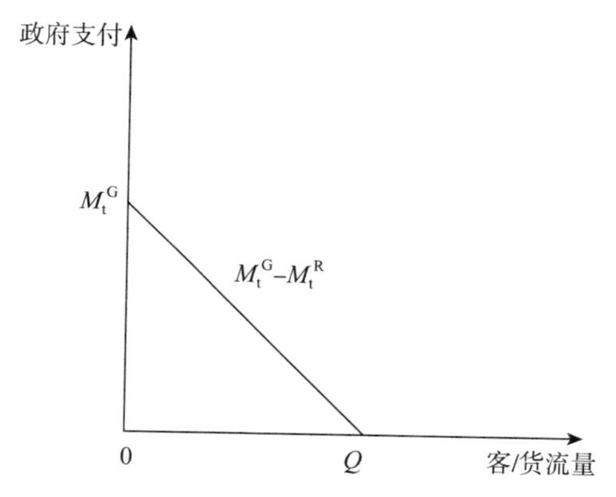

图 4－13　第 n 期最低收益保证下政府的支付曲线

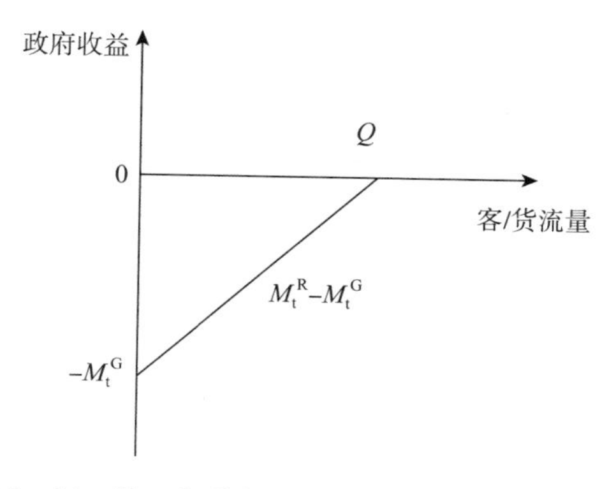

图 4－14　第 n 期最低收益保证下政府的收益曲线

2. 第 n 期双边保证下政府的支付、收益曲线和投资者的收益曲线

假设第 n 期双边保证下，政府对项目收益的最低保证为 M_t^G，最高保证为 M_t^C，则项目公司的收益曲线如图 4－15 所示。假设项目公司实际收益为 $M_t^R < M_t^G$，政府的支付额为（$M_t^G - M_t^R$），见图 4－16。假设项目公司实际收益 $M_t^R > M_t^C$，则政府收益为（$M_t^R - M_t^C$），见图 4－17。

3. 限制竞争保证下投资者的收益曲线及政府的收益曲线

在第 n 期限制竞争保证下，当实际收益 $M_t^R < M_t^C$ 时，投资者收益以较快的速度增长，见图 4－18。当 $M_t^R > M_t^C$ 时，政府的收益为（$M_t^R - M_t^C$），见图 4－19。

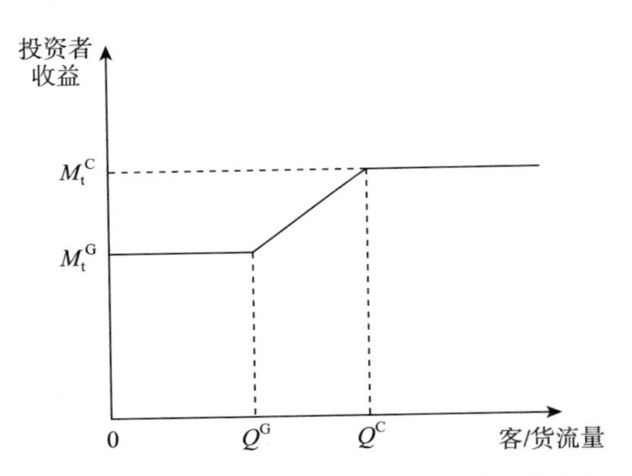

图 4－15　第 n 期双边保证下投资者的收益曲线

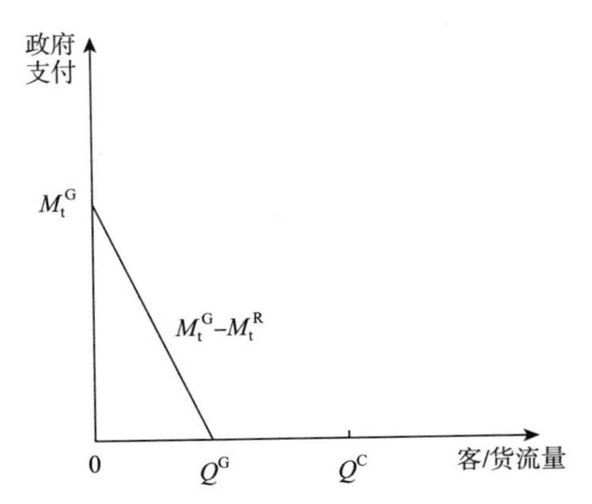

图 4－16　第 n 期双边保证下政府的支付曲线

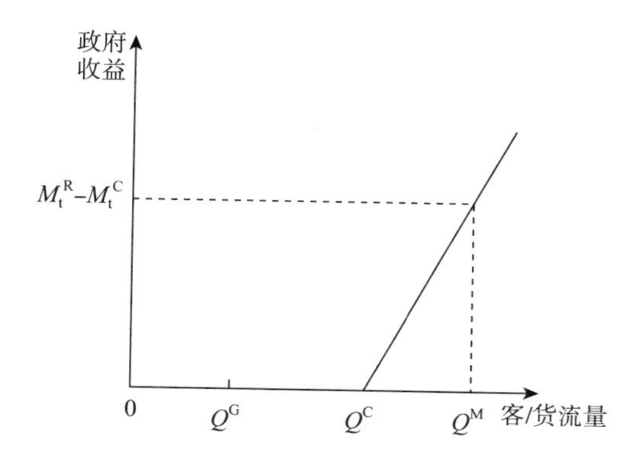

图 4－17　第 *n* 期双边保证下政府的收益曲线

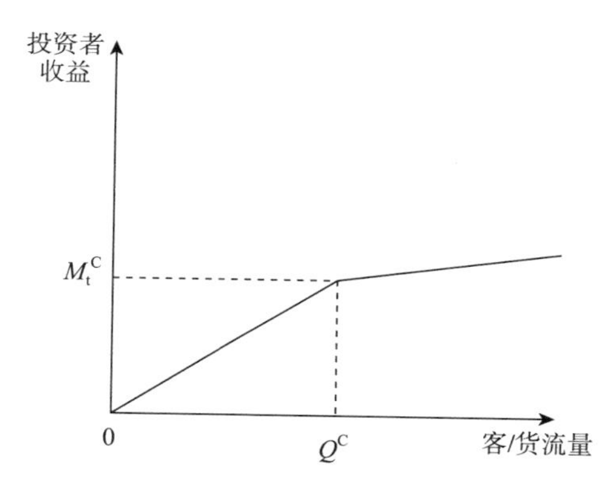

图 4－18　第 *n* 期最高保证（限制竞争保证）下投资者的收益曲线

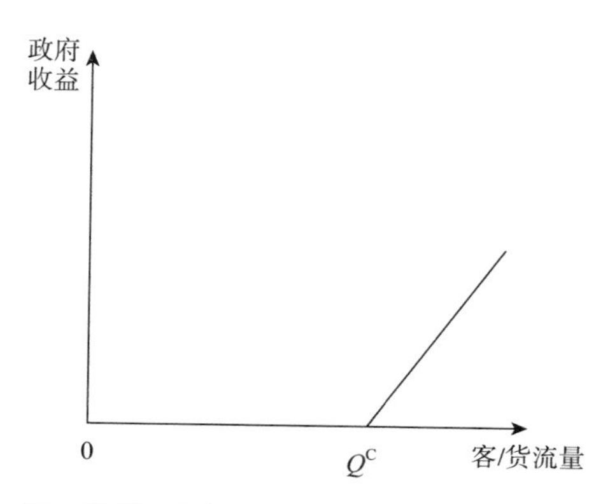

图 4－19　第 *n* 期最高保证（限制竞争保证）下政府的收益曲线

（三）政府保证期权模型的建立

本书将飞机起降预测量的一定比例作为担保量，这个比例设定为 m，

Q_t^E代表第 t 年的预测公务机起降架次，Q_t^R代表第 t 年的实际公务机起降架次，Q_t^G代表第 t 年担保的公务机起降架次，$t=n+1,\cdots,T$，Q_t^C代表政府担保的最高起降架次（为预测起降量的一定比例，设定为 b，$1<b<+\infty$），P_t为每次飞机起降的价格。当 $Q_t^R<Q_t^G$时，政府将补贴项目公司实际起降架次和担保起降架次差值的一定比例，这个比例设定为 s；当 $Q_t^R>Q_t^C$时，政府将抽取额外收益的一定比例，这一比例设定为 w。

1. 最低收益保证下政府保证的期权模型

一旦第 t 年的实际起降架次低于 Q_t^G时，则相当于项目公司执行看跌期权，获得补贴额为（$Q_t^G-Q_t^R$）$P_t\cdot s$，

$$SF_i=\begin{cases}0 & if\ Q_t^R\geqslant Q_t^G\\ (Q_t^G-Q_t^R)\cdot P_t\cdot s & if\ Q_t^R\leqslant Q_t^G\end{cases} \tag{4-17}$$

若 r_f代表无风险利率，则整个项目运营期政府全部的补贴额为：

$$SF=\sum_{i=t}^{n}\frac{SF_i}{(1+r_f)^i} \tag{4-18}$$

2. 双边保证下政府保证价值的期权模型

政府的双边保证对于项目公司来说相当于执行一个双障碍期权，在飞机起降架次最低保证的基础上，为了限制项目公司不合理的高利润而采取限制措施。在预测飞机起降架次基础上设置一定比例作为最高飞机起降架次，当第 t 年的飞机起降架次高于设置值时政府抽取一部分额外收益（$Q_t^R-Q_t^C$）$\cdot P_t\cdot w$，使得项目有效平稳运营。

$$SF_i=\begin{cases}(Q_t^G-Q_t^R)\cdot P_t\cdot s & if\ Q_t^R\leqslant Q_t^G,\\ 0 & if\ Q_t^G\leqslant Q_t^R\leqslant Q_t^C,\\ (Q_t^R-Q_t^C)\cdot P_t\cdot w & if\ Q_t^R\geqslant Q_t^C\end{cases} \tag{4-19}$$

3. 限制竞争保证下政府收益的估值

在民用机场行业更常见的是限制竞争保证的情况，当飞机起降架次大于某设定值时，政府有权在同一地域范围内兴建第二家公务机基地；当飞机起降架次大于最高限额时，第二家公务机基地有权开始进行运营。这时，本项目额外收益有一部分被第二家公务机基地分去，但由于自身在行业的

地位，它往往可以在运营期内保持竞争优势地位，在数学模型中，这体现为政府抽取一部分项目的额外收益，因此政府收益为：

$$SF_i = \begin{cases} 0 & if\ Q_t^R \leqslant Q_t^C, \\ (Q_t^R - Q_t^C) \cdot P_t \cdot w & if\ Q_t^R \geqslant Q_t^C \end{cases} \quad (4-20)$$

（四）计算分析

对于政府保证带来的实物期权价值计算方有很多，其中蒙特卡洛模拟法应用得最为广泛。本书考虑初始飞机起降架次、飞机起降架次增长率等因素影响下政府的最低收益保证、政府的双边保证和限制竞争保证对公务机基地投资价值的影响程度。对投资者来说，它拥有一个看涨实物期权及一个看跌实物期权；对政府来说，它拥有一个看涨期权。基准收益率以可行性研究报告为准，为 7.15%，计算步骤如下。确定初始公务机起降量的概率分布，预测飞机起降架次增长率的概率分布及年飞机起降收入的概率分布；在上述参数确定的基础上，模拟多条特许权期限内飞机起降架次的分布路径；在每一条路径上比较看涨期权及看跌期权的触发条件，当条件触发时，按政府保证的设定计算政府的补贴支出及政府的收益（双边保证情况下）；将补贴支出或政府收入贴现到原点，计算出该路径上的政府补贴及政府收入；模拟多条路径，计算政府补贴和政府收益的统计值，见表 4－12。

表 4－12　飞机起降架次的相关参数

参数设定 \ 保证方式	最低保证	双边保证	限制竞争	设定依据
预测公务机起降架次	Q_t^E	Q_t^E	Q_t^E	可行性研究报告
单位起降架次年收入标准	P_t	P_t	P_t	可行性研究报告
担保公务机起降架次	Q_t^G	Q_t^G	－	合同约定
限制竞争起降架次	－	Q_t^C	Q_t^C	合同约定
实际公务机起降架次	Q_t^R	Q_t^R	Q_t^R	假设提出
补贴（抽成）比例	s	s, w	w	合同约定或假设提出

1. 初始公务机起降架次概率分布

从理论上讲，初始公务机起降架次会对公务机基地的经济效益产生重要的影响。而事实上对公务机基地初始公务机起降架次的估计是很困难的，这里我们以可行性报告的初始公务机起降架次为计算数值，见表4－13。

表4－13 公务机初始起降架次的概率分布

变量	分布	均值	增长率	标准差
初始起降架次	对数正态分布	以运营年份第一年起降架次为准	0	14%

2. 公务机起降架次增长率和公务机起降架次的预测途径

在《S公务机基地可行性研究报告》中，公务机起降架次增长率情况可被分为三个阶段来分析：在第一阶段，由于本项目建设运营时间较早，正值公务机机场发展的重要阶段，增速达到15%；2017年以后，全国各地公务机机场项目陆续建设进入运营期，这些基地虽然在地理范围内相差较远，但对于本项目有一定影响，增长率下降到10%；2025年以后，由于本项目设计容量限制，公务机起降架次增速进入稳定阶段。

基于公务机起降架次增长率和公务机起降架次预测途径，对运营期间公务机起降架次进行估计，起降架次估计遵循下式：$dQ/Q=\mu dt+\sigma dw$，这里，dQ/Q是公务机起降架次的变动率，μ和σ分别是当年飞机起降架次的增长率与波动率，相关参数见表4－14。

表4－14 公务机起降架次增长率

运营年份	均值	标准差
2009～2016	14%	11.4%
2017～2024	8%	6.45%
2025～2029	1%	1.74%

数据来源：《S公务机基地可行性研究报告》。

公务机基地并不像航空货站或高速公路等项目那样年收入可直接通过车货流量和费率算出，公务机基地的收入分为三大部分。第一，为飞机提供服务的基地或服务商收入。该部分收入又包括停场服务、通道服务、地面服务和代理服务，各种服务的年收入可以通过公务机架次乘以该种服务的费率得出，但四部分服务每年的业务量往往不同，最基础的服务是停场服务和通道服务，这两种服务发展成熟以后可以带动地面服务和代理服务。

第二，维护、维修和运行收入。该部分收入又包括维修收入、零配件销售收入、转包合同收入和仓储管理收入，每种服务的费率各不相同。第三，托管及包机收入。可以分为小型机、中型机和大型机的托管和包机收入，各种机型的费率不同。在表4－15中，费率计算过程中的起降架次以停场服务为准，其他各种服务可以被看作停场服务的延伸服务及附属服务。在运营期间，相同架次的停场服务收入不同，且由于在不同的发展阶段，一架飞机停场服务所带来的延伸服务内容也不同，造成费率不同。一般来说，在发展的初级阶段，一架飞机的停场服务带来的收入较低；在发展成熟阶段及运营中后期，由于服务内容和质量的丰富和提高，一架飞机的停场服务所带来的收入会有所提高。增长到一定程度后，每架飞机所带来的收入固定在一定的水平上，但经营成本会因为各种因素有所上升（见表4－15），使费率增加到一定程度后有所下降。

表4－15　S公务机基地单位公务机起降年收入

年份	公务机起降架次（次）	年总收入（万元）	年均架次收入（万元）
2009	1200	240	0.2000
2010	1368	1131	0.8268
2011	1559	1757	1.1267
2012	1777	3097	1.7420
2013	2026	4126	2.0358
2014	2311	5179	2.2416
2015	2633	6287	2.3869
2016	3002	7239	2.4108
2017	3243	7558	2.3306
2018	3502	7810	2.2299
2019	3782	8110	2.1440
2020	4085	8169	1.9997
2021	4412	8229	1.8561
2022	4765	8290	1.7398
2023	5146	8354	1.6234
2024	5558	8217	1.4785
2025	5613	8485	1.5116

续表

年份	公务机起降架次（次）	年总收入（万元）	年均架次收入（万元）
2026	5725	8555	1.4942
2027	5782	8626	1.4917
2028	5898	8700	1.4750
2029	5958	8775	1.4729

（五）计算结果

1. 政府最低收益保证

根据项目可行性研究报告中所采用的基准折现率 7.15%，测算的传统估算指标 $NPV=2282.93$（万元），对于每一条公务机起降架次路径，依据上述公式模拟政府在特许期内需要支出的补贴额现值，公务机起降架次低于基准公务机起降架次的一定比例时，政府（机场当局）给予合资项目公司一定的现金补贴。图 4－20 为政府补贴支出的频率分布图（在 MATLAB 上模拟 1000 条路径），当设定的政府保证比例为 0.75 时，政府对年公务机起降架次进行最低担保而可能发生的补贴支出平均值为 236.67 万元（见表 4－16），同测算的净现值相比，政府可能的补贴支出额较小，投资项目价值

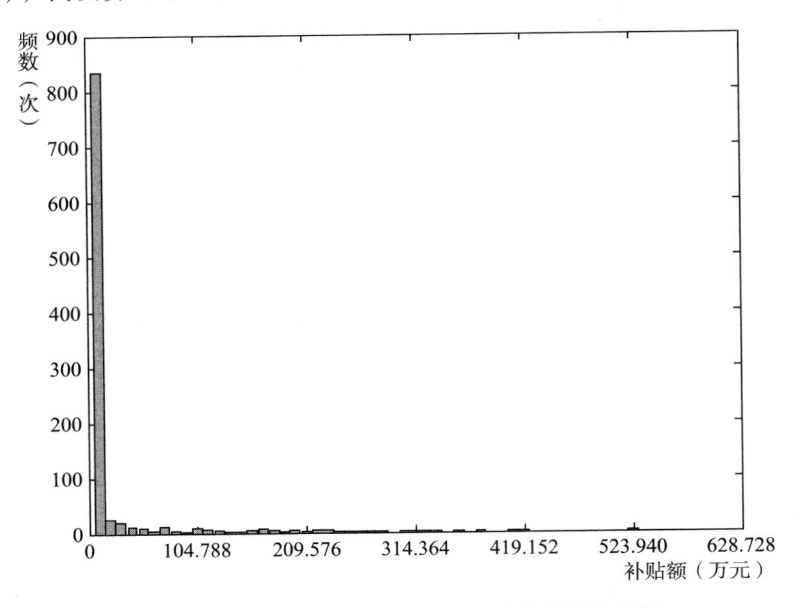

图 4－20　最低收益保证条件下政府的预测支出额

增加 236.67 万元，项目的投资价值为 $NPV=2282.93+236.67=2519.6$（万元）。如果运营期内实际公务机起降架次同基准公务机起降架次发生较大偏离时，实际结果将同目前模拟结果有较大的差异。在实际操作中，有很多方式可以达到政府最低收益保证的功能，如税收优惠的方式，这不仅可以提高机场对投资者的吸引力，而且有利于减少民用机场基础设施项目运营期间的风险。

表 4-16　最低收益保证下政府补贴额的模拟结果

统计量	模拟次数（次）	均值（万元）	标准差（万元）
数值	1000	236.67	23085.51

见图 4-21，对不同的政府最低收益保证比例所对应的可能补贴额进行敏感性分析，保证比例在 0.3～0.8 变动，当保证比例为 0.8 时，补贴金额大约为 275 万元；当保证比例由 0.8 下降到 0.5 时，政府对投资项目的补贴额不断下降，从 275 万元下降到约 25 万元；当保证比例从 0.6 下降到 0.3 时，政府对投资项目的补贴额继续下降。但从图 4-21 中可以看出，补贴额

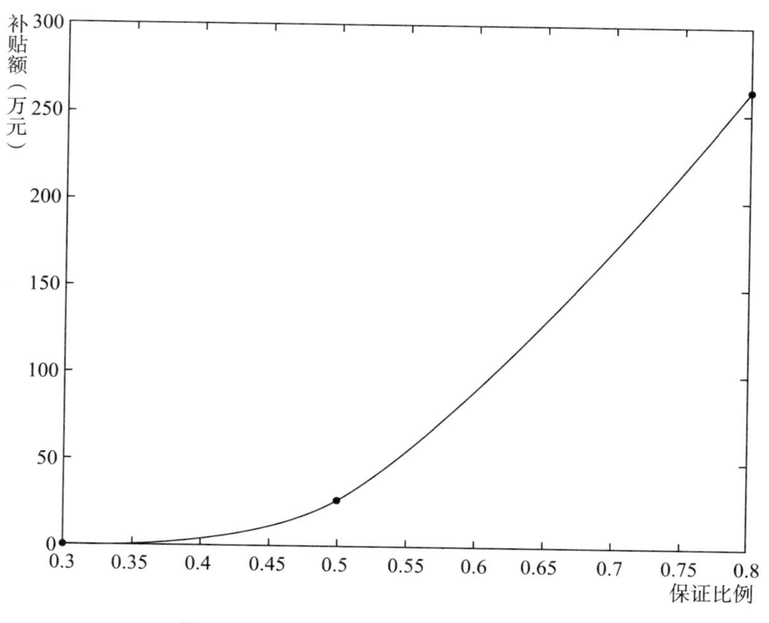

图 4-21　政府补贴数额的敏感性分析

下降的空间在25万元以内。从这样的趋势可以看出，在不考虑其他因素变动的情况下，政府保证比例越高，政府的可能性支出就越大，二者呈显著的正相关关系；保证比例在0.5～1变动时，政府保证对政府补贴额的影响较大，这为决策者和投资者的合同谈判提供了依据。

2. 政府双边保证

采用基准折现率7.15%，当政府最低保证比例为0.75，补贴系数为0.3，最高限制比例为1.3，抽成比例为0.3时，见图4－22、图4－23，双边保证下政府或有支出额的平均值为236.67万元，政府或有收入额的平均值为372.05万元。从期权的观点来看，政府通过对公务机起降架次的双边保证，获得了两个实物期权价值，其中看跌期权价值为236.67万元，看涨期权价值为744.04万元，两者相差507.37万元。可以看出，在这样的保证比例和限制比例下，受益方是政府，在实际操作中，可以根据项目所处的环境、项目的行业成熟度、项目的复杂程度设置不同的最低保证比例和限制比例，将项目风险在投资方和政府之间进行合理的分配，而双边保证下政府或有支出额和或有收入额的模拟结果见表4－17、表4－18。

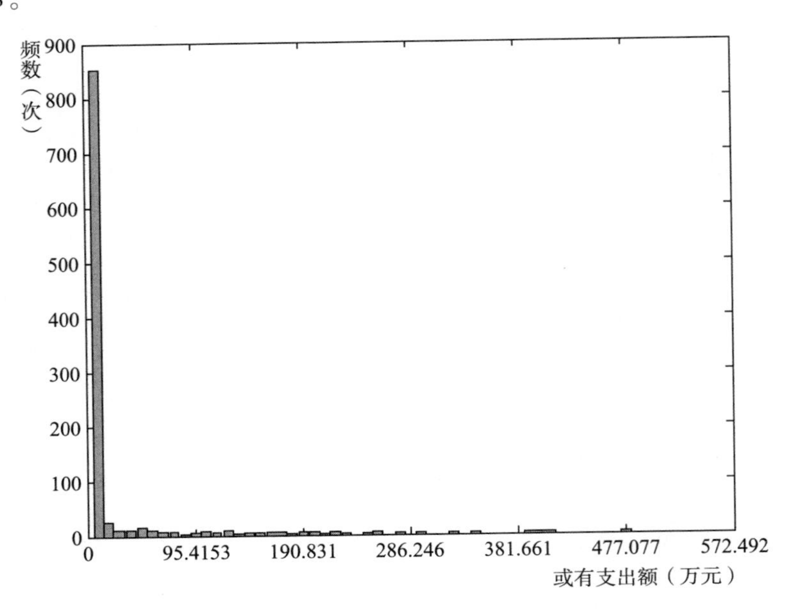

图4－22 双边保证下政府的或有支出额

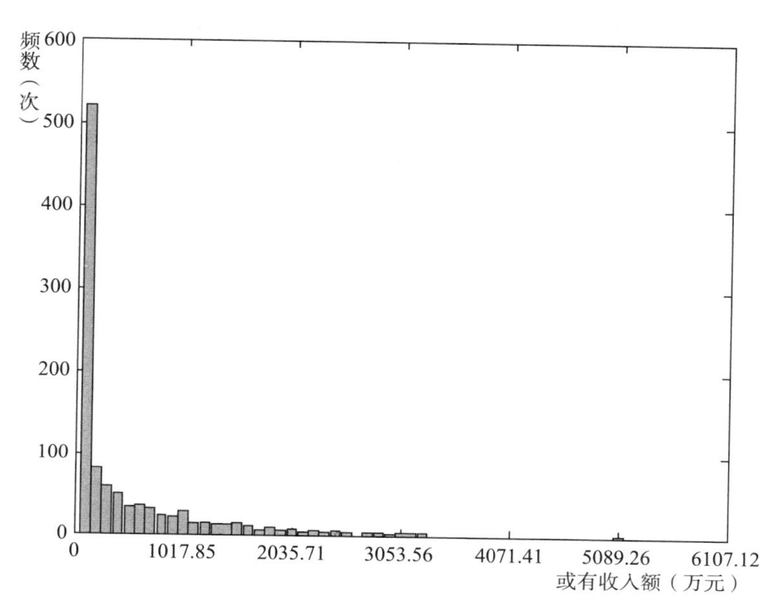

图 4－23　双边保证下政府的或有收入额

表 4－17　双边保证下政府或有支出额的模拟结果

统计量	模拟次数（次）	均值（万元）	标准差（万元）
数值	1000	236.67	23085.5

表 4－18　双边保证下政府或有收入额的模拟结果

统计量	模拟次数（次）	均值（万元）	标准差（万元）
数值	1000	372.05	19009.27

3. 限制竞争保证

在限制竞争的情况下，按照合同约定的政府抽成比例 0.4 和政府限制竞争比例 1.3 来计算，这时政府的或有收入额的平均值为 928.81 万元，见图4－24、表 4－19，和双边保证情况相同，在抽成比例较低的情况下，政府的收益较高，这和可行性研究报告中预测的基准公务机起降架次较低而我们设定的公务机起降架次服从对数正态分布，其增长速度均值较为乐观有密切关系，在运营期内，实际情况可能会有所不同，导致政府的或有收益发生变化。

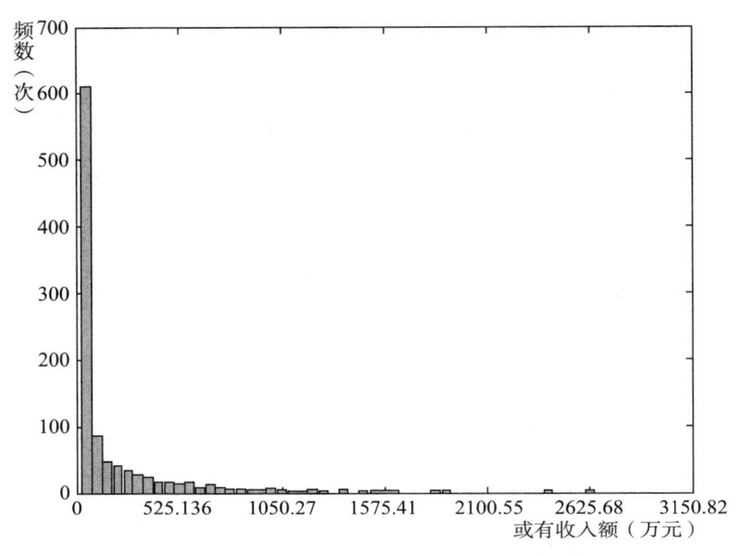

图 4－24　限制竞争情况下政府的或有收入额

表 4－19　限制竞争下政府或有收入额的模拟结果

统计量	模拟次数（次）	均值（万元）	标准差（万元）
数值	1000	928. 81	61579

见图 4－25，在限制竞争的情况下，对政府限制比例、抽成比例和政府或有收入三者之间的关系在 MATLAB 平台上进行模拟，可以看出，政府的或有收入随着抽成比例的增加而降低，而随着限制竞争比例的增加而升高。在实际情况中，政府和投资者可以根据双方条件来协商抽成比例和限制竞争比例的高低，这取决于项目所处的环境和双方对风险的态度，以及它们在项目合同谈判时对项目的风险和所处的环境的客观预测，客观、科学的预测会对项目的平稳运行产生重要的影响，在预测的基础上，合理制定政府限制比例和政府抽成比例，把握限制竞争的程度，在确保项目较好运营的基础上尊重市场竞争规则，当项目达到一定的运营水平时，政府保留提供合理竞争的权力，避免限制竞争演变为不当竞争的一种手段。

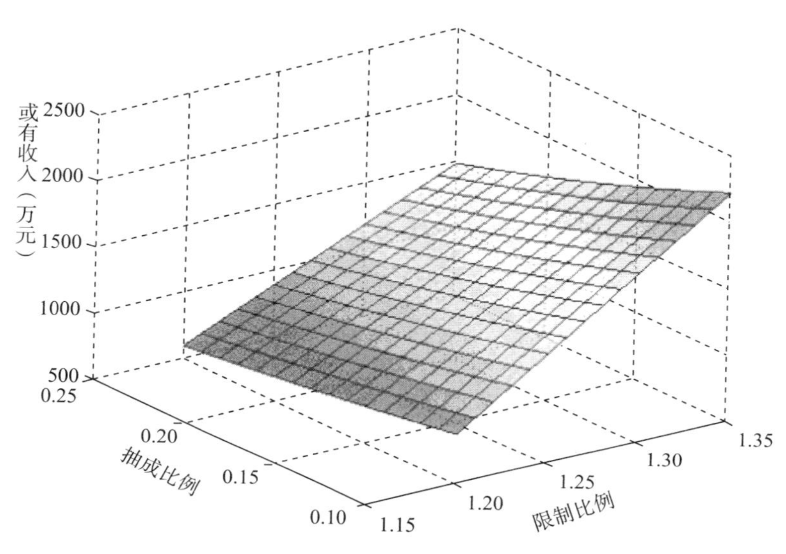

图 4－25　限制竞争保证下政府的或有收入与抽成比例和限制竞争比例的关系

第五章

郑州航空港经济综合实验区演化分析

郑州新郑国际机场（简称新郑机场），位于郑州市新郑市，1997 年建成通航，飞行区等级为 4E，是国家民航局确定的全国八大区域性枢纽机场之一、中国四大货运机场之一、全球亚太物流中心。新郑机场为欧洲最大的全货运航空公司卢森堡货运航空的亚太总部所在地。目前，它拥有两条跑道，2 个航站楼。T1 航站楼建筑面积为 12.8 万 m^2，机坪面积为 25.6 万 m^2，有机位 43 个。T2 航站楼建筑面积为 48.45 万 m^2，2015 年 12 月 19 日正式启用，是国内第二大综合交通枢纽。新郑机场是集航空、高铁、城际铁路、地铁、高速公路于一体，可实现“铁、公、机”无缝衔接的综合枢纽。

2013 年 3 月 7 日，国务院正式批复了《郑州航空港经济综合实验区发展规划（2013～2025 年）》，该实验区是目前全国首个也是唯一一个国家级航空港经济综合实验区，还是河南省三大国家战略的重要组成部分。郑州航空港经济综合实验区（以下简称实验区）位于郑州市东南方向 25km 处。实验区规划面积为 415km^2，边界东至万三公路东 6km 处，北至郑民高速南 2km 处，西至京港澳高速，南至炎黄大道，其中城市建设用地面积为 291km^2。战略定位为：国际航空物流中心、以航空经济为引领的现代产业基地、内陆地区对外开放重要门户、现代航空都市、中原经济区核心增长极。2015 年，实验区完成地区生产总值 520 亿元，“十二五”期间净增 492 亿元，占郑州市五年增量的 14.3%。2015 年，其规模以上工业增加值对全市的贡献率为 32.8%，拉动全市经济增长 3.35 个百分点；完成进出口总额

490亿美元，约占全市进出口总额的85%，占河南省进出口总额的67.4%；完成电子信息业产值2600亿元，约占河南省电子信息业产值的72%。[①] 2015年9月24日，李克强总理在该区视察时曾指出，郑州航空港经济综合实验区辐射周边、活跃全局，实实在在显示出中原腹地的重要力量。

第一节　工程责任

一　政府的工程责任

（一）宏观政策引导

1. 财政政策

实验区享受城市新区、产业集聚区现行的各类财政扶持政策。支持投融资公司参与实验区建设；对承担实验区内重大基础设施建设项目的省级投融资公司，根据建设任务采取专项注入资本金等方式予以支持；对其基础设施建设贷款融资给予贴息，贴息资金由河南省财政和郑州市财政各负担50%；对其信托融资、租赁融资、企业债、中期票据等直接融资费用给予适当补助。鼓励社会资本参与实验区建设，推动央企、省属企业和民营企业等各类投资主体，以参股、控股、独资等方式或运用BT（建设－移交）、BOT、TOT（移交－经营－移交）等模式，参与实验区机场设施、通用航空设施和铁路、公路、信息通信网络等基础设施项目建设，对实验区引进社会资本投资教育、卫生、养老等项目按照河南省招商引资奖励办法给予奖励。支持郑州机场二期工程建设，按照筹资计划和筹资比例，支持河南省国土资源开发投资管理中心和河南省机场集团公司积极筹措资金，保障项目建设。支持城际铁路建设，对承担郑州至机场城际铁路建设任务的河南铁路投资有限公司，继续给予税收返还注资或补贴，对其筹资给予财政贴息或奖励，并积极研究城际铁路运行后的支持政策。支持郑州市跨境贸易电子商务服务试点项目建设，安排专项补助资金，加快项目建设。支持交通建设项目，统筹中央车辆购置税资金、成品油税费改革转移支付

① 《化茧成蝶这三年》，河南日报，http://newpaper.dahe.cn/hnrb/html/2016－03/06/content_6181.htm，2016年3月6日。

资金、高速公路通行费收入等财政资金，加大对实验区高速公路和国（省）道升级改造等建设项目的支持和倾斜力度。拓展优化航线网络，继续对有关航空企业新开辟客货运航线航班、航线市场推介、机场使用费减免等给予补助；对航空公司、航空货运代理企业、客货销售代理企业等有关单位开拓客货运市场给予奖励；根据运输距离和货运规模，对在郑州新郑国际机场集散货物的公路运输企业给予一定额度的补助；奖励、补助资金由河南省、郑州市财政各负担50%，简化审核程序，及时兑现。加快推进南方航空河南分公司改组后续运行工作，加大支持力度，将其培育成为具有较强实力的地方性航空公司。支持航空物流企业和融资租赁公司加快发展；对符合条件的航空物流企业，按航空物流集货量，在一定时间段内河南省、郑州市财政给予一定补助；对入驻实验区的融资租赁公司按融资租赁规模等，由河南省、郑州市财政给予一定数额补贴，支持其扩大飞机或大型设备融资租赁业务。统筹企业自主创新、重大科技、高新技术产业化、科技成果转化、科技开放合作等专项资金，向实验区倾斜，支持实验区航空偏好型产业发展，促进产业集聚，打造中西部地区高端制造业和现代服务业基地。支持实验区设立产业发展基金，运用政府股权投资引导基金，吸引社会资本通过参股等方式，扶持在实验区内设立的创业投资企业和产业投资基金，主要用于扶持实验区内电子信息、生物医药、航空制造等主导产业和金融业发展。对航空经济关联度高、带动作用强的重大项目，在财政扶持上实行“一事一议、一企一策、特事特办”的办法。支持设立省级科技企业孵化器、大学科技园、生产力促进中心和重点实验室等平台，河南省相关专项资金给予倾斜；对新认定的国家级重点实验室、工程技术研究中心、工程实验室等研发平台，河南省财政给予一次性200万元的补助。加强高新技术企业培育，将符合条件的企业认定为高新技术企业，并按照《中华人民共和国企业所得税法》规定按15%的税率征收企业所得税。鼓励企业开展研究开发活动，对符合《企业研究开发费用税前扣除管理办法（试行）》和《财政部国家税务总局关于研究开发费用税前加计扣除有关政策的通知》（财税〔2013〕70号）规定的企业研发开支，按照规定加计扣除。在符合国家和省有关政策规定的情况下，由河南省、郑州市、开封市、实验区财政部门参考金融机构对实验区的融资规模，对金融机构给予适当支持。

2. 税收政策

支持科技成果转移转化，按照《技术合同认定登记管理办法》规定，经过技术合同认定登记的技术开发、技术转让合同所取得的收入免征增值税。支持实验区内的基地航空公司和郑州新郑国际机场引进飞行、机务等领域的紧缺专业人才，对个人所得税中属可税前扣除的，按照国家规定的优惠标准予以扣除。对设在实验区的飞机维修劳务增值税实际税负超过6%的部分实行即征即退政策；至于实验区内动漫企业销售其自主开发生产的动漫软件，对其增值税实际税负超过3%的部分实行即征即退政策；动漫软件出口免征增值税。经认定的动漫企业可自获利年度起享受企业所得税“两免三减半”（2年免征，3年减半征收）优惠政策。对于实验区内居民、企业，在一个纳税年度内，技术转让所得不超过500万元的部分免征企业所得税，超过500万元的部分减半征收企业所得税。实验区内企业的固定资产由于技术进步、产品更新换代较快以及常年处于强震动、高腐蚀状态的，可采取缩短折旧年限或者加速折旧的方法。实验区内企业购置并实际使用环境保护、节能节水、安全生产等专用设备的，该专用设备投资额的10%可以从企业当年的应纳税额中抵免；当年抵免不足的，可在以后5个纳税年度结转抵免。实验区内企业从事国家重点扶持的公共基础设施项目的投资经营所得或从事符合条件的环境保护、节能节水项目的所得，自项目取得第一笔生产经营收入所属纳税年度起，第一年至第三年免征企业所得税，第四年至第六年减半征收企业所得税。实验区内上市公司在实施股权分置试点改革中，对因股权分置试点改革而接受的非流通股股东作为对价注入的资产和因被非流通股股东豁免的债务而增加的注册资本或资本公积的部分，不征收企业所得税。实验区内企业取得的符合条件的股息、红利等权益性投资收益可作为免税收入，不计入应纳税所得额。实验区内企业从县级以上政府财政部门及其他部门取得的具有专项用途的财政性资金，可作为不征税收入，不计入收入总额。实验区内增值税一般纳税人购进或自制固定资产符合规定的可抵扣进项税额。支持通信信息网络基础设施项目建设，对实验区内通信信息网络基础设施项目简化审批流程，依法优先为电信运营企业办理规划建设许可、建设用地、环境影响评价与项目竣工验收、电力配套、进口设备免税等手续，落实税收优惠扶持政策；对电信运营重点项目用电执行大工业用电电价政策。

3. 金融政策

支持银行业金融机构与实验区签订战略合作协议，制定专门的信贷支持策略和管理方案。支持实验区率先开展融资租赁业务，积极探索离岸金融、信托、债券等金融创新。支持融资租赁机构通过上市和发行企业债券、公司债券，探索在银行间债券市场融资，拓宽直接融资渠道。支持保险资产管理公司在实验区设立基础设施投资计划、不动产投资计划和项目资产投资计划等产品，引导保险资金投资实验区建设。鼓励实验区内银行或信托公司发行面向保险资金的专项理财产品和信托投资产品，支持实验区内大型企业设立面向保险资金的债券融资计划。支持出口信用保险公司在实验区开展进出口保险业务。支持实验区加快科技金融改革创新，支持银行业金融机构在实验区开展知识产权质押等灵活多样的金融创新服务，在实验区设立专营科技支行，重点支持拥有自主创新产品、技术或商业模式的科技创新型企业破解融资难问题。

4. 口岸建设及通关便利化政策

加强与国内主要城市口岸合作，签署区域通关、通检协议。实行“5 + 2”和 24 小时预约通关制度，由此产生的额外费用由河南省、郑州市政府给予适当补助；优化海关特殊监管区域和保税监管场所卡口通关手续，开展“两单一审”（将原本进出特殊区域企业区内、外收货方和送货方两次申报改为一次申报，将海关两次审核改为一次审核）通关改革试点。在人员、资金、设备、项目等方面向实验区检验检疫机构倾斜，拓展实验区口岸出入境检验检疫功能，建设包含进出境人员、货物、携带物、交通工具和快件邮件的全方位出入境检验检疫工作平台。优先支持跨境贸易电子商务和国际邮快件检验检疫监管信息化建设，实现分类监管、快速验放。支持郑州新郑国际机场加强口岸核心能力建设，支持创建国际卫生机场，支持提高边检基础设施建设和信息技术应用水平。对实验区内企业管理人员和专业技术人员简化因私出国（境）审批手续，申请因私出国（境）护照可按急事急办规定优先给予办理，需经常往来港澳地区的可审批一年多次往返签注。

5. 产业发展政策

预算内基本建设资金、服务业发展引导资金、工业结构调整专项资金等重点向实验区内重大项目倾斜，优先支持实验区利用国外政府贷款和国际金融组织贷款。支持实验区加快自主创新体系建设，围绕航空物流、高端制造业和现代服务业等主导产业建设各类研发机构，形成特色产业技术创新中心，建设各类特色科技园区，形成以企业为主体、以市场为导向的技术创新体系。支持实验区加快建设电子信息、生物医药、信息服务等国家高新技术特色产业基地，支持实验区积极培育高新技术企业、创新型企业和节能减排科技示范企业。支持实验区加快科技对外开放合作；支持实验区搭建科技合作交流对接平台，引进技术成果和高层次人才，吸引国内外科研机构、高校和企业在实验区建立研发中心、研发总部和创办科技企业，提升实验区的技术创新能力；对引进的研发机构，给予一定数量的经费资助；特别重要的，可按“一事一议”给予特别支持；科研院所、高校和国有控股企业转让或转化技术成果的，可将收益或技术收益的一部分奖励给成果完成人，最高可达70%；对引进的重大高新技术成果项目和合作开发项目，择优给予一定经费资助，并优先列入河南省省级科技计划给予支持；支持实验区建设省级国际科技合作基地。对住所（经营场所）在实验区并在郑州市工商局郑州机场分局登记的企业，免收注册登记费，取消公司注册资本的最低限额，实行注册资本认缴登记制度和实收资本备案制度；对手续齐全的企业登记事项3个工作日办结；将企业年检制度改为企业年报备案制度。放宽企业冠省级名称条件，凡在实验区注册的企业均可申请冠省级名称，对法律、法规和国家要求需要取得前置许可的事项，除涉及国家安全、金融安全、公民生命财产安全等以外，一律实行先照后证。支持实验区工商部门依法对实验区内广告企业从事固定形式印刷品广告经营发布活动进行审批登记。对经认定为总部企业的，企业及所属企业的工商登记、年检等事项，工商、税务等部门实行“绿色通道”制度，集中办理、限时办结，为企业提供优质高效服务。支持实验区引进总部企业，工商部门免收注册登记费和年检费。优先支持实验区优势企业争创中国质量奖和河南省省长质量奖，优先支持优势产品争创河南省名牌产品；支持实验区建设国家级、省级质检中心；支持实验区申报和承担国家级、省级标准化试点示范项目。支持国内外大型航空公司、快递物流企业在郑州新郑国际机场设立基地，增加运力，建设区域运营中心和快件处理中心。加快构建实验区宽带、融合、泛在、安全的下一代信息基础设施体系，积极开展 IPv6（物联网协议 6）、TD - LTE（分时长期演进）等第四代移动通信业务的运营及商用，促进物联网、云计算、移动互联网、智能终端等新一代信息技术产业发展，大力培育信息服务、电子商务、现代物流、网络金融等新兴服务业，支持和引导增值电信企业特别是互联网企业落户航空港区，推动“三网”（电信网、广播电视网、互联网）融合业务在航空港区先行先试，促进信息消费，提升信息化水平。

6. 要素保障政策

按照土地利用规划、城市发展规划、产业发展规划“三规合一”的要求，加快实验区土地利用总体规划修编，为实验区基础设施建设和产业发展留足空间。将实验区基础设施建设项目纳入河南省重点项目管理范围，项目用地由河南省预留指标统一调配，优先保障。河南省国土资源厅和郑州市政府、开封市政府、郑州航空港经济综合实验区管委会建立用地保障联动机制。年度新增建设用地计划指标分配向实验区倾斜，河南切块预留 1 万亩土地利用指标，专项用于实验区建设，指标使用由实验区通过项目申报，河南省国土资源厅对其实施动态弹性管理。以划拨方式供应实验区公共租赁住房用地。对符合相关规定、条件的工业用地，在确定土地出让底价时可按不低于所在地土地等别相对应《全国工业用地出让最低价标准》的 70% 执行；对引进的企业总部办公用地，将其纳入年度土地供应计划，通过招标、拍卖、挂牌等公开出让方式，优先保障企业总部办公用地。安排省级环保专项资金时，在符合条件的情况下对实验区单独安排并给予倾斜。探索建立针对实验区的排污总量预算管理制度，优先保证实验区主要污染物的预支增量指标。支持实验区开展排污权有偿使用和交易试点。对实验区在占用征收林地定额方面给予支持和重点倾斜，适度保障区域内重点建设项目占用征收林地定额。加大对实验区内南水北调中线工程干渠绿化的投资力度。郑州、开封黄河干流取水许可总量控制指标向实验区倾斜，积极向国家申请增加南水北调中线工程向实验区的供水规模。支持实验区发展绿色建筑，建设绿色生态城区，积极推荐它申报国家绿色生态示范城区。在实验区控制性详细规划、土地利用总体规划、地下管线规划中，统筹安排通信信息网络综合管道网、机房、基站等相关设施，在政府机关、住宅区、商业（办公）楼宇、高校、机场、车站、地铁、展馆、旅游景点等所属建筑物以及铁路、公路、河流沿线和路灯、道路指示牌等公共设施旁预留基站机房、通信塔空间，建设宽带无线港区。

7. 人才保障政策

选定省内有条件的高校作为航空物流、电子信息、航空设备制造及维修、生物医药、专业会展、电子商务等产业发展的人才培养基地，鼓励相关院校结合产业发展需求及时调整课程设置和教学计划，与企业开展订单式培养，大力发展职业教育；支持实验区内在航空物流、电子信息等领域具有相当规模的企业、事业单位设立博士后科研工作站和博士后研发基地。支持引进航空港经济高层次人才，对在推动航空港经济发展中做出突出贡献、创造重大经济效益的，优先向国家推荐授予其荣誉称号和使之享受政府特殊津贴，按照有关规定予以表彰奖励。支持民航专业技术培训机构在实验区内开展专业技能培训、设置考试考点及岗位技能鉴定机构，对入驻实验区的民航专业技术培训机构给予税收优惠。对实验区引进的高层次创业创新人才以知识产权作为无形资产作价入股参与投资的，投资比例最高可达注册资本的70%。将实验区外来务工人员纳入当地社会保障体系，与同城职工享有同样的社会保障、教育培训、医疗卫生服务、户籍办理、住房保障等待遇；对实验区内的航空运输和物流企业引进的外籍人员和高层次人才，在子女入学、住房购置等方面放宽户籍限制条件，予以妥善安置和照顾。按照国家有关规定和程序，对符合条件的外籍人才及其随迁外籍配偶和未满18周岁未婚子女申请在豫定居的，尽快审核并向公安部积极申报办理“外国人永久居留证”。支持实验区引进河南省“百人计划”人才，积极引进博士后研究人员从事高科技研究，支持河南省博士后科研创新团队承担实验区的研发项目。支持实验区建设海外高层次人才创新创业基地，实施海外创新创业人才引进普惠性政策，对引进的高层次科技人才及其团队优先立项建设省级研发中心，对其申报科技创新项目予以支持；支持实验区内企业建设院士工作站，大力引进两院院士帮助解决产业化关键技术难题。

8. 其他政策

实验区在河南省首推“五单一网”“三证一章”工作机制。实施“三证一章”商事登记制度改革，推行“一表申请、一门受理、内部流转、并联审批、统一发证”，营业执照、组织机构代码证、税务登记证和印章刻制一个窗口统一办理。“五单一网”即政府权责清单、行政审批事项清单、企业投资项目管理负面清单、行政事业性收费清单、政府性基金清单与政务服务网。

（二）基础设施构建（2016～2020年）

“十二五”期间，实验区新建成区内通车道路240km，18座跨南水北调干渠桥梁、7座跨兰河桥梁、6座跨梅河桥梁正在施工；第一水厂（一、二期）已建成投用，日供水能力达20万吨，第二水厂已开工建设；建成污水处理厂2座，日处理能力15万吨。已建成投用变电站6座，新建5座变电站（2座220千伏、3座110千伏）的方案已经确定。建成北区燃气门站1座，规模5万立方米/小时，南区燃气门站已启动建设。北区热源厂一期已建成投用，供热能力为70蒸吨/小时；北区热源厂二期正在进行前期工作。新增绿地面积超过300万km^2，已建成或部分建成城市公园4个。正弘、裕鸿世界港等高端住宅区建成投用。合村并城建设累计完成投资201.7亿元。南水北调干渠以西607万km^2安置房已全部开工建设；第一期209万km^2安置房全部完成，其中166万km^2已交付使用，回迁人数达27643人。新建、改扩建学校11所，新增学位10440个，医疗机构达40余所。“十三五”期间，实验区基础设施建设规划如下。

1. 公共服务设施

根据《郑州航空港经济综合实验区医疗卫生设施布局专项规划（2013～2040年）》，至2020年，实验区内医疗卫生建设项目内容如下：建设医院14所（综合医院4所、中医医院3所、专科医院7所），总床位为6500床，用地面积为88公顷，医院总建筑面积为88万m^2；建设公共卫生服务中心1处，服务内容包含卫生监督、急救医疗、卫生信息服务、健康教育等，用地面积为2.0公顷，建筑面积为0.8万m^2；建设妇幼保健院1所，床位数为500床，用地面积为5.6公顷，建筑面积为3万m^2；建设社区卫生服务中心26所，总床位数为750床，用地面积约为7.5公顷，建筑面积为5.2万 m^2。

根据《郑州航空港经济综合实验区社会福利机构布局专项规划（2013～2040年）》，实验区近期共布局各类各级社会福利机构41处，用地规模总计46.55公顷，其中社会福利用地规模为44.98公顷。

根据《郑州航空港经济综合实验区文物保护专项规划（2013～2040年）》，2016～2020年文物保护建设项目包括确定郑州航空港经济综合实验区范围内63处文物保护单位的保护范围和开展控制地带的标志标识和界标工程。开展重要文物保护单位遗址遗迹勘察工作和地上遗存的保护设计和清理工作，尤其是落实苑陵故城、大寨遗址和老寨遗址的遗址本体加固及其他保护工程措施。

根据《郑州航空港经济综合实验区中小学布局专项规划（2013～2040年）》，至2020年，规划小学生人数129330人，初中生人数89100人，高中生人数63000人；规划幼儿园180所、小学72所、初中40所、高中20所。《郑州市城市中小学校幼儿园规划建设管理条例》规定：新建幼儿园生均建筑面积不小于 $7m^2$；新建小学生均建筑面积不小于 $8m^2$；新建初中生均建筑面积不小于 $9m^2$；新建普通高中生均建筑面积不小于 $10m^2$；新建寄宿制高中生均建筑面积不小于 $20m^2$，中小学及幼儿园总建筑面积为382万 m^2。

根据《郑州航空港经济综合实验区体育设施布局规划（2013～2040年）》，2016～2020年规划建设：郑州航空港区奥林匹克体育中心新建6万人体育场1座，3千人游泳馆1座，1万人体育馆1座；以20万～30万服务人口为单位，服务半径为3～5km，共布置8处区级设施，其中北区3处，东区1处，南区4处；以3万～5万人，服务半径以0.5～1km为标准，共布置33处居住区级体育用地，分别为北区18处、东区2处和南区13处。

2. 市政工程

根据《郑州航空港经济综合实验区环境卫生设施专项规划（2013～2040年）》，2016～2020年，实验区环境卫生设施建设包括：新建公共厕所258座；新建小型垃圾转运站19座；新建19处车辆清洗站；新建1处大型环卫车辆停车场，19处环卫车辆停车场，配备环境卫生车辆485辆；新建环境卫生管理处1个，新建24个环境卫生管理站；新建环卫综合作息场所

1 处，小型休息场所 304 处；购置环卫车辆 1737 辆；建设完成环境园中的焚烧发电厂、餐厨垃圾处理厂、建筑垃圾综合利用厂和综合分选回收中心等并将之投入使用。

根据《郑州航空港经济综合实验区给水工程专项规划（2013～2040 年）》，2016～2020 年给水工程建设项目包括：建设航空港第一水厂改扩建工程，设计规模为 20 万 m^3/日；航空港张庄水厂（第二水厂）一期，设计规模为 10 万 m^3/日；从白沙水厂外调水量 10 万 m^3/日；共计新增水厂供水能力 40 万 m^3/日，使航空港供水能力达到 43 万 m^3/日；规划 2020 年前新铺 DN500 及以上管径配水管道总长度约为 92km，其中 DN800 及以上管径的管道长度约 54km；规划 2020 年前建设管网抢修基地 4 座。

根据《郑州航空港经济综合实验区排水工程专项规划（2013～2040 年）》《郑州航空港经济综合实验区雨水利用专项规划（2013～2040 年）》和《郑州航空港经济综合实验区再生水利用专项规划（2013～2040 年）》，2016～2020 年排水工程建设项目包括：对第一污水处理厂、第二污水处理厂进行技术改造，使其出水水质优于一级 A 标准，新建第三污水处理厂；配套建设航空港第二、第三污水处理厂污泥处理设施，使污水处理率达到 98%，污泥基本实现无害化处理；建设航空港第一、第二、第三再生水厂一期，使再生水利用率基本达到 50%；结合道路建设，配套完善雨水、污水、再生水管网系统，使管网覆盖率达到 98%，且主要集中在公共文化航空金融中心、全球航空论坛、总部经济园和产业园区；加快对实验区现有河道、明渠的疏挖、护砌，以保证城市雨水排放顺畅；新建晴空路污水泵站、富航路污水泵站、6 号污水泵站。

根据《郑州航空港经济综合实验区城市电力设施布局规划（2013～2040 年）》，2016～2020 年城市电力设施建设项目包括：高压变电站工程、高压线路工程、中压线路工程和电网智能化化工程。高压变电站工程包括：新建 9 座 220kV 变电站，主变压器台数为 16 台，变电容量为 3840MVA；新建 28 座 110kV 变电站，主变压器台共 58 台，总容量为 3654MVA。高压线路工程：新建 220kV 线路 24 回，改造 6 回，线路总长度为 185.06km，新建 110kV 线路 50 回，改造 4 回，线路总长度为 211.15km。中压线路工程包括：新建 10kV 线路 474 回，电缆 1456.37km，环网柜 1896 座，开闭所 474

座，配变压器1981台。

根据《郑州航空港经济综合实验区通信信息网络基础设施规划（2013～2040年）》，2016～2020年通信信息、网络基础设施规划建设项目包括：基站新增站址586个；新增核心机楼3所，汇聚节点机房15个，小区宽带接入机房25个，基站接入机房147个；核心机楼达6所，汇聚机房达30个，小区宽带机房达50个，基站接入机房达293个；新建主干通信管道300管程公里，新建次干通信管道400管程公里；至2020年新建主干光交箱780个。建设河南移动数据中心及生产指挥调度中心（建筑面积为34.5万 m^2）、中国移动郑州航空港区通信综合楼（建筑面积为1万 m^2）和郑州联通公司郑州航空港区通信综合楼（建筑面积为1.89万 m^2）。根据《郑州航空港经济综合实验区邮政设施专项规划（2013～2040年）》，2016～2020年邮政建设项目包括：1处航空邮政邮件转运中心（占地43.3亩，建筑面积为4.1万 m^2），2处邮政中心局（建筑面积为3000 m^2/处），5处邮政中心支局（建筑面积为2500～3000 m^2/处），11处邮政支局（建筑面积为1500～2000 m^2/处），配建24处邮政所，总建筑面积为4.3万 m^2。

根据《郑州航空港经济综合实验区天然气专项规划（2013～2040年）》，2016～2020年天然气工程建设项目包括：高压管道43.6km、中压管道324km、调压站7座、CNG加气站10座、LNG加气站6座、智能调度系统1套。

根据《郑州航空港经济综合实验区集中供热规划（2013～2040年）》，2016～2020年供热工程建设项目包括：南区热电厂一期（2×400MW），港北热源厂一期（3×20蒸吨/小时+10蒸吨/小时），港北热源厂二期（4×75蒸吨/小时），港南热源厂一期（4×58MW），东南热源厂一期（2×116MW），东北热源厂一期（2×116MW）；新建高温热水管网186km，新建蒸汽管网102km。

根据《郑州航空港经济综合实验区消防专项规划（2013～2040年）》，2016～2020年消防工程建设项目包括：消防指挥中心1座，特勤消防站4座，一级普通消防站23座（其中一座远期将升级为航空消防站），水上消防站2座，后勤保障基地1座，预留1处消防设施备用地；建设消防栓2014个，建设水鹤52个，建设消防取水点14个。

根据《郑州航空港经济综合实验区防震减灾专项规划（2013～2040年）》，2016～2020年防震减灾工程建设项目包括：新建1处抗震指挥中心，位于万三公路和迎宾大道交叉口附近，用地规模约为3公顷；规划2处中心避震疏散场所，总用地面积为438.50公顷，有效避难面积为219.25公顷；规划固定避震疏散场所19处，总用地面积为564.89公顷，有效避难面积256.77公顷；规划避震场所能容纳人口238万人。

3. 生态保护

根据《郑州航空港经济综合实验区绿地系统规划（2013～2040年）》，2016～2020年实验区绿地建设项目包括：规划市级综合性公园3处，分别是张庄森林公园、智湖公园以及苑陵古城公园，总面积为671.13公顷；规划区域性综合公园6处，分别为滨水健身公园、冯庄遗址公园、东湖公园、东岳庙公园、大寨遗址公园以及西湖公园，总面积为271.89公顷；规划居住区公园28处，总面积为63.25公顷；规划带状公园11处，总面积为571.75公顷；规划街旁绿地9处，总面积为11.14公顷；生产绿地建设总面积为209.74公顷；规划防护绿地13处，总面积约为641.39公顷，主要为南水北调防护带以及西气东输途经居住区段防护带；附属绿地面积达2503.57公顷。

根据《郑州航空港经济综合实验区生态环境保护规划（2013～2040年）》，2016～2020年实验区生态环境保护建设项目包括：生态保护建设工程、大气污染防治工程、水污染防治工程、噪声污染防治工程、固体废弃物污染防治工程、生态文明工程和环境管理提升工程七大类。

根据《郑州航空港经济综合实验区防洪及水系规划（2013～2040年）》，2016～2020年实验区防洪及水系建设项目包括：核心区域内的主干水系工程、主要的水源工程以及城市景观湖泊工程。主干水系工程包括北部丈八沟主干和南部梅河主干的防洪除涝及生态治理工程，包括河道断面疏挖、堤防加固、建筑物配套、生态护岸等内容，使本次治理河道防洪标准均达到50年一遇，同时治理庙后唐沟、梅河支流，以及碧空明渠、兴空明渠、晴空明渠等连通河道，以形成初步的自然生态及水系景观面貌。水源工程主要为泵站及输水管线的建设。湖泊工程主要的对象为规划属性定位为城市景观湖的北湖、东湖和智湖，使规划区内湖泊初具规模，水质和水环境得到初步改善。

4. 智慧航空都市

根据《郑州航空港经济综合实验区概念性总体规划（2013～2040年）》，2016～2020年是智慧城市的起步阶段，重点是建设数字化技术支撑设施及相关感知网络基础设施，降低城市能源消耗，引导智慧产业的集聚。

（1）智慧城市五维度模型。①智慧能源：采用先进的通信、传感、储能、新材料、微电子、大数据优化管理和智能技术，可以将人类使用的能源转变为更高效、更智能、更清洁和更加安全的体系结构、互动能力和运营模式。②智慧环境：通过各种先进的感知技术、网络技术及信息技术构筑以信息采集为基础，集网络建设、应用集成、数据共享和信息服务于一体的环境信息综合网络平台，人们借助便携的智能终端主动感知环境、资源信息，形成高效的环境信息管理、服务体系。③智慧交通：以互联网、物联网等网络组合为基础，以智慧路网、智慧装备、智慧出行、智慧管理为重要内容的交通发展新模式，具有信息连通、实时监控、管理协同、人物合一的基本特征。④智慧建筑：通过采用先进的环保设备、信息技术以及低碳的设计方法，使建筑更加节能、安全、舒适、便利。⑤智慧流通：着眼于城市整体的物流、资金流、信息流、人流的信息平台建设，实现各类流通的信息共享，充分利用互联网和智能终端的优势，使各行业流通参与者能共享信息、协同工作、提高效率。

（2）智慧航空都市构架。实验区形成“一区、一环、两带、四廊、四核”的智慧航空都市构架。①一区，临空智慧示范区，以空港核心区和临港商展交易区为主要实验平台，优先发展智能技术和建设基础设施，从五维度智慧手段推动实验区的航空示范作用。②一环，公交智环，根据城市干路的规划，沿串联北、东、南三区中心的主干路，规划一个智能公交环。公交环从北至南依次串联城市主中心、专业中心和次中心，环线上建设完善的泛在互联、智能终端设施等，提供道路交通监控、交通信息、公交调度、应急救援等方面的服务。③两带，两条X型互动滨水带：南水北调干渠滨水带和小清河滨水带。④四廊，四条节能设施廊，沿新G107、S102、迎宾大道、郑少高速联络线，打造四条节能设施廊，沿四条道路铺置智能终端设施，针对给排水、燃气、通信管网等市政工程设施，实现在线监测、数据检索、地图显示、险情报警、事故分析、统计报表等功能。⑤四核，四大高效运营核，在中、北、东、南四个方向建设4个城市综合运营核，通过桥接互通网络，使实验区的数据信息在云端得以快速整合、处理及运营。

二 企业的工程责任

（一）企业产业支撑

1. 产业规划

实验区产业发展应依托航空货运网络，加强与原材料供应商、生产商、分销商、需求商的协同合作，充分利用全球资源和国际国内两个市场，形成特色优势产业的生产供应链和消费供应链，带动高端制造业、现代服务业集聚发展，构建以航空物流为基础、航空关联产业为支撑的航空港经济产业体系。航空核心产业主要包括航空运输、航空物流、航空总部基地、航空维修、航空制造、飞机制造/总装、公务机FBO以及航空保障。航空偏好产业重点发展电子信息产业园区、生物医药产业园区、精密仪器产业园、智能手机产业园、新材料产业园、新能源产业园、综合性高新产业园、快时尚品牌服装园、区域共建高端制造业园区九大产业园区。航空关联产业着重发展临空生产性服务业与临空生活性服务业。临空生产性服务业主要包括航空金融、专业会展、电子商务、总部经济、服务外包、现代农业等。临空生活性服务业主要包括高端商贸、商业零售、商务服务、文化娱乐、体育休闲、餐饮娱乐、房地产等行业。

紧紧围绕航空物流业、高端制造业以及现代服务业三大产业的功能，形成三大中心、三大板块的产业规划结构。①北部金融商务综合服务中心，规划在双湖大道以南、南水北调干渠两侧布局金融商务综合服务中心，其功能包括航空金融、商务办公、航空发展论坛、商业贸易、航空总部、文化娱乐、体育休闲等。②中部航空会展交易中心，规划在南水北调干渠以东、迎宾大道两侧布局航空会展交易中心，其功能包括航空展览、会议论坛、国际会展、全球综合交易中心、世界品牌购物等。③南部生产性服务中心，规划在南水北调干渠与苑陵古城以南规划生产性服务中心，其功能包括科技服务、信息服务、金融服务、商务服务、物流运输、商贸流通、总部办公等。北部产业板块规划四大产业园区，包括外包服务产业园、快时尚品牌服装产业园、智能手机产业园和高端电子产业园。中部产业板块在新 G107 以西主要布局航空物流园、自由贸易园区、综合保税区等航空核心产业园，在新 G107 以东主要布局国家电子信息产业园、国家生物医药产业园、新材料产业园、新能源产业园等航空偏好型产业园。南部产业板块在台商工业园的基础上打造高端制造产业园，并规划新建航空设备制造产业园区、电子信息产业基地、生物医药产业基地、“8 +1”区域共建园等航空偏好型产业园区。

2. 产业发展

（1）航空物流方面。新郑机场远景规划建设 5 条跑道，到 2025 年实现旅客吞吐量 4000 万人次，货运吞吐量 300 万吨；远期 2045 年实现旅客吞吐量 7200 万人次，货运吞吐量 520 万吨。2015 年，新郑机场旅客吞吐量为 1729. 74 万人次，同比增长 9. 44%，货邮吞吐量为 40. 3 万吨，同比增长 8. 89%，运输飞行起降 153891 架次，同比增长 4. 56%。[①] 截至 2015 年 12 月 31 日，在新郑机场运营的客运航空公司有 32 家，通航城市有 81 个；货运航空公司有 18 家，通航城市有 36 个，开通的货运航线有 34 条，其中国际地区的货运航线有 30 条。[②]

新郑机场的航线网络通达性进一步增强，已成为国内除上海浦东、广州白云、深圳宝安机场之外的第四大货运机场。已进入全球前 20 位货运枢纽机场名单，开通了 12 个航点，基本形成覆盖欧美和东南亚主要货运枢纽的航线网络；卢森堡航空、马来西亚航空打造的“郑州—卢森堡”“郑州—吉隆坡”双枢纽，进一步强化了郑州对欧洲、东南亚的辐射能力。入驻新郑机场的定期货运航空公司共有 6 家，包括：俄罗斯空桥货运航空公司（郑州—莫斯科—阿姆斯特丹）、中国邮政航空（西安—郑州—南京）、顺丰速递集团（郑州—武汉—深圳）、扬子江快运航空公司（上海—郑州—卢森堡—布拉格）、中国国际货运航空公司（上海浦东—郑州—法兰克福—郑

① 《2015 年全国机场生产统计公报》，中国民用航空局官网，http://www.caac.gov.cn/XXGK/XXGK/TJSJ/201603/t20160331_30105.html，2016 年 3 月 31 日。

② 本部分内容属于郑州航空港经济综合实验区经济发展局“郑州航空港经济综合实验区‘十三五’规划部分前期研究课题——航空港实验区‘十三五’时期固定资产投资与重大项目建设问题研究”的内部资料及成果。

州—上海浦东）、美国联合包裹 UPS（郑州—仁川—安克雷奇）。[①]

新郑机场建立了与 12 个直属海关的区域通关机制，架起了各地市与郑州航空港之间货物互通的桥梁，从属地海关接单到机场海关查验放行由原来的 30 小时压缩到 5.5 小时，通关效率大幅提高。快件监管中心获批运行，2015 年全年，海关共计监管进口生鲜货物 5600 吨，货值 2.88 亿元。中西部首个移动通信终端（手机）设备重点检测实验室落户郑州新郑综合保税区，促进河南手机生产和出口。获得开展保税航油业务，2015 年海关监管加注保税航油 12.7 万吨，为 44 家航空公司节约成本 4690 余万元，极大地刺激了国内外航空公司在郑州开辟或拓展国际航线。郑欧班列开通并不断加密班次，截至 2015 年 12 月底，郑欧班列累计开行 256 班，2016 年，郑欧班列将实现每周 3 班去程、3 班回程的开行计划。“卡车航班”成为重要补充，郑州机场已经开通了到北京、天津、青岛、西安等 12 个城市的卡车航班；保税货物结转试点获批。获得经济综合实验区海关国内地区代码，标志着实验区正式以独立的经济区划被纳入海关统计。获得通往 13 个国际城市的航空快件总包直封权，根据业务货邮量，郑州还将陆续申请至乌克兰、韩国、新加坡、泰国等地的国际快件出口总包直封权。新郑机场航空口岸获批口岸签证权，实行 72 小时落地签。河南省电子口岸综合服务中心建成并投入使用，实现了“一次申报、一次查验、一次放行”的电子化办公。已成功复制上海自贸区海关制度创新 11 项、检验检疫制度创新 8 项。跨境电商信息平台已上线运行，日处理能力达到 100 万单，吸引阿里巴巴、京东、唯品会等多家知名电商企业入驻。河南进口肉类指定口岸正式启用，预示着海运进口产品将由传统的“港口分拨”变成“腹地分拨”，将沿海的口岸功能延伸到了中原腹地。南方航空与河南航投共同投资组建的中国南方航空河南航空有限公司在新郑机场正式挂牌成立，河南省本土航空公司正式起航运营。[②]

（2）高端制造业方面。已引进手机企业 121 家，已投产 16 家。已建成

---

① 本部分内容属于郑州航空港经济综合实验区经济发展局“郑州航空港经济综合实验区‘十三五’规划部分前期研究课题——航空港实验区‘十三五’时期固定资产投资与重大项目建设问题研究”的内部资料及成果。

② 本部分内容属于郑州航空港经济综合实验区经济发展局“郑州航空港经济综合实验区‘十三五’规划部分前期研究课题——航空港实验区‘十三五’时期固定资产投资与重大项目建设问题研究”的内部资料及成果。

投用出口退税资金池、国家通信设备检测中心、手机产业园等多个要素支撑平台，现有研发、设计、信息、资金、人才等平台正在建设。2015 年，河南省共实现手机产量 20467 万部（其中苹果手机产量为 13011 万部），约占全球手机供货量的 1/7，全球智能终端生产基地地位初步确立。实验区内现有生物医药企业 11 家，其中规模以上企业 9 家。作为国家级生物医药产业基地先导区的郑州台湾科技园项目已建成 33 栋楼，总建筑面积为 20 万 m^2，签约企业有 67 家，其中院士项目有 2 个，国家"千人计划"专家项目有 4 个。此外，穆尼飞机零部件制造项目已落户实验区。微软、友嘉精密机械、正威科技城等多个投资超 10 亿美元的大型项目正在加快推进中。

（3）现代服务业方面。① 2014 年 3 月 3 日，在综保区举行了首届中法葡萄酒文化节，包括滴金、白马、龙船三大名庄在内的 100 多家法国酒庄参加了展示、拍卖、交易活动。2014 年 6 月 26 日，郑州航空港国际大宗商品供应链产业园开园，将推动郑州航空港经济综合实验区的产业升级和结构调整，建成区域贸易中心、金融中心和结算中心，形成贸易、金融、信息、文化高度集聚的大宗商品供应链生态圈。2014 年 10 月 22 日，郑州欧洲制造之窗首届展销会开幕，来自欧洲的 64 家约 100 位高端工业品企业代表进驻展销中心。该中心的成立将为河南企业与欧洲企业提供一个现代贸易服务平台。

重大产业项目包括台湾软件协会台商软件园项目、郑州新郑综合保税区恒丰电子科技有限公司恒丰产业园项目、正威集团智能手机产业园项目、正威集团半导体全产业链产业园项目、河南省投资有限公司阿里巴巴大数据中心项目、百利丰中鑫手机生产基地项目、北京天宇朗通通信设备股份有限公司智能手机生产基地项目、河南乐派电子科技有限公司产业园建设项目、爱诺星通讯设备有限公司爱诺星手机及配套产业园项目、中信太和手机产业园项目、深圳辉烨通讯科技有限公司手机产业园项目、深圳市联懋塑胶有限公司手机产业园项目、展唐通讯科技有限公司智能手机产业园项目、郑州西特新能源有限公司年产 40000 万安时锂电池生产项目、武汉光谷百桥科技有限公司郑州空港百桥国际生物产业园区建设项目、河南睿智

① 本部分内容属于郑州航空港经济综合实验区经济发展局"郑州航空港经济综合实验区'十三五'规划部分前期研究课题——航空港实验区'十三五'时期固定资产投资与重大项目建设问题研究"的内部资料及成果。

田川展示用品有限公司睿智田川能源终端服务创意产业园项目、郑州日新精工有限公司洋马集团差速器生产基地项目、河南省九洲计算机有限公司中原智谷互联网技术服务产业园项目、北京北航资产经营有限公司北航科技园项目、中鑫泰隆（北京）国际投资管理有限公司郑州航空港意大利国际珠宝首饰总部基地、菜鸟网络科技有限公司中国智能骨干网项目、杭州聚多云电子商务有限公司聚多云电子商务产业园、唯品会中部地区运营中心项目、富士康航空物流产业园项目、苏宁云商华中地区物流枢纽项目、友嘉（河南）精密机械有限公司友嘉（河南）精密机械产业园一期项目、河南啸鹰航空产业有限公司、穆尼飞机零部件制造项目、普传物流项目河南育林工程绿化公司中国郑州国际航空生态农业花卉物流港项目（进出口交易中心）、宇龙计算机通信科技（深圳）有限公司酷派集团智能手机产业园项目、河南瑞弘源科技有限公司蓝宝石晶体加工及产业园项目、郑州欣可新材料科技有限公司年产 16 万吨 BOPP 薄膜项目。

（4）重大商业服务业项目。根据《郑州航空港经济综合实验区商业网点规划（2013～2040 年）》，至 2020 年，实验区建成购物中心 8 个，大型零售商场 13 个，专业市场 3 个，特色商业街 12 条，五星级酒店 7 家，四星级酒店 11 家。包括富士康生活小镇项目（项目位于四港联动大道以东、郑港十路以北，建筑面积为 30 万 m^2，主要建设研发中心及实验室、企业商务中心及相关配套设施）、正弘置业有限公司航空港商务中心项目（项目位于郑港一路以南、郑港四路以北、郑港四街两侧，占地 1000 亩，主要建设集文化、娱乐、商业为一体的大型城市综合体）、郑州航空港区慧都置业有限公司中部国际设计中心项目（项目位于郑港四路以北、琴台街以东，占地 67 亩，建筑面积为 22 万 m^2，主要建设创智办公平台、设计制作平台、公共服务平台）、河南裕鸿置业有限公司裕鸿商务公园项目（项目位于郑港六路北侧、四港联动大道西侧，占地 530 亩，主要建设商务办公楼、商业综合体、商务酒店等）、郑州顺隆置业有限公司锦荣悦汇城项目（项目位于郑港四街以东、郑港六路以南、郑港五街以西、郑港七路以北，占地 122 亩，建筑面积为 31.2 万 m^2，主要建设商业文化用房及配套设施）、郑州丹尼斯百货有限公司丹尼斯航空港区购物中心项目（项目位于郑港四街东侧、郑港六路南侧，占地 60 亩，建筑面积约为 14 万 m^2，主要建设商业楼及配套设施等）、郑州航空港区航程航投置业有限公司国际贸易服务中心项目（项目位于综合保税区内及郑港四街以东、郑港五街以西、秋实路以南，占地50亩，建筑面积约为18万m^2，主要建设一栋高端商务酒店和A、C、D、E四幢办公楼及两层地下室，含地下车库、设备用房、配建人防等）、河南中宇公司高端航空器材物流产业园项目（项目位于雁鸣路西侧，占地248.5亩，建筑面积为33万m^2，主要建设航空器展销6S店、航空器交易中心、航空航材供应中心；飞机FBO运营与服务中心、航空培训中心、航空俱乐部、公寓、动力控制中心）、河南新瑞商置业有限公司富士康祥瑞广场项目（项目位于郑港三路南侧、郑港三街东侧，占地277亩，建筑面积为51万m^2，主要建设富士康职工公寓楼及配套商业设施）、郑州航空港区航程天地置业有限公司兴港大厦项目（项目位于四港联动大道以西、航程西路以东、郑港一路以北、龙中公路以南，占地约51亩，建筑面积为15万m^2，主要建设酒店、写字楼、商业的综合体）、郑州航空港区航程天地置业有限公司国际企业中心项目（项目位于四港联动大道以西、航程西路以东、郑港一路以南、贰仟家物流以北，占地约65亩，建筑面积为20万m^2，主要建设LOFT公寓、商业项目）、中国南方航空股份有限公司郑州航空港区综合保障基地（项目位于四港联动大道东侧、郑港一路北侧，占地35.93亩，建筑面积为3.2万m^2，主要建设生产保障综合楼及配套设施等）、郑州兴瑞大宗商品供应链产业园有限公司大宗商品供应链产业园一期建设项目（项目占地192亩，建筑面积约为23万m^2，主要建设大宗商品交易中心和企业总部基地两个功能组团）、河南正商置业有限公司正商启航国际广场项目（项目建筑面积为200万m^2，主要建设生态研发中心、智能写字楼、体验式购物中心、经济型酒店公寓及其他配套设施等）、郑州世界贸易中心有限公司郑州世界贸易中心项目（项目建筑面积为139.7万m^2，主要建设世界贸易中心地标建筑综合体、郑州世界贸易中心总部、国际会议中心、国际商务服务大厅、国际贸易交易中心、培训中心、国际认证中心、新能源或新产品发布中心等及其他配套服务设施）、河南北斗卫星导航平台有限公司北斗河南信息综合服务平台项目（项目建筑面积为15万m^2，主要建设包含河南区域北斗地基增强网络系统、北斗用户产品检测鉴定中心、联合实验室及产学研基地、北斗应用综合服务中心、数据存储分中心、数据处理分中心、系统运营服务中心、移动基地增强服务中心等在内的北斗河南信息综合服务平台)、南航河南公司飞机维修厂 Gameco 郑州航空港区航空维修产业园项目(项目一期占地约 450 亩,主要建设飞机机体大修、附件修理和航空维修培训中心;二期占地约 300 亩,主要建设 PMA 件制造和公务机维修中心;三期主要建设发动机零部件深度维修中心等)、跨境贸易电子商务商品质量检测中心项目(项目占地 200 亩,建筑面积为 13.2 万 m^2,主要建设化学分析实验室,电子产品检测实验室,食品及食品先关产业实验室,玩具、轻工产品和纺织服装产品实验室,汽车零部件实验室等各类相关实验室,配备跨境贸易电子商务商品设备及辅助设备)、河南全通检测技术有限公司河南省跨境贸易电子商务商品质量检测中心及网上产品质量监管担保服务中心项目(项目建筑面积为 13 万 m^2,主要建设检测楼 4 栋,综合服务楼 1 栋,仓库 2 栋,信息中心、质量担保服务中心及其他配套设施)、郑州欧联置业有限公司郑州欧洲制造之窗项目(项目占地 119 亩,建筑面积为 40 万 m^2,主要建设欧洲工业品展销中心、中欧企业总部基地、欧巴罗国际风情街等,未来还将建设欧洲工业品研发与制造基地)、郑州世纪公园发展有限公司港区世纪文化创意产业园(项目建筑面积为 32.4 万 m^2,主要建设以高科技文化产品研发、展示、体验为主题的大型文化创意产业园区)、罗斯洛克文化艺术集团中国中原国际艺术保税交易中心项目(项目建筑面积为 65 万 m^2,主要建设国际艺术保税贸易中心区、国际艺术交易中心区、文化艺术金融与商业中心区、文化艺术会展产业中心区、中原文化艺术大市场中心区、文化产业总部经济中心区六大版块)、信基集团中国酒店用品产业总部基地项目(项目建筑面积为 400 万 m^2,主要建设集电子商务、批发零售、设计研发、总部基地、商务休闲、旅游观光、文化体验、餐饮购物、仓储物流、商务会议、国际五星级酒店等多功能于一体的、中国规模最大、档次最高、品牌最集中的“国际酒店用品”“国际家居用品及饰品”主题型现代展贸博览基地)、河南侨盟投资有限公司东盟华商总部新城项目(项目建筑面积为 385 万 m^2,主要建设办公总部、科技总部、研发总部、金融总部、物流总部、星级酒店、商务酒店及其他配套设施)、绿地集团绿地会展城项目(项目占地 3600 亩,建筑面积约为 385 万 m^2,其中会展中心一期约 40 万 m^2,主要建设会展中心、星级酒店、高端商务办公及配套住宅)、郑州润田农产品市场服务有限公司润田国际农产品展示交易中心项目（项目占地 150 亩，建筑面积为 15 万 m^2，主要建设交易及展览展示大厅、仓储中心、信息平台及其他配套设施）、郑州航空港区盛世宏图置业有限公司企业总部经济园项目（项目位于航兴路以东、南水北调渠以西、新港十路以南，建筑面积约为 300 万 m^2，主要建设企业总部、科技研发中心、商业街区及配套设施）、浙江华购超市有限公司华购商业广场项目（项目位于航兴路以西、碧空路以北，占地 50 亩，建筑面积为 12.4 万 m^2，主要建设大型购物中心、公寓式酒店等）。

（二）龙头企业带动

富士康科技集团是专业从事计算机、通信、消费性电子等 3C 产品研发制造，广泛涉足数位内容、汽车零组件、通路、云运算服务及新能源、新材料开发应用的高新科技企业。目前，美国、日本等国很多著名企业的电子产品都是由富士康代工生产的，如苹果公司的 iPhone、iPad 和 iPod，亚马逊公司的 Kindle，微软公司的 Xbox，索尼公司的 PlayStation 等。自 1988 年投资中国大陆以来，富士康迅速发展壮大，拥有百余万员工及全球顶尖客户群，是全球最大的电子产业科技制造服务商。2014 年，其进出口总额占中国大陆进出口总额的 3.5%；2015 年，它位居《财富》全球 500 强第 31 位。

自富士康 2010 年落户河南以来，航空港区已成为全球最大的智能手机生产基地。占地 148 万多 m^2、相当于 160 个标准足球场的郑州富士康，位于郑州航空港经济综合实验区内。2010 年 8 月，富士康在郑州的首条生产线正式投产，截至 2014 年底，富士康在综保区运行手机生产线 119 条，员工总数最高超过 30 万人。2011 年、2012 年、2013 年、2014 年富士康在航空港区手机产量分别达到 2445 万部、6846 万部、9645 万部、1.18 亿部。2015 年 1～10 月，富士康在郑州航空港区生产手机达 1.05 亿部，手机产量实现了每年约 3000 万部的增长速度。从郑州海关提供的数据来看，以手机为代表的新兴产业已取代传统产业独占外贸进出口鳌头，并成为河南外贸的支柱产业。2015 年，富士康所属企业的进出口额占河南省进出口额的 67.5%。随着苹果手机新品上市，每年 9 月至次年 1 月份，河南省外贸月度进出口显著走高，处于旺季，每年 2 月至 8 月份则相对走势平稳。2015 年

10月，河南月度进出口突破600亿元，创河南外贸历史月度进出口最高值。与此同时，富士康A次集团研发中心、准时达、航空物流园项目都在快速推进中。2015年12月，郑州航空港经济综合实验区“智能生活小镇”开工建设，该项目是航空港智能终端产业基地的重要基础配套工程。小镇总规划面积为2000亩，将建设成集住宅、商业、工业研发中心、体育馆、学校、医院、公交车站于一体的综合性生活区域。富士康集团将把“互联网+”“工业4.0”等科技元素融入项目中。富士康就像一只“领头雁”，在周边集聚起庞大“雁阵”。郑州航空港经济综合实验区紧紧围绕高端制造业、航空物流业、现代服务业三大产业体系招商引资，承接产业转移，以实现重大突破。①

三　社团的工程责任

（一）社团智力创新

2014年11月，全国第三个引智试验区“郑州航空港引智试验区”正式挂牌。中国郑州航空港引智试验区是全国第三个获国家外国专家局批准的国家级引智试验区。郑州航空港引智试验区将重点开展三项引智试验工作：一是开展外国人来引智试验区工作统一归口管理试验，建设顺畅高效的行政管理体制；二是开展高层次外国人才来引智试验区创新创业和交流合作试验，建设高层次外国人才集聚区、创新创业示范区；三是开展国际人才交流政策机制试验，建设内陆地区人才对外开放前沿阵地，积极推动引进国外人才和智力工作改革创新、转型发展，为实验区创新驱动发展提供强有力的国外人才和智力支撑。郑州航空港引智试验区由国家外国专家局支持，河南省人力资源和社会保障厅、河南省外国专家局、郑州市人民政府、航空港实验区管委会共同建设。世界航空经济理论奠基人约翰·卡萨达教授工作室在该区投入运转，汤晓东、张丹两位国家“千人计划”专家受聘为实验区产业顾问。2016年4月8日，“郑州航空大都市研究

---

① 赵振杰、王沙沙：《2015年河南省进出口4600.2亿元总额创历史新高增速高出全国22.3个百分点》，河南省人民政府官网，http://www.henan.gov.cn/jrhn/system/2016/01/15/010614061.shtml，2016年1月15日；赵静：《今年前10个月富士康在郑州航空港手机产量达1.05亿部》，凤凰网，http://finance.ifeng.com/a/20151205/14110924_0.shtml。

院”在实验区挂牌成立，郑州航空大都市研究院由兴港投资集团注资成立，是河南省高层次人才聘用、人才培训、咨询研究、行业交流和项目合作的重要平台，也是实验区与国内外高等院校、科研机构开展合作的唯一平台。

自“2011计划”实施以来，全国航空经济发展类协同创新中心有北京航空航天大学牵头的“先进航空发动机国家级协同创新中心”“通航时代协同创新中心”，哈尔滨工业大学和中航科技集团联合组建的“宇航科学与技术国家级协同创新中心”，南航牵头组建的“直升机技术协同创新中心”，西北工业大学牵头组建的“航空航天关键材料技术协同创新中心”，东华大学牵头组建的“民用航空复合材料协同创新中心”，南昌航空大学联合中航直升机设计研究所等6家单位组建的“航空制造业江西省协同创新中心”，沈阳航空航天大学牵头组建的“先进通用飞机设计制造与示范辽宁省协同创新中心”，郑州航空工业管理学院牵头组建的“航空经济发展河南省协同创新中心”。航空经济发展河南省协同创新中心是依托郑州航空工业管理学院成立的河南省专门研究航空经济研究的机构。近年来，围绕郑州航空港经济综合实验区，它开展了大量的研究工作，并在此基础上成立了航空经济研究中心、郑州航空产业技术研究院、航空材料技术协同创新中心；搭建了八大创新平台，配置了24个创新团队，针对郑州航空港经济综合实验区建设的重大问题和关键技术开展创新研究，取得了丰硕的成果。目前，中心正努力将自身打造为航空经济理论研究的学术创新高地、航空港经济发展战略决策的高端智库、航空经济高端特色人才的培养基地和航空经济建设的国际交流平台，以全面融入郑州航空港经济综合实验区建设，为实验区建设提供理论指导、决策咨询、信息支持、技术支持和人才支撑。

（二）社会公众参与

征地拆迁、合村并城是实验区建设的难题之一，也是矛盾之一。实验区共规划27个居民安置区，其中一期规划南水北调运河以西35个安置房项目，计划安置4个办事处42个行政村约8万人；二期规划南水北调运河以东、万三公路以西9个安置房项目，计划安置8个办事处114个行政村约19万人。面对繁重的拆迁任务，为了实现和谐拆迁，实验区制定了《郑州综合保税区（郑州航空港区）合村并城安置征迁实施方案》（郑综保合村办

〔2012〕7号)、《郑州新郑综合保税区(郑州航空港区)合村并城土地房屋征收补偿和村民安置社会保障暂行办法》(郑综保管〔2012〕45号),完善了政策,规范了流程。

1. “五个一”安置政策

“五个一”即搬迁有补又奖,一户一个大礼包;新居舒适安逸,一户一个安乐窝;安置有住有租,一户一棵摇钱树;商铺按人分红,一户一个聚宝盆;保障待遇优厚,一户一颗定心丸。

(1)搬迁有补又奖,一户一个大礼包。现有房屋按标准补偿,对普查认定的被征迁人宅基地上三层以下(含三层)实有房屋,按照《郑州市人民政府关于调整国家建设征收集体土地青苗费和地上附着物补偿标准的通知》(郑政文〔2009〕127号)规定的标准进行货币补偿。发放房宅综合补贴,被征迁人合法宅基地三层以下(含三层)未建房屋按每平方米300元的标准,给予房宅综合补贴。发放搬家补助费,在实施搬迁时一次性按户发放搬家补助费,具体标准为:4口人(含4口人)以下的,每户600元;超过4口人的,每增加1人增加100元。主动搬迁给予奖励,被征迁人在规定期限内完成搬迁腾空房屋并领取《搬迁验收通知书》的,对经认定合法的住宅,每宅奖励2000元;在规定期限内提前完成搬迁腾空房屋并领取《搬迁验收通知书》的,每宅按提前的天数,每提前1天奖励2000元。安置房建好前征迁的,发放房屋租赁费;因国家、省、市重点工程等项目建设原因需要提前征迁的,发放房屋租赁费,租赁费发放标准按每人每月400元执行,发放时间从搬迁完毕之日起至领取安置房钥匙之日止。安置房建好前征迁的,给予奖励,因国家、省、市重点工程等项目建设原因需要提前征迁的,在规定期限内提前完成搬迁腾空房屋的,除享受房屋租赁费外,由办事处根据合法宅基地上被征三层以下(含三层)房屋面积,按60元/m^2予以奖励。

(2)新居舒适安逸,一户一个安乐窝。被征迁人可获得人均建筑面积为60m^2的安置房,其中50m^2按回购价600元/m^2购买,10m^2按建筑成本优惠价1800元/m^2购买。确因户型设计原因造成被征迁人安置房面积超出或低于人均60m^2的(限10m^2以内),均按建筑成本优惠价1800元/m^2多退少补。安置区从宜居角度高标准规划设计,位置优越,环境优美,交通便利,商业繁华;

安置房全部采用框架结构，水、电、气、暖、电梯配套完善；医疗、教育、文化、商业、娱乐等生活服务设施一应俱全；物业统一管理，服务贴心周到。

（3）安置有住有租，一户一棵摇钱树。安置区内部规划为自住区和出租区，在选址、户型设计上兼顾群众的居住和出租需要。出租区毗邻富士康等大型企业和商业繁华区，地理位置优势明显，可集中管理，统一出租。人均建筑面积为60m²的安置房，可一半自住，舒适安逸；一半出租，获取收益。

（4）商铺按人分红，一户一个聚宝盆。安置小区规划建设人均10m²的集体经济发展用房，其产权归村组集体所有，其收益用于增加村民收入。

（5）保障待遇优厚，一户一颗定心丸。完成合村并城的村庄，集体土地全部被征收为国有土地，符合被征地农民条件的，全部纳入被征地农民社会保障和就业培训范围（年满16周岁不满50周岁的，可以领取最多24个月204元/月的就业生活补贴；年满50周岁不满60周岁的，领取170元/月的就业生活补贴，可以领取到60周岁；年满60周岁的，参加郑州市城镇居民养老保险，领取最少340元/月的养老金）；领取子女非义务教育阶段每人每学年500元、800元、1000元的就学补助；参加新型农村合作医疗的，个人应缴纳的参保费用由区财政承担；纳入城镇就业服务体系，各级公共就业服务机构免费提供就业咨询、就业指导、职业培训、职业介绍等服务，享受促进就业再就业的相关扶持政策；免费享受一次政府组织的职业培训；给予参加郑州市城乡居民基本养老保险参保补贴；参加郑州市城乡居民基本养老保险的，由财政按最低缴费标准，给予缴费补贴。完成合村并城的村庄，在被征迁人身份转换后，可享受城镇居民的社会保障待遇。参加城镇职工社会保险和用人单位有劳动关系的，可随用人单位参加各项城镇职工社会保险。五保老人根据本人意愿，可以在安置区集中供养，所需费用政府承担。

2. 公开透明有序开展工作

（1）征迁。发布公告，综保区管委会根据建设需要，提前发布征迁公告。普查登记，普查登记工作由办事处组织，村组代表参加，依据综保区管委会前期发布的相关公告、入户测量的资料、航拍的照片，对被征迁村庄的户数、人口以及宅基地上的建筑物、构筑物进行调查登记。普查登记结果予以公示。公示无异议后，由被征迁人（或其委托人）签字认可。实施征迁，办事处依据综保区管委会批准的征迁安置方案会同房屋征收、国土、规划建设、综合行政执法、公安等部门组织实施。搬迁要求，被征迁人在征迁公告发布之日起开始搬迁，在规定期限内必须搬迁完毕。搬迁完毕是指被征迁人将其宅基地内所有物品搬迁至用地红线范围以外，搬迁完毕时间以征迁单位验收合格并出具《搬迁验收通知书》为准。

（2）补偿。补偿计算，普查登记工作完成后，办事处按照《郑州市人民政府关于调整国家建设征收集体土地青苗费和地上附着物补偿标准的通知》（郑政文〔2009〕127号）规定的补偿标准，对征迁普查登记结果进行计算和汇总，并将计算汇总结果反馈至被征迁对象进行核对认定。纠错补漏，补偿计算结果反馈至被征迁对象后，被征迁对象对补偿计算结果存有异议或纠纷的，由其提出纠错补漏申请。纠错补漏工作由办事处、村委会共同实施，根据认定结果据实进行扣减或增补。公示，对征迁补偿计算结果进行公示。公示结束后，签订《安置征迁补偿协议》。监督核查，由合村并城办、纪检监察、财政、房屋征收等部门对计算结果按比例进行抽查，抽查分三个阶段：第一阶段对征迁普查登记结果随机抽查5%，重点核查调查的准确度；第二阶段对补偿计算结果随机抽查5%，重点核查补偿计算的准确度；第三阶段在《安置征迁补偿协议》签订后随机抽查5%，重点抽查补偿结果的准确性和合法性。

（3）安置。安置对象，安置对象人员名单应予公示。公示后由村按“4+2”工作法讨论认可，并将结果二次公示，公示无异议后，由村民委员会报办事处备案。房屋分配，按照《安置征迁补偿协议》，由村按“4+2”工作法研究确定《安置房分配方案》，并将分配结果予以公示。公示无异议后，由办事处会同村组和被征迁人签订《房屋安置协议》。物业管理，安置小区实行物业管理，管理模式由村民代表会议或社区居委会研究决定。

第二节　空间拓展

一　空间结构

（一）影响因素

1. 净空限制要求

新郑机场跑道为东西向布局，其南北两侧距机场边界约3500m范围内为45m净空控制范围，距离机场区边界约3500~5500m范围内为145m净空控制范围。依建筑高度被划分为4个区域，距离机场由近及远依次为70m以下区域、95m以下区域、120m以下区域以及145m以下区域，其他区域不受机场净空限制的影响。

2. 噪声干扰影响

飞机活动产生的噪声会对周围产生很大的影响，故而影响周边区域的功能布局，尤其是生活类用地布局。其中在小于70分贝的噪声影响区域内，适合建造各种居住、文教、卫生、服务业、商业、工业、文体活动、资源生产建筑。在70~75分贝的噪声影响区域内建设的学校和医院，需进行适当的降噪处理。

3. 生态因素

南水北调中心工程是实验区中最重要的生态要素，其自南向北呈弓形贯穿整个实验区，成为构建生态航空格局的主体。以南水北调生态绿廊为中心，将生态绿廊穿插于各空间组团当中，实现城市与自然环境的有机融合。

同时应考虑南水北调工程对实验区空间的分割以及其保护要求对相关产业布局产生的影响。南水北调中线工程区域属于国家一级水源保护区，在其两侧的建设活动受到严格的限制。

4. 与主城区的空间关系

实验区位于郑州中心城区东南部，空间上相对独立，在规划中应强化实验区与北侧中心城区及周边组团的协调发展，从而改善城市空间发展格局，提升实验区的国际城市定位，促进郑州建设成为航空大都会，最终形成实验区与中心城区双核驱动的新格局。

为促进实验区以及周边地区的发展，强化实验区与母体城市（郑州市主城区及周边城市组团等）的衔接尤为重要。南北向的空港廊道，即空港产业走廊、城市服务走廊及生态宜居走廊这三大功能叠加构成的复合联系轴显得尤为重要。

5. 核心交通要素

实验区属于信息密集和资本密集复合型的产业区域，因此在选择对外交通模式时，应优先考虑航空、高铁（城际铁路）等时效性最高的交通方式，同时重视高速公路、干线公路等快速运输网络布局。

6. 腹地影响

实验区作为中原经济区核心，应强化其特色产业布局、完善服务功能，辐射带动整个腹地区域实现经济腾飞、产业升级，融入世界体系。中原经济区地处我国中心地带，拥有四省共29个地级市，总人口近2亿人，地区生产总值近5万亿元，将为实验区的发展提供强大的支撑。依托中原经济区的发展基础，航空都市区应强化高端产业和综合服务功能的集聚，增强综合实力，延伸面向周边区域的产业链和服务链，建设成为区域经济协同发展的核心引擎。

（二）空间结构发展模式①

结合实验区的实际建设条件，从交通、产业、功能以及生态方面提出“公交导向、轴向聚势，产城互融、功能复合，组团发展、多核驱动，生态低碳、廊道串联”的整体布局理念。

1. 圈层发展，廊道辐射

（1）圈层发展。依据空港城市空间结构模型，实验区可实行圈层模式，分为三个区：空港核心区、空港紧密区和空港带动区。但此圈层模型结构仅适用于理想状态的机场发展区，实验区西侧紧邻京广铁路以及京港澳高速公路，这对其向西发展产生了严重制约，南水北调中线工程从机场东侧穿过，呈弓箭形将其围合。因此，在建设因素及自然条件的限制下，其发展模式需在理想状态的圈层布局模型基础上进行相应的变形，即采用半圆型偏侧发展模式，见图5-1。围绕机场的土地利用呈现以机场为核心、土地价值距离机场越远而土地价值越低的特征。由于不同产业的附加值及其对机场周边运输条件的依赖性不同，实验区的产业在空间上将呈现围绕机场的圈层布局模式。

空港核心区为机场核心区域，在机场1~5km范围内，包括机场的基础设施和与机场运营相关的设施；产业以旅客服务、物流和航空附属产业为主导，包括机场的基础设施机构、空港运营和与空港运营相关的行业。空港紧密区为机场周边5~10km范围内或在空港交通走廊沿线15分钟车

---

① 闫芳等：《郑州航空港经济综合实验区空间发展规划研究》，《城市发展研究》2015年第3期。

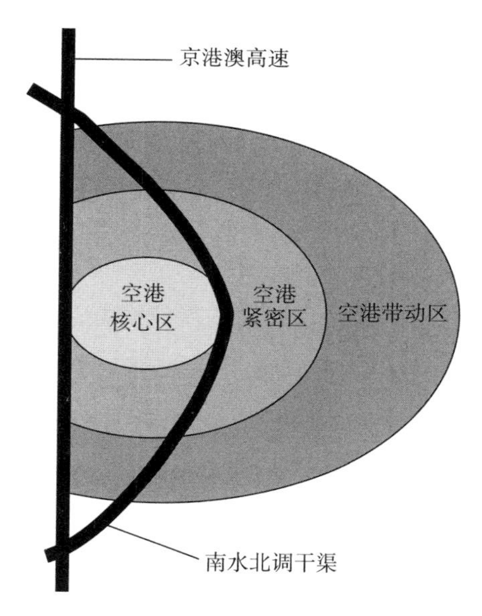

图 5－1　半圆型偏侧发展模式示意

程范围内。主要发展航空物流、航空制造、总部经济、餐饮住宿和商务服务，包括为航空公司职员和旅客提供相关的商业服务。该区发展受机场的带动最为直接和明显，其产业以航空物流和航空制造为主导，此外还有总部经济、商务服务等现代服务业，高新技术制造，电子信息，生物医药，科技研发，会展等，临空指向性（即产业对航空枢纽的依赖程度）有减弱趋势。空港带动区为在机场周边 10km 以外或在空港交通走廊沿线 15 分钟车程以外的范围，此区域受航空港的直接辐射影响比较小，在这个区域内随着距离的加大，空港的影响力逐渐降低。该区产业类型多元，包括更多的城市经济活动，既有前 2 个区域的相关产业，也有受机场吸引从别处转移过来的经济活动。此区域有居住生活、休闲旅游、文化娱乐、现代农业等产业。

（2）廊道辐射。实验区可采用廊道发展模式，有交通廊道和生态廊道两种。①交通廊道。建设放射型快速路，降低交通运输成本，作为实验区发展廊道，使位于交通走廊区的企业方便与空港区进行频繁的人流和物流联系。②生态廊道。考虑机场噪声影响，在货运跑道方向上布置降低噪音的生态廊道，同时利用南水北调干渠、小清河等生态景观要素，结合高速公路两侧绿化，构建实验区生态廊道，打造宜居环境。

2. 空间布局结构

在半圆型偏侧发展模型指引下，深化落实空间布局规划理念，同时遵循航空都市建设发展的基本规律，以发展临空产业为基础，结合生活居住、商贸服务、休闲展示等多类功能的复合，规划提出了“一核三区多组团，轴带联动多节点，蓝绿互融多网络”的扇形空间发展格局。

“一核三区多组团”指以空港核心区为中心，北侧城市综合服务区、东侧商贸展示服务区和南侧高端制造复合区呈扇形分布于其周边，同时在三个大的功能分区内，结合具体用地功能的分布，形成多个次级城市功能组团，以达到多种城市功能之间的复合共融。

“轴带联动多节点”指以南北向及东西向主要公共交通廊道串联为骨架，形成串联各个城市功能分区及组团的轴带，在其交接处设置各级城市服务中心，以便使公共服务设施的服务功能最大化。

“蓝绿互融多网络”指规划强化南水北调中线工程生态防护廊、现有河流水系以及快速交通生态防护带等各类生态廊道之间的连通，共同构筑空港地区网络化的生态基底，为各城市片区及组团之间带来良好的生态环境及景观，营造低碳环保的航空都市区。

二 交通网络

（一）综合交通规划

1. 新郑机场综合交通枢纽

新郑机场综合交通换乘中心（GTC）为新建的大型综合交通建筑，其设计新颖、规模宏大，可满足新建的T2航站楼远期旅客吞吐量3700万人次对停车和出租车的需求以及整个西航站区旅客换乘城际铁路、地铁和长途巴士的需求。郑州新郑国际机场综合交通换乘中心工程的总建筑面积为27万m^2，东西长586.1m、南北宽338.8m，建筑高度为14.63m；主体地上二层、地下四层。地下四层为城际铁路和地铁的站台层；地下三层为城际铁路和地铁站厅层及与T2航站楼相通的地下连接通道；地下二层和地下一层为地下停车库及附属用房；地上一层东侧为地上停车库及附属用房、旅客餐厅等，西侧为长途大巴车站，之间为主要通行长途巴士的架空车道；地上二层为旅客交通集散层，设有通向各个功能区的电扶梯和楼梯，以及为旅客服务的问询、售票、商业零售、餐饮、展览等各种服务设施。出租车乘车站在地上二层建筑南北两侧室外各设一处。该建筑在二层东侧与T2航站楼旅客到达层通过3座架空连桥相连。GTC承载着航空与内陆交通如城铁、地铁、高铁、高速、公交、长途客运、社会车辆于一体的综合交通零换乘体系，其换乘集约度为目前国内最高，并综合了城市综合体的理念，融入商业体系，可为机场未来的运营体系提供有力保障。GTC外形如一架待起航的航天飞机，寓意着中原经济将再次起航；同时也像一把钥匙，寓意着机场的启用将开启中原人面向世界的大门。

2. 外部交通

实验区位于郑州市区东南部，其核心为郑州新郑国际机场。该区域紧邻郑州机场高速、京港澳高速、郑民高速和在建的机场至周口高速、商丘至登封高速以及新G107、S102等，与郑州站、郑州东站（高铁站）、国家铁路集装箱货运站、国家干线公路物流港等具有便捷的交通联系。优越的区位条件十分有利于航空客货运的集聚和疏散。根据国家《中长期铁路网规划》，京广、徐兰两条高铁线路在郑州交汇，形成十字交叉格局。规划建设郑州至合肥、郑州至万州、郑州至太原、郑州至济南的高速铁路，在郑州形成“米”字形高速铁路网络，使郑州成为通南贯北、承东启西的重要高铁枢纽。河南高速公路通车里程达到5858km，居全国前列，京港澳、大广、二广、连霍、沪陕等国家干线公路穿境而过，全省180个县基本实现20分钟上高速。城际铁路以航空港为核心，打造西至洛阳，北至焦作、新乡，东至开封，南至许昌、漯河、平顶山、周口的放射状城际铁路网络，构建1小时交通圈，覆盖周围重要节点城市。对外交通规划以高速公路网络为骨架，构建高速公路1.5小时交通圈，连接周边洛阳、焦作、新乡、济源、开封、许昌、漯河、平顶山和周口9座城市，形成“二环+放射”的高速路网。

郑州都市区范围内通过上新高速、郑商高速、机场至周口高速、连霍高速围合而成郑州都市区高速绕城环网，同时构建了以一级公路、快速路网为骨架的快速路干网体系。使实验区以高效的运转效率，沟通航空港内以及周边城区组团。将部分地铁线引入区内，实现郑州航空港与周边郑州站、郑州东站、主城区主要中心的方便对接。利用郑州的铁路和公路枢纽优势，使实验区建立铁路、公路、航空“三港一体”的综合交通枢纽。

（1）高速公路。新郑机场是国内大型航空枢纽，规划建设4条以上跑道。郑州市是全国铁路网、高速公路网的重要枢纽，其陆空对接、多式联运、无缝衔接的内捷外畅的现代交通运输体系日益完善，航空港、铁路港、公路无水港三港协同的综合交通枢纽地位持续提升。而就实验区而言，已打造好“三纵两横”的高速公路网。三纵两横，三纵：机场高速、京港澳高速、机场至西华高速；两横：连霍高速、郑民高速、商丘至登封高速。实验区周边高速公路出入口有6处，新增高速出入口10处，共计16处：机场高速1处（迎宾大道出入口），京港澳高速4处（双湖大道、迎宾大道、S102、炎黄大道出入口），郑东高速4处（双湖大道、郑少高速联络线、迎宾大道、S102出入口），郑民高速3处（前程路、新G107、S223出入口），商登高速4处（紫宸路、富航路、新G107、S223出入口）。

（2）干线公路。干线公路形成“五纵六横”格局。五纵：老G107、新G107、S223、S221、国道吉林通化至武汉线；六横：S314、老G310、新G310、S102、S312、国道江苏大丰至卢氏线。

（3）货运铁路。京广、陇海铁路在郑州十字交汇，应依托郑州站、铁路集装箱中心站以及港区孟庄、薛店站以及港区孟庄、薛店站，提升实验区铁路货运能力。

（4）快速铁路。京广客运专线、徐兰客运专线、郑州至重庆、郑州至济南、郑州至合肥、郑州至太原形成米字形快速铁路网。

（5）城际铁路。城际铁路以航空都市区为核心，打造北至焦作、新乡，西至洛阳，东至开封，南至许昌、漯河、平顶山、周口的放射状城际铁路网络，构建1小时交通圈。

郑州第三客运站位于机场东侧，为机场综合枢纽建设提供了新的机遇，机场与高铁站逐步形成“空铁联动，陆空双赢”的全新局面。

（6）轨道交通。都市区内形成复合公交出行模式，采用快速轨道交通体系实现对接城区、低碳高效的出行方式。考虑交通节点与城市空间的衔接，形成以公共交通为导向的功能核心布局：遵循以公共交通为导向的城市发展，以公共交通枢纽站为中心布局复合化的功能核心。

根据欧洲、美国、韩国等国内领先航空港的经验，实验区要快速发展，需要降低交通运输成本、建立发达的区域交通网络。将高速铁路、城际铁路、高速公路、地铁交通引入实验区，形成轨陆空的立体交通多式联运的交通枢纽。

3. 内部交通

实验区内道路系统按照快速路、主干路、次干路和支路四个等级层次进行规划建设，并相应组织不同层级道路网络的衔接与布局。

（1）快速路。实验区快速路网系统形成"三环 + 放射"路网模式。内环由郑少高速联络线、航城大道、S102 以及四港联动辅道构建而成；中环由双湖大道、万三公路、商登高速辅道以及四港联动大道共同构建；外环由郑民高速辅道、S223、炎黄大道以及辅道组成。同时通过纵横其中的快速通道搭建放射形路网骨架。

（2）主干路。实验区主干路网与快速路网在组团内部形成"快速路网 + 三横三纵主干道"模式：各组团内部由三条纵向以及三条横向主干路网实现与周边组团的联系。主干路网间距约为 1200m。

（3）次干路。次干路主要起集散交通的作用，分配功能分区的内部交通，主要为生活性道路，兼有交通功能。次干路布局于组团内片区内部，集散和分流主干路交通，服务于城市用地。

根据《郑州航空港经济综合实验区常规公及快速公交专项规划（2013 ~ 2040 年）》，2016 ~ 2020 年公交工程建设项目包括以下几个。实施轨道交通线网港 1，线路沿郑港三路等布设，港 1 联系北部片区、航空港核心区和东部片区，满足东西和南北向客流交换需求，实现东西和南北方向的快速、便捷的直达联系。有轨电车近期实施 T1、T2、T5、T7 四条线，作为地铁接驳线，为组团中短距离出行服务。近期在实验区实施 4 条快速公交廊，分别为 B1、B9、B8，B9 与轨道交通线港 1 形成补充、平行换乘的关系，B9 联系南部新城、核心区的东西两侧；B1 连接机场、客运南站的走廊，与轨道交通港 1 形成补充、平行换乘和延伸的关系，B1 联系南部新城、核心区的东西两侧；B8 联系新郑。近期设置 18 处公交首末站、22 处综合公交枢纽、2 处公交停保场。

第三节　社会资本

一　现状

（一）“十二五”期间固定资产投资分析①

1. “十二五”期间固定资产投资规模分析

2011年是“十二五”开局之年，全区实现固定资产投资80亿元；2012年是郑州新郑综合保税区实施三年行动计划的开局之年，全区实现固定资产投资116亿元，同比增长45.0%；2013年是郑州航空港经济综合实验区的开局之年，全区实现固定资产投资209亿元，同比增长80.2%；2014年是贯彻落实《中共中央关于全面深化改革若干重大问题的决定》的开局之年，全区实现固定资产投资401亿元，同比增长91.8%（见图5－2）。

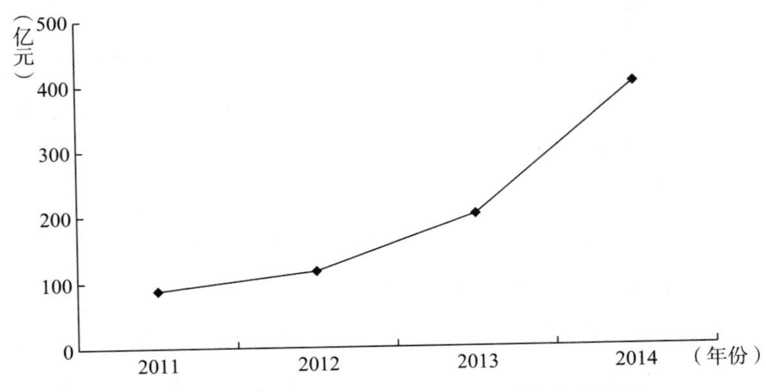

图5－2　2011～2014年实验区固定资产投资规模

2. “十二五”期间固定资产投资构成分析

（1）从行业看。2014年固定资产投资主要分布在：制造业，771106万元；交通运输、仓储和邮政业，1045539万元；房地产业，1518409万元；现代服务业，632250万元（见表5－1）。房地产业固定资产投资为1518409万元，其中住宅投资为1305602万元，同时，2014年城市基础设施建设投

① 本部分内容属于郑州航空港经济综合实验区经济发展局“郑州航空港经济综合实验区‘十三五’规划部分前期研究课题——航空港实验区‘十三五’时期固定资产投资与重大项目建设问题研究”的内部资料及成果。

资为 495986 万元。在制造业固定资产投资（2013 年）中，计算机、通信和其他电子设备制造业为 733726 万元，装备制造业为 21500 万元，医药及医疗器材行业为 11000 万元。在交通运输、仓储和邮政业固定资产投资中，航空运输业为 733912 万元，铁路运输业为 287000 万元。从以上数据可以看出，全区固定资产投资紧紧围绕“建设大枢纽，发展大物流，培育大产业，塑造大都市”这一主题，投资重点为综合交通枢纽、航空物流、高端制造业、现代服务业、住宅及城市基础设施。

表 5－1　实验区 2014 年固定资产投资行业分布

所属行业	固定资产投资额（万元）	占比（%）
制造业	771106	19.24
交通运输、仓储和邮政业	1045539	26.08
房地产业	1518409	37.88
现代服务业	632250	15.77
其他	41352	1.03
合计	4008656	100.00

（2）从投资主体看。在 2014 年固定资产投资中，国有及国有独资达 2807005 万元，其中国家预算资金为 391766 万元，占比为 13.96%；港澳台投资为 181328 万元。可以看出，政府投资在固定资产投资中比例过重，外资仍然以港澳台投资为主。民间固定资产投资为 1036988 万元，其中制造业固定资产投资为 707106 万元，房地产业固定资产投资为 293121 万元（见表 5－2）。可以看出，民间投资主要集中在制造业和房地产业中。

表 5－2　2014 年实验区民间固定资产投资行业分布

所属行业	固定资产投资额（万元）	占比（%）
农、林、牧、渔业	1700	0.16
制造业	707106	68.19
交通运输、仓储和邮政业	24627	2.37
住宿和餐饮业	10434	1.01
房地产业	293121	28.27
总计	1036988	100.00

（3）从资金来源看。2014 年固定资产投资实际到位资金为 3410421 万元，其中国家预算资金为 391766 万元，国内贷款为 1691639 万元，自筹资金为 1061283 万元，见表 5－3。可以看出，固定资产投资的资金来源主要是国内贷款，占比 49.60%，发行债券筹集的资金为 0。

表 5－3　2014 年实验区固定资产资金来源

序号	资金来源	金额（万元）	占比（%）
1	国家预算资金	391766	11.49
	其中：中央预算资金	14940	
2	国内贷款	1691639	49.60
3	债券	0	0
4	利用外资	1000	0.03
	其中：外商直接投资	0.00	
5	自筹资金	1061283	31.12
5.1	企、事业单位自有资金	501197	
5.2	股东投入资金	110985	
5.3	借入资金	28801	
6	其他资金来源	264733	7.76
7	本年实际到位资金小计	3410421	100.00

（二）目前发展现状

1. 积极与金融机构进行沟通

实验区管委会应积极与金融机构进行沟通，争取金融部门政策支持。2014 年 3 月，中国人民银行郑州中心支行和国家外汇管理局河南省分局就支持郑州航空港经济综合实验区发展联合出台意见，加大对实验区金融及外汇管理的支持力度。该意见提出要搭建政、银、企交流平台，扩大实验区银企合作范围；支持实验区发行市政项目建设票据等新型债务融资工具，用于市政项目建设等。同时，还提出要准备 5 亿元再贷款限额，专项用于支持实验区内符合条件的地方法人金融机构扩大有效信贷投放；准备 5 亿元再贴现限额，优先为实验区内中小企业签发的票据办理再贴现；预备 10 亿元常备信贷便利限额，专项用于向实验区内符合条件的法人金融机构提供流动性支持；对于实验区内符合条件的企业申请借用短期外债和开展外保内贷业务，优先予以支持。2015 年 7 月，我国内陆首个人民币创新试点在实验区正式启动，已签约跨境人民币贷款 24 亿元、实现人民币贸易融资资产转让 17 亿元。

2014 年 8 月 19 日上午，实验区与中原证券签署了全面战略合作协议。中原证券将在实验区开展发债、资产证券化、符合条件的企业新三板上市等业务，截至目前，港区已先后与国家开发银行、中国银行、中国工商银行、中国农业银行、中国建设银行、浦东发展银行等多家银行总行进行了深度合作，与基金、信托、证券、融资租赁等领域的上百家金融机构签订了战略框架协议及合作备忘录。

2. 积极争取银行等金融机构在信贷、结算等方面的支持

早在 2011 年 11 月，郑州新郑综合保税区（郑州航空港区）管理委员会就与中国银行河南省分行进行了全面战略合作，双方在辖区内中小企业融资、富士康蓝领公寓建设、公共基础设施建设等数十个项目建设上达成总额 180 亿元的合作协议，并就全面战略合作达成共识。2013 年 3 月 7 日，中国银行河南省分行与郑州航空港经济综合实验区签署全面战略合作协议，未来 5 ~ 10 年，中国银行河南分行将在区域内开发建设融资，向机场二期、富士康及其配套企业融资，以及区内其他企业融资等方面提供总计 1100 亿元的意向性融资支持。同时，该行将充分利用中行国际融资优势，优先为郑州航空港经济综合试验区提供全方位、综合性的金融服务。

2013 年 6 月 20 日，中原信托有限公司 10 亿元信托计划成功发行，募集的资金已经到位，以支持航空港区建设。根据中原信托有限公司和郑州航空港经济综合实验区签署的全面战略合作协议，中原信托有限公司将陆续发行信托计划，募集资金支持实验区道路交通、市政服务等基础设施建设，由郑州航空港经济综合实验区航程置业有限公司运营。

2014 年 6 月 18 日，交通银行与郑州航空港经济综合实验区签署全面战略合作协议，同意将在未来 5 年内为支持港区建设及区内企业发展提供总计 500 亿元的意向性融资支持。

2014 年 7 月 23 日，中国银行郑州航空港支行走进郑州航空港经济综合实验区智能终端产业园，上门为园区内企业推介中行特色融资产品，洽商银企合作事宜。

这些在一定程度上推动了郑州航空港经济综合实验区金融业的完善和

发展。

3. 积极引进新型金融机构，大力发展航空金融等新型金融

实验区也在积极引进金融租赁公司、产业投资基金、风险投资基金等新型金融机构，探索开展物流金融、飞机租赁等新型金融业务，让金融助力港区经济腾飞。例如，实验区与华润集团旗下华润金融控股有限公司达成初步合作意向，后者将开发城市地下空间，进行室内停车场改造和升级，以及投资建设郑州航空港经济综合实验区枢纽及周边交通基础设施等。

4. 优化金融布局，服务实体经济发展

郑州新郑国际机场目前有中国银行、中国农业银行、交通银行等商业银行提供服务。港区已有中国农业银行、中国银行、中国建设银行、浦东发展银行、中国邮政储蓄银行、郑州银行、新郑农业银行等提供金融服务。

5. 成立投资担保有限公司，为金融机构、企业和港区搭起桥梁

郑州航空港经济综合实验区投资担保有限公司是按照河南省工信厅批复的组建方案，以郑州航空港经济综合实验区财政局为控股主体和发起人，联合河南省中小企业担保集团股份有限公司等单位共同出资组建的，注册资本金为1亿元，是实验区唯一的国有控股融资性担保平台。公司按照现代企业制度建立法人治理结构，设立股东大会、董事会、经理层和监事会。股东大会为公司的最高权力机构，董事会为公司的决策机构，监事会依法行使监督权。董事长为公司法人代表，总经理负责公司的日常经营管理。公司内设项目评审委员会、担保业务部、风险控制部、资产管理部、综合管理部，并按有关规定设立党委、纪委、工会及其他组织。公司发展目标为在一年内注册资本金达到5亿元；两年内担保责任余额达到50亿元；三年内注册资本金达到10亿元，担保责任余额达到100亿元。公司以河南省经济政策和产业政策为导向，以实验区基础建设项目BT合作单位和区内优质企业为主要服务对象，以融资性担保为基本业务，以拓宽实验区企业融资渠道和整合嫁接各类金融资源为公司核心工作，以提高融资服务能力、简化企业贷款流程为宗旨，构建和延伸金融服务产业链，多方位协调发展，努力使自身成为实验区内知名的综合金融服务提供商，打造实验区良好的金融环境。其业务范围包括：银行融资担保，为企业提供流动资金贷款、固定资产投资贷款、银团贷款、贸易融资、银行票据承兑、金融租赁、政

府采购供应等融资担保业务；资本市场融资担保，为企业提供资本市场发行票据、债券、信托融资、公司债券等融资担保业务；合同履约担保，按照国家有关规定，对经济合同、工程建筑合同等合同的双方当事人提供合同履约担保服务。

6. 打造专业化融资平台

目前实验区成立的融资平台有四个，分别为兴港投资、建投公司、土储中心、非税局。已有中原航空港产业投资基金、河南省新型城镇化发展基金和郑州航空港城市发展基金等8只基金获批筹备或发行，总规模近700亿元。2015年1月，兴港投资发展有限公司与建信信托有限责任公司在北京召开河南京港股权投资基金管理有限公司成立大会。河南京港股权投资基金管理有限公司为实验区首家基金管理机构，管理总规模200亿元的河南建港新型城镇化股权投资基金，目前首期10.1亿元基金已到位并投入使用，重点投向实验区新型城镇化建设项目。2015年4月，兴港投资发展有限公司和百瑞信托有限公司联合发起成立中原航空港产业投资基金管理有限公司，负责募集国家发改委批复的全国第三只、河南首只超百亿元产业投资基金——中原航空港产业投资基金，基金规模达300亿元，以实验区市政基础设施和优势产业领域为投资方向，并通过以下三种方式进行投资："债权+股权"方式，投资于市政基础配套设施领域；"股权+债权"方式，投资于政府支持相关产业及产业园区；私募股权投资方式，投资于与航空港产业相关的高科技产业领域。2015年7月，由实验区与惠银东方（北京）投资管理公司联合设立的郑州航空港城市发展基金完成发行，基金规模为100亿元。这标志着全国第一只国家战略区域发展产业基金正式落地航空港。

二　建议

实验区目前固定资产投资融资的特点是：投资主体单一，主要是国有及国有独资投资；投资来源单一，主要是国内银行贷款，债券融资为零。在经济新常态下，这些没有充分满足《国务院关于创新重点领域投融资机制鼓励社会投资的指导意见》（国发〔2014〕60号）的有关要求。因此，在"十三五"期间，在充分发挥目前4个融资平台的重要作用的基础上，应从以下两方面做好固定资产投资的融资工作。

（一）投资主体多元化

鼓励和引导社会投资，增强公共产品供给能力，促进调结构、补短板、惠民生，充分发挥政府和社会资本合作（PPP）模式的优势。PPP模式是指政府为增强公共产品和服务供给能力、提高供给效率，通过特许经营、购买服务、股权合作等方式，与社会资本建立的利益共享、风险分担及长期合作关系。开展政府和社会资本合作，有利于创新投融资机制，拓宽社会资本投资渠道，增强经济增长内生动力；有利于推动各类资本相互融合、优势互补，促进投资主体多元化，发展混合所有制经济；有利于理顺政府与市场关系，加快政府职能转变，充分发挥市场配置资源的决定性作用。2015年1月，河南省召开PPP示范项目座谈会，公布了87个PPP备选项目，投资规模达1410.73亿元，涉及轨道交通、供水、供暖、污水处理、教育、医疗等多个领域；3月，成立河南省财政厅政府和社会资本合作管理中心。实验区已上报两批共9个PPP项目，总投资额超过500亿元。

（二）资金来源多样化

1. 探索创新信贷服务

支持开展排污权、收费权、集体林权、特许经营权、购买服务协议预期收益、集体土地承包经营权质押贷款等担保创新类贷款业务。探索利用工程供水、供热、发电、污水垃圾处理等预期收益质押贷款，允许利用相关收益作为还款来源。鼓励金融机构对民间资本举办的社会事业提供融资支持。

2. 支持重点领域建设项目开展股权和债权融资

大力发展债权投资计划、股权投资计划、资产支持计划等融资工具，延长投资期限，引导社保资金、保险资金等用于收益稳定、回收期长的基础设施和基础产业项目。支持重点领域建设项目采用企业债券、项目收益债券、公司债券、中期票据等方式通过债券市场筹措投资资金。推动铁路、公路、机场等交通项目建设企业应收账款证券化。建立规范的政府举债融资机制，支持港区依法依规发行债券，用于重点领域建设。

3. 整合港区优质资产，实现整体上市融资

实验区内各项目通过有机整合、打包整体上市，不仅可以发挥良好的规模优势和聚集效应，为项目建设吸引资本市场资金，而且有助于基础设施项目日后更加富有效率的运行，形成郑州航空港经济综合实验区概念股。

第六章

结论与展望

（1）城市演化就是城市的发展变化。空港城市演化经过了空港、空港经济区、空港城市三个阶段。本书阐述了民用机场在民航业中的地位、民用机场组成、民用机场设施功能和构成、机场分类、机场发展特点、机场在国家战略的地位和机场自然垄断属性的特征，空港经济区是在机场的带动下产生的产业聚集区，空港城市是以机场为核心，由空港经济区吸附相关的商务、休闲、娱乐、物流、制造等多种业态协同发展，从而聚集人气形成的城市新形态。空港城市具有工程属性，属于地方政府主导型巨工程。从工程哲学角度看，空港城市演化是一个复杂系统，从城市演化发展的基本矛盾看，空港城市演化是空港城市空间与空港城市共同体之间相互作用的结果。空港城市空间是空港城市演化的客体，空港城市共同体是空港城市演化的主体，这两者构成了空港城市演化的主客体。从机场发展概况、政府政策支持和企业产业支撑、城市空间结构及交通网络和资本运作四个方面对荷兰阿姆斯特丹、韩国仁川、美国孟菲斯航空城、西安空港新城和北京临空经济区核心区进行了分析。

（2）工程责任是指工程共同体在进行工程活动时，要对工程自身、生态环境、社会公众和子孙后代的生存和发展负责，将工程活动对自然、社会和人产生的可能与实际危害消除或者降到最低程度。工程责任的核心是“以人为本”，最终目标是实现人与自然的和谐共存，使工程达到和谐状态。空港城市是地方政府主导型巨项目（工程），空港城市责任就是树立生态文明理念，坚持集约、智能、绿色、低碳发展，优化实验区空间布局，以航兴区、以区促航、产城融合，建设具有较高品位和国际化程度的城市综合服务区，形成空港、产业、居住、生态功能区共同支撑的航空都市。就空港城市建设而言，工程责任主体包括：中央政府、地方政府及其他航空行政管理部门；航空产业类企业（核心）、参与空港城市建设的非航空产业各类企业；政府性质的社团（政协、工会、村民自治组织）、非政府性社团（民间性质的航空组织等）。政府的工程责任是宏观政策引导，基础设施构建，构建智慧之城、生态城市、宜居城市；企业的工程责任是空港产业支撑，龙头企业带动，构建产业之城；社团的工程责任是智力文化创新，社会公众参与，构建文化之城。

（3）城市空间结构一般表现为城市密度、城市布局和城市形态三种形式。城市空间结构基本模式的相关理论有区位理论、增长极理论、生长轴理论、点轴模式、中心地理论、同心圆学说、扇形（楔形）理论、多核心理论。城市空间结构与形态包括居住板块网状交织模式、公建斑块线状穿梭模式、组团联动式模式。空港城市空间形态包括连绵带型、组团串联型、星座型和组团放射型。空港城市空间布局基本模式呈现圈层式的布局，从内到外一般分为空港核心区、空港紧密区和空港带动区。空港城市的发展模式主要有圆形、偏侧、线形、指状、双中心五种。空港城市交通网络包括空港综合交通枢纽和空港综合集疏运网络。空港综合交通枢纽是空港城市交通网络的核心点，是空港城市物流和人流的最主要集散换乘点；根据航站楼在空港综合交通枢纽中的位置，可以将空港综合交通枢纽分为独立式、嵌套式和混合式。空港综合集疏运网络是连接空港综合交通枢纽和空港城市内外部交通网络的中间网络，承担为空港旅客、货邮的出行提供从出发地到空港的地面交通工具及道路路网服务。外部交通包括铁路、多层次轨道交通系统和公路系统；城市内部道路网可归纳为方格网式、环形放射式、自由式和混合式。空港综合交通枢纽是点，空港综合集疏运网络是面，二者构成了空地一体的空港城市交通系统。

（4）PPP 模式是一种提供公共基础设施建设及服务的方式，由私营部门为项目融资、建设并在将来的约定时间里运营项目。通过这种合作形式，可以达到与各方单独投资行动相比更为有利的效果。以机场为对象，本书介绍了 PPP 模式在国内外空港城市基础设施建设中的应用。以 PPP 项目吸引社会资本参与动力为研究对象，分析并提出 PPP 项目吸引社会资本参与的政策支持、信任水平、资本增值、外部环境和约束阻力等因素。通过调查问卷，运用结构方程模型，对动力因素与PPP项目吸引社会资本参与之间关系的概念模型以及潜变量之间的相互作用等进行验证和修正，从而得出动力因素与吸引社会资本参与相互作用的路径以及路径系数，以验证PPP项目吸引社会资本参与动力的整体结构关系。政府担保是指政府作为担保方向被担保方做出的，当被担保方的收益低于设定值时给予补偿的承诺，被担保方既可以是私人投资方也可以是金融机构。随着PPP融资模式的兴起，政府担保的重要作用也越来越受到重视。政府担保的内容包括最低收益保证、最小交通量保证、投资回报率保证、购买保证、税收优惠保证、外汇汇兑保证、限制竞争保证、保护知识产权或其他秘密信息的保证。政府担保定价的方法主要有历史经验法、市价法、期权担保定价法。利用政府保证的支付或收益曲线，建立政府保证期权模型，研究了政府保证下空港城市PPP基础设施项目的投资价值。

（5）从工程责任、空间拓展和社会资本三方面研究了郑州航空港经济综合实验区。实验区的宏观政策引导，实验区的基础设施（公共服务设施、市政工程、生态保护、智慧航空都市）构建；实验区的航空物流业、高端制造业以及现代服务业三大核心产业规划，以富士康科技集团为代表的龙头企业带动；以郑州航空港引智试验区、航空经济发展河南省协同创新中心和郑州航空产业技术研究院为例阐述了社团智力创新；阐述了实验区征地拆迁、合村并城中的“五个一”和谐安置。结合实验区的实际建设条件，从交通、产业、功能以及生态方面提出“公交导向、轴向聚势，产城互融、功能复合，组团发展、多核驱动，生态低碳、廊道串联”的整体布局理念，阐述了“一核三区多组团，轴带联动多节点，蓝绿互融多网络”的扇形空间发展格局。从投资规模、投资构成角度分析了实验区“十二五”期间的固定资产投资。介绍了实验区社会资本的利用现状，并给出了相关建议。

（6）展望。本书的研究结合郑州航空港经济综合实验区的实践，从工程责任、空间拓展和社会资本角度对空港城市演化进行了一点大胆的尝试和探索。空港城市演化是在中国进入经济新常态下，社会发展产生的新问题，还需要不断深入的研究。特别是在国家“一带一路”建设大环境下，如何更好地发挥空港城市的引领作用，引领中国经济转型，成为空港城市演化研究的重点。

参考文献

"广州空港产业选择与空港经济发展"课题组:《广州空港产业选择与空港经济发展的探讨》,《国际经贸探索》2008 年第 6 期。

"临空经济发展战略研究"课题组编《临空经济理论与实践探索》,中国经济出版社,2006。

〔德〕F. 拉普:《技术哲学导论》,刘武等译,辽宁科学技术出版社,1986。

〔德〕恩格斯·路德维希:《费尔巴哈和德国古典哲学的终结》,张仲实译,人民出版社,1997。

〔德〕汉斯·约纳斯:《责任原理——现代技术文明伦理学的尝试》,方秋明译,世纪出版有限公司,2013。

〔东德〕马·克莱恩:《马克思主义哲学史》,熊子云译,中国人民大学出版社,1983。

〔法〕奥古斯特·孔德:《论实证精神》,黄建华译,商务印书馆,1996。

〔美〕卡尔·米切姆:《技术哲学概论》,殷登祥等译,天津科学技术出版社,1999。

〔美〕马莎·阿姆拉姆、〔美〕纳林·库拉蒂拉卡:《实物期权——不确定环境下战略投资管理》,张维等译,机械工业出版社,2001。

〔瑞士〕皮亚杰:《发生认识论原理》,王宪钿译,商务印书馆,1981。

21 世纪上海空港发展战略编委会编《21 世纪上海空港发展战略》,上海人民出版社,2001。

包世泰等：《空港经济产业布局模式及规划引导研究——以广州白云国际机场为例》，《人文地理》2008年第5期。

鲍宗豪：《城市的素质、风骨与灵魂》，上海人民出版社，2007。

蔡乾和：《什么是工程：一种演化论的观点》，《长沙理工大学学报》（社会科学版）2011年第1期。

曹玉玲等：《企业间信任的影响因素模型及实证研究》，《科研管理》2011年第1期。

曹允春：《临空经济——速度经济时代的增长空间》，经济科学出版社，2009。

曹允春：《临空经济演进的动力机制分析》，《经济问题探索》2009年第5期。

曹允春等：《机场周边经济腾飞与"临空经济"概念》，《经济日报》2004年5月2日，第8版。

曹允春等：《新经济地理学视角下的临空经济形成分析》，《经济问题探索》2009年第2期。

陈昌曙：《重视工程、工程技术和工程家》，载《工程·技术·哲学——2001年技术哲学研究年鉴》，大连理工大学出版社，2002。

陈昌曙等：《开创哲学研究的新边疆——评〈工程哲学引论〉》，《哲学研究》2002年第10期。

陈凡等：《工程方法与技术方法的比较》，《自然辩证法通讯》2015年第6期。

陈坚：《信用担保风险分担机制研究》，硕士学位论文，中南大学，2007。

陈金龙：《实物期权定价理论与方法应用》，博士学位论文，天津大学，2004。

陈岩：《基于可持续发展观的水利建设项目后评价研究》，博士学位论文，河海大学，2007。

陈蕴茜：《空间维度下的中国城市史研究》，《学术月刊》2009年第10期。

丛江：《我国民用航空运输机场管理体制改革研究》，硕士学位论文，山东大学，2010。

邓淑莲：《中国基础设施的公共政策》，上海财经大学出版社，2003。

董娟：《航空港经济区产业特征与空间布局模式研究》，硕士学位论文，长安大学，2008。

杜宝贵：《论技术责任的主体》，《科学学研究》2002 年第 2 期。

杜宝贵：《论技术责任主体》，《科学学研究》2002 年第 2 期。

杜亚灵等：《PPP 项目中信任的动态演化研究》，《建筑经济》2012 年第 8 期。

方秋明：《论技术责任及其落实》，《科技进步与对策》2007 年第 5 期。

丰景春等：《工程社会责任主体结构的研究》，《科技管理研究》2008 年第 12 期。

冯其予等：《临空产业发展前景广阔》，《经济日报》2009 年 11 月 19 日，第 6 版。

高峰等：《基础设施建设中的政府担保行为及其作用机理研究》，《首都师范大学学报》（社会科学版）2008 年第 3 期。

高峰等：《基于上升敲出期权的基础设施项目政府担保价值研究》，《软科学》2007 年第 4 期。

高峰等：《基于障碍期权的基础项目政府担保价值研究》，《预测》2007 年第 2 期。

高金华：《当代民航机场的管理与建设》，《交通运输工程学报》2002 年第 6 期。

高亮华：《人文视野中的技术》，中国社会科学出版社，1996。

葛丹东等：《“后开发区时代”新城型开发区空间结构及形态发展模式优化——杭州经济技术开发区空间发展策略剖析》，《浙江大学学报》（理学版）2009 年第 1 期。

耿明斋编《郑州航空港经济综合实验区发展报告（2015）》，社会科学文献出版社，2015。

顾承东：《大型国际机场多元化融资模式研究》，博士学位论文，同济大学，2006。

顾向荣：《汉城仁川国际机场的规划建设》，《北京规划建设》2001 年第 6 期。

管驰明：《从“城市的机场”到“机场的城市”——一种新城市空间的形成》，《城市问题》2008 年第 4 期。

韩同银等：《我国铁路 BOT 项目中的政府保证问题研究》，《建筑经济》2007 年第 11 期。

胡晓萍：《关于 BOT 中“政府保证过度”的实证分析》，《河海大学学报》（哲学社会科学版）2009 年第 2 期。

黄海艳：《公众参与农村公益项目的参与机制研究》，《开发与研究》2006 年第 4 期。

黄正荣：《论城市演化的技术支持与工程形态》，《自然辩证法研究》2010 年第 7 期。

纪晓岚：《论城市本质》，硕士学位论文，中国社会科学院研究生院，2011。

江曼琦：《城市空间结构优化的经济分析》，人民出版社，2001。

蒋厚玉：《以科学发展观引领安徽民航事业又好又快发展》，《江淮》2008 年第 1 期。

金永祥：《用制度激发社会投资活力》，《中国建设报》2015 年 5 月 15 日，第 6 版。

乐云等：《建设工程项目中信任产生机制研究》，《工程管理学报》2010 年第 3 期。

李伯聪：《“我思故我在”与“我造物故我在”——认识论与工程哲学刍议》，《哲学研究》2001 年第 1 期。

李伯聪：《工程哲学引论——我造物故我在》，大象出版社，2002。

李伯聪：《关于方法、工程方法和工程方法论研究的几个问题》，《自然辩证法研究》2014 年第 10 期。

李伯聪：《工程社会学的开拓与兴起》，《山东科技大学学报》（社会科学版）2012 年第 1 期。

李伯聪：《努力向工程哲学和经济哲学领域开拓——兼论 21 世纪的哲学转向》，《自然辩证法研究》1995 年第 2 期。

李伯聪：《人工论提纲》，陕西科技出版社，1988。

李伯聪：《我造物故我在——简论工程实在论》，《自然辩证法研究》1993 年第 12 期。

李伯聪、王晓松：《略论工程“双重双螺旋”及其演化机制》，《自然辩证法研究》2011 年第 4 期。

李超杰：《基于波动率/执行价格/交易成本的期权定价研究及应用》，博士学位论文，东南大学，2005。

李康等：《城市化进程中政府推动空港都市区发展研究》，《消费导刊》2008 年第 8 期。

李胜：《BOT 模式在我国民用机场建设中的运用研究》，硕士学位论文，四川大学，2003。

李王鸣等：《杭州都市区新城发展特点与发展策略研究》，《浙江大学学报》（理学版）2005 年第 1 期。

李政：《我国民用机场项目融资研究》，硕士学位论文，大连海事大学，2011。

李永胜：《论工程演化的系统观》，《辽东学院学报》（社会科学版）2014 年第 6 期。

廖作鸿等：《矿业投资项目不确定性和实物期权分析》，《工业技术经济》2005 年第 7 期。

刘洪波：《水资源工程共同体社会责任探析》，《中国农村水利水电》2009 年第 8 期。

刘洪波：《水资源工程社会责任评价方法研究》，《人民黄河》2009 年第 1 期。

刘洪波等：《工程哲学发展现状、问题与前景》，《科技进步与对策》2007 年第 11 期。

刘洪波：《水资源工程社会责任研究》，黄河水利出版社，2015。

刘洪波等：《PPP 项目吸引社会资本参与的动力因素实证分析》，《商业经济研究》2016 年第 3 期。

刘金革：《空港新城空间发展模式研究》，硕士学位论文，北京建筑大学，2013。

刘武君：《21 世纪航空城——浦东国际机场地区综合开发研究》，上海科学技术出版社，1999。

刘武君：《国外机场地区综合开发研究》，《国外城市规划》1998年第1期。

刘新平等：《试论PPP项目的风险分配原则和框架》，《建筑经济》2006年第2期。

刘雪妮：《我国临空经济的发展机理及其经济影响研究》，博士学位论文，南京航空航天大学，2008。

卢芬：《机场项目对国民经济的贡献研究》，硕士学位论文，华南理工大学，2011。

罗冬兰等：《公众参与水利工程决策浅议》，《中国水利》2003年第6期。

罗小勇等：《论水利水电工程环境影响评价中的公众参与》，《水电站设计》2007年第6期。

骆亚卓：《合同治理与关系治理及其对建设项目绩效影响的实证研究》，硕士学位论文，暨南大学，2011。

吕斌等：《我国空港都市区的形成条件与趋势研究》，《地域研究与开发》2007年第2期。

吕小勇：《空港都市区空间成长机制与调控策略构建研究》，博士学位论文，哈尔滨工业大学，2015。

吕小勇等：《空港都市区空间成长过程及其动力机制研究》，《世界建筑》2014年第12期。

吕勇：《城市史研究述评：意义与方法》，《四川大学学报》（哲学社会科学版）2004年第S1期。

马云林等：《浅析城市发展的历程》，《中国市场》2012年第1期。

牛苗苗：《临空经济的发展与机场建设》，《城市建设理论研究》2015年第5期。

欧阳杰：《关于我国航空城建设的若干思考》，《民航经济与技术》1999年第1期。

钱学森：《科学学、科学技术体系学、马克思主义哲学》，《哲学研究》1979年第1期。

清华大学、上海机场（集团）有限公司：《天津空港发展战略研究》，2004。

全国城市规划执业制度管理委员会编《城市规划原理》，中国计划出版社，2011。

全国一级建造师执业资格考试用书编写委员会编《民航机场工程管理与实务》，中国建筑工业出版社，2014。

任宏：《巨项目管理》，科学出版社，2012。

沈露莹：《世界空港经济发展模式研究》，《世界地理研究》2008年第17期。

生颖洁：《我国民用机场融资模式研究》，硕士学位论文，中国民航大学，2006。

史凌：《西安咸阳机场融资策略研究》，硕士学位论文，西北大学，2008。

宋刚等：《工程方法论：学科定位和研究思路》，《科学技术哲学研究》2014年第6期。

宋远方等：《关于欧洲和香港地区机场建设与管理体制考察的几点体会》，《民航经济与技术》2000年第3期。

孙波等：《临空经济产生的机理研究——以首都国际机场为例》，《理论探讨》2006年第6期。

覃正标：《基于实物期权理论的内资BOT高速公路投资决策分析》，博士学位论文，西南交通大学，2011。

唐丝丝：《我国PPP项目关键风险的实物期权分析》，硕士学位论文，西南交通大学，2011。

王灏：《PPP的定义和分类研究》，《都市快轨交通》2004年第5期。

王姣娥等：《航空运输地理学研究进展与展望》，《地理科学进展》2011年第30期。

王介石：《基于利益相关者理论的工程项目治理机制与项目绩效关系研究》，硕士学位论文，安徽工程大学，2011。

王进：《工程共同体视角下的工程伦理学研究》，《中国工程科学》2013年第15期。

王凯：《基于龙头企业网络构建的产业集群发展研究》，《生产力研究》2010年第6期。

王乐等：《基础设施项目不同政府浮动投资回报率担保模式辨析》，《运筹与管理》2009年第2期。

王乐等：《论政府担保在基础项目PPP融资模式中的金融支持作用》，《科学管理研究》2008年第6期。

王守青：《特许经营项目融资（BOT、PFI和PPP）》，清华大学出版社，2008。

王旭：《空港都市区：美国城市化的新模式》，《浙江学刊》2005年第5期。

王学东：《国际空港城市：在大空间中构建未来》，社会科学文献出版社，2014。

魏沛等：《怒江水电开发争议对“公众理解工程”的启示分析》，《科普研究》2007年第8期。

文沛：《机场规划与运价管理》，兵器工业出版社，2003。

吴祥明编《浦东国际机场建设航站区》，上海科学技术出版社，1999。

武志红：《我国运行PPP模式面临的问题及对策》，《山东财政学院学报》2005年第5期。

肖显静：《论工程共同体的环境伦理责任》，《伦理学研究》2009年第6期。

谢佳：《黄花机场特许经营管理模式研究》，硕士学位论文，中南大学，2004。

徐芳：《项目融资在中国机场项目的应用研究——以昆明新国际机场一期项目BOT融资为例》，《时代金融》2010年第6期。

徐岗：《航空城市形成、发展及开发建设的研究》，硕士学位论文，南开大学，2010。

徐长福：《理论思维与工程思维》，上海人民出版社，2002。

闫芳等：《郑州航空港经济综合实验区空间发展规划研究》，《城市发展研究》2015年第3期。

杨学英：《基础设施特许经营项目政府保证的价值研究》，《武汉大学学报》（工学版）2005年第4期。

杨扬：《公私合作制（PPP）项目的动态利益分配研究》，硕士学位论文，大连理工大学，2013。

杨友孝等：《临空经济发展阶段划分与政府职能探讨——以国际成功空港为例》，《国际经贸探索》2008年第10期。

杨宇立：《转型期政企关系演进与社会和谐：背景与前景分析》，《南京社会科学》2007年第7期。

杨志文：《探索财政出资的PPP新模式》，《西部财会》2013年第8期。

殷瑞钰、李伯聪、汪应洛：《工程演化论》，高等教育出版社，2011。

殷瑞钰、汪应洛、李伯聪：《工程哲学》，高等教育出版社，2007。

殷瑞钰：《关于工程方法论研究的初步构想》，《自然辩证法研究》2014年第10期。

殷瑞钰：《关于工程与工程创新的认识》，《科学中国人》2006年第5期。

于志民：《义务民航机场发展战略研究》，硕士学位论文，浙江工业大学，2007。

余博：《论国际投资法中的PPP制度》，《法制与社会》2014年第3期。

余道游：《工程哲学的兴起及当前发展》，《哲学动态》2005年第9期。

袁家方：《企业社会责任》，海洋出版社，1990。

远德玉、陈昌曙：《论技术》，辽宁人民出版社，1999。

曾卫兵：《内资BOT公路建设项目投资决策评价模型研究》，硕士学位论文，天津大学，2004。

张国华等：《综合交通枢纽规划建设战略的再认识》，《中国民用航空》2014年第7期。

张国兴：《基于跳跃－扩散过程的基础设施融资项目政府担保价值研究》，《预测》2009年第1期。

张蕾：《空港地区产业布局引导研究——以南京禄口国际机场为例》，《城市观察》2013年第2期。

张丽霞等：《工期索赔中的工序延迟分析》，《数学的实践与认识》2007第7期。

张顺葆：《行业特征、企业间信任与资本结构选择》，《山西财经大学学报》2015 年第 3 期。

张维等：《实物期权方法的信息经济学解释》，《现代财经》2001 年第 1 期。

张秀华：《工程共同体的本性》，《自然辩证法通讯》2008 年第 6 期。

张秀华：《工程共同体的社会功能》，《科学技术与辩证法》2009 年第 2 期。

张阳等：《我国水能开发协商治理特征研究》，《求索》2007 年第 5 期。

张志强：《债务担保的价值》，《经济问题研究》1999 年第 6 期。

郑小晴：《建设项目可持续性及其评价研究》，博士学位论文，重庆大学，2005。

中共中央马克思恩格斯列宁斯大林著作编译局编《马克思恩格斯选集》，人民出版社，1995。

周春山等：《中国城市空间结构研究评述》，《地理科学进展》2013 年第 7 期。

周培坤：《民用机场体制的国际比较及我国机场体制改革研究》，硕士学位论文，厦门大学，2008。

周少华等：《临空经济的主要发展模式》，《中国国情国力》2009 年第 11 期。

朱前鸿：《国际空港经济的演进历程及对我国的启示》，《学术研究》2008 年第 10 期。

祝平衡等：《发展临空经济的充要条件分析》，《湖北社会科学》2007 年第 11 期。

邹东：《基于边缘城市理论的大连空港新区发展模式研究》，硕士学位论文，大连理工大学，2014。

Anne Graham, *Managing Airports: An International Perspective* (Second edition) (Elsevier Butterworth-Heinemann, 2003).

A. B. Carroll, "A Three-dimensional Conceptual Model of Corporate Performance," *Academy of Management Review* 4 (1979).

A. Estache, J. Strong, "The Rise, the Fall and the Emerging Recovery of

Project Finance in Transport," World Bank Policy Research Working Paper, 2000.

A. O. Vega, "Risk Allocation in Infrastructure Financing," *Journal of Project Finance* 3 (1997).

B. Michael, "Airport Futures: Towards a Critique of the Aerotropolist Model," *Futures* 39 (2007).

B. V. Koen, *Definition of the Engineering Method* (Washington: American Society for Engineering Education, 1985).

Ben S. Bernanke, "Irreversibility, Uncertainty, and Cyclical Investment," *Quarterly Journal of Economics* 98 (1983).

C. Lewis, A. Mody, "The Management of Contingent Liabilities: A Risk Management Framework for National Governments," World Bank Working Paper, 1997.

C. Pitt, "Design Mistakes," *Research in Philosophy and Technology* 20 (2001).

Carl Mitcham, "Engineering as Productive Activity: Philosophical Remarks," *Research in Technology Studies* 10 (1991).

Carl Mitcham, "The Importance of Philosophy to Engineering," *Tecnos* 17 (1998).

Cheung Sai On, et al., "Developing a Trust Inventory for Construction Contracting," *International Journal of Project Management* 29 (2011).

E. L. Omar, "Challenges Facing the Interrelation of 21st Century International Airports and Urban Dynamics in Metropolitan Agglomerations, Case Study: Cairo International Airport," Paper Presented at the 39th ISOCARP Congress, 2003.

F. Amalric, *Pension Funds, Corporate Responsibility and Sustainability* (Zurich: CCRS Centre for Corporate Responsibility and Sustainability, 2004).

F. T. Hartman., "The Role of Trust in Project Management," Paper Presented at the Proceeding of the Nordnet Conference, Helsinki, 1999.

Farley Osgood, "The Engineer and Civilization," *Journal of American Institute of Electrical Engineers* 7 (1925).

G. Azzone, U. Bertel, "Measuring the Economic Effectiveness of Flexible Automation: A New Approach," *International Journal of Production Research* 27 (1989).

G. E. Weisbrod, J. S. Reed, R. M. Neuwirth, "Airport Area Economic Development Model," Paper Presented at the PTRC International Transport Conference, Cambridge University, Manchester England, 1993.

G. F. C. Rogers, *The Nature of Engineering: A Philosophy of Technology* (London: The Macmillan Press Ltd., 1983).

G. Lehman, I. Tregoning, "Public-Private Partnerships Taxation and a Civil Society," *Journal of Corporate Citizenship* 15 (2004).

Gerald Feinberg, "The Social and Intellectual Value of Large Project," *Journal of Franklin Institute* 21 (1973).

H. M. Verboon, Clustering around International Airports (Doctoral Dissertation, Erasmus University, 2011).

Hans Johns, *The Imperative of Responsibility: In Search of an Ethics for the Technological Age* (Chicago: University of Chicago Press, 1985).

Hans Lenk, *Macht und Machbarkeitder Technik* (Stuttgart: Philipp Reclam jun, 1994).

J. D. Kasarad, "From Airport City to Aerotropolist," *Airport World* 6 (2001).

J. D. Kasarda, "Rise of the Aerotropolist," *Fast Company* 10 (2006).

J. R. Huddleston, P. P. Pangotra, "Regional and Local Economic Impacts of Transportation Investments," *Transportation Quarterly* 44 (1990).

K. Mervyn, Risk Management in Public Private Partnerships (Doctoral Dissertation, University of South Australia, 2004).

K. O. Connor, "Airport Development in Southeast Asia," *Journal of Transport Geography* 3 (1995).

L. C. Steg, V. S. Lindenberg, T. Groot, et al., *Towards a Comprehensive Model of Sustainable Corporate Performance* (Groningen: University of Groningen, 2003).

L. Kathlene, J. A. Martin, "Enhancing Citizen Participation: Panel Designs,

Perspectives, and Policy Formation," *Journal of Policy Analysis and Management* 10 (1991).

L. Louis, *Buccirell Engineering Philosophy* (Delft: Delft University Press, 2003).

Louis Bucciarelli, *Designing Engineers* (Cambridge: MA-MIT Press, 1994).

M. Schaafsma, "Planning, Sustainability and Airport Led Urban Development," *International Planning Studies* 14 (2009): 161 – 176.

N. Williams, "Is Aviation and Airport Development Good for Economy?" *Aviation and the Environment* 27 (2000).

P. T. Durbin, *Broad and Narrow Interpretations of Philosophy of Technology* (Dordrecht: Kluwer Academic Publishers, 1990).

Pound, *In My Philosophy of Law* (New York: American western publishing company, 1946).

R. E. Freeman, *Strategic Management: A Stakeholder Approach* (Pitman: University of Minnesota, 1984).

R. K. Green, "Airports and Economic Development," *Real Estate Economics* 35 (2007).

Ralph J. Smith, *Engineering as a Career* (New York: McGraw-Hill, 1983).

Raphael Sassower, *Technoscientific Angst: Ethics and Responsibility* (Minneapolis-St Paul: University of Minnesota Press, 1997).

Richard E. Ottoo, *Valuation of Corporate Growth Opportunities: A Real Options Approach* (New York: Garland Publishing, 2003).

Robert S. Pindyck, "Irreversible Investment, Capacity Choice, and the Value of the Firm," *American Economic Review* 78 (1988).

S. A. Waddock, *Leading Corporate Citizens: Vision, Values, Value Added* (Boston: McGraw-Hill, 2002).

T. Irwin, "Public Money for Private Infrastructure: Deciding When to Offer Guarantees, Output-based Subsidies and Other Fiscal Support," World Bank Working Paper, 2003.

T. Irwin, M. Klein, G. E. Perry, et al., "Managing Government Exposure to Private Infrastructure Risks," World Bank Research Observer 14 (1999).

Thomas C. Clarke, "Science and Engineering," *Transactions of the American Society of Civil Engineers* 7 (1896).

W. C. Frederick, "From CSR1 to CSR2: The Maturing of Business-and-society Thought," *Business and Society* 2 (1994).

W. G. Morrison, "Real Estate, Factory Outlets and Bricks: A Note on Non-aeronautical Activities at Commercial Airports," *Journal of Air Transport Management* 15 (2009).

Walter G. Vincenti, *What Engineers Know and How They Know It* (Baltimore: The Johns Hopkins Press, 1990).

Wong Wei Kei, Cheung Sai On, Yiu Tak Wing, et al., "A Framework for Trust in Construction Contracting," *International Journal of Project Management* 26 (2008).

Zhang Xue-qing, "Critical Success Factors for Public-Private Partnerships in Infrastructure," *Journal of Construction engineering and Management* 131 (2005).

后　记

本书的研究得到了航空经济发展河南省协同创新中心同仁的大力支持，他们为本研究提供了丰富的研究资料和实证材料。同时，郑州航空港经济综合实验区管委会有关部门为本书的研究提供了丰富的实证材料，为相关研究开展的调研工作提供了大力支持。刘洪波撰写了本书第一章第二节、第二章、第四章第一节和第五章第一节，约 10 万字；闫芳撰写了本书第一章第三节、第三章、第五章第二节和整理了部分参考文献，约 8 万字；董润润撰写了本书第一章第一节、第四章第二节、第五章第三节、第六章和整理了部分参考文献，约 7 万字。

图书在版编目(CIP)数据

空港城市复合系统演化研究 / 刘洪波，闫芳，董润润著. -- 北京 ：社会科学文献出版社，2017.5
(航空技术与经济丛书. 研究系列)
ISBN 978－7－5097－9506－4

Ⅰ. ①空… Ⅱ. ①刘… ②闫… ③董… Ⅲ. ①城市空间－空间规划－研究 Ⅳ. ①TU984.11

中国版本图书馆 CIP 数据核字(2016)第 176247 号

航空技术与经济丛书·研究系列
空港城市复合系统演化研究

著 者 / 刘洪波 闫 芳 董润润

出 版 人 / 谢寿光
项目统筹 / 陈凤玲
责任编辑 / 陈凤玲 田 康

出 版 / 社会科学文献出版社·经济与管理分社(010)59367226
地址：北京市北三环中路甲 29 号院华龙大厦 邮编：100029
网址：www.ssap.com.cn
发 行 / 市场营销中心(010)59367081 59367018
印 装 / 三河市尚艺印装有限公司

规 格 / 开 本：787mm×1092mm 1/16
印 张：16 字 数：250 千字
版 次 / 2017 年 5 月第 1 版 2017 年 5 月第 1 次印刷
书 号 / ISBN 978－7－5097－9506－4
定 价 / 79.00 元